冯辉 秦微 主编

丁晔 苏志龙 张东国 副主编

高难度工业废水
高级催化氧化处理工艺

化学工业出版社

·北京·

内容简介

《高难度工业废水高级催化氧化处理工艺》共分为 10 章，主要介绍了当前高难度工业废水处理的现状和背景，并重点分析了几类典型的高难度废水；水处理工程中的催化理论与工艺，包括化学反应中催化剂和催化作用的概述、催化剂与催化作用的特征、催化剂的分类原则等内容；水处理高级催化氧化工艺中常见的负载型催化剂的制备原理与表征方法；臭氧催化氧化工艺、光催化氧化工艺、电催化氧化工艺、Fenton 催化氧化工艺、微波催化氧化工艺、湿式催化氧化工艺、超临界催化氧化工艺。

本书适合从事水污染治理的科研人员和工程技术人员阅读，也可供高等学校相关专业的师生参考。

图书在版编目（CIP）数据

高难度工业废水高级催化氧化处理工艺/冯辉，秦微主编. —北京：化学工业出版社，2023.5
ISBN 978-7-122-42761-8

Ⅰ.①高… Ⅱ.①冯…②秦… Ⅲ.①工业废水处理-研究 Ⅳ.①X703

中国国家版本馆 CIP 数据核字（2023）第 054654 号

责任编辑：满悦芝　　　　　　　　　　　　文字编辑：王　琪
责任校对：宋　玮　　　　　　　　　　　　装帧设计：张　辉

出版发行：化学工业出版社（北京市东城区青年湖南街 13 号　邮政编码 100011）
印　　装：三河市双峰印刷装订有限公司
787mm×1092mm　1/16　印张 15½　字数 374 千字　2023 年 9 月北京第 1 版第 1 次印刷

购书咨询：010-64518888　　　　　　　　　售后服务：010-64518899
网　　址：http://www.cip.com.cn
凡购买本书，如有缺损质量问题，本社销售中心负责调换。

定　　价：88.00 元　　　　　　　　　　　　　版权所有　违者必究

编写人员名单

主　编：冯　辉　秦　微

副主编：丁　晔　苏志龙　张东国

编　者：秦萍萍　闫双春　李　鹏　李俊超　尹国盛　苑植林　王　锐
　　　　赵孟亭　邢　妍　杨　帆　崔雪亮　贾晓晨　张军港　侯国凤
　　　　王　娜　姚晓然　李晓鹏　刘　羿　赵　辉　张彬彬　闫　妍
　　　　赵凤桐　赵明新　隋芯宜　杨文珊　赵　莹　李　磊　刘利杰
　　　　王桐阳　吕佳静　王坚坚

前　言

随着我国经济的高速发展，工业门类体系不断完善，但随之而来的是巨量高难度工业废水的有效处理问题，这个问题解决不好，有可能对我国的生态环境造成严重污染和损害，甚至可能会成为严重制约我国工业继续向深发展的瓶颈。兼之此类高难度工业废水的处理难度大，因此如何对其进行有效的处理，一直都是环境科学与工程领域备受关注的话题。

而导致高难度工业废水难以进行有效处理的主要原因，就在于其污染物成分复杂、浓度高且多为生物难降解有毒有害物质，除此之外，来水水质、水量的波动幅度大，也进一步增加了其有效处理难度。

鉴于高难度工业废水的水质特点，在环境保护水处理领域常用的、成熟的生物化学处理工艺往往不能达到较为理想的处理效果，尤其是单独应用时，更是无法应对高难度工业废水中难生化有毒物质的冲击，因此对于高难度工业废水，目前最有效的处理工艺，多为高级催化氧化技术，或者是"高级催化氧化预处理＋生化主处理"的组合模式，这就要求，环保领域从业人员对于高难度工业废水处理的高级催化氧化工艺原理及应用必须要有一定的了解以便熟练应用于工程之中。

本书内容来自编者多年高难度工业废水处理高级催化氧化技术研发、工程实践总结。编者针对目前常用的高级催化氧化技术进行概括，并且借助多年技术研发经验总结，对未来有望工业化的新型高级催化氧化技术进行了原理和试验性质的描述。全书内容既是对高难度工业废水处理技术的有益补充，又能够指导实际工程中高难度工业废水处理工艺开发，可以有效地提升相关从业者对于高难度工业废水处理的水平与能力。

本书共分为10章，其中第1、2、3章节为综述章节，第1章主要介绍了当前针对高难度工业废水处理的现状和背景，并重点分析了几类典型的高难度废水；第2章主要介绍了水处理工程中的催化理论与工艺，包括化学反应中催化剂和催化作用的概述、催化剂与催化作用的特征、催化剂的分类原则等内容；第3章主要介绍了水处理高级催化氧化工艺中常见的负载型催化剂的制备原理与表征方法；第4～10章分别针对臭氧催化氧化工艺、光催化氧化工艺、电催化氧化工艺、Fenton催化氧化工艺、微波催化氧化工艺、湿式催化氧化工艺、超临界催化氧化工艺进行了详细描述。

　　本书内容力图做到理论与实践、基本原理与应用的有机结合，突出高难度工业废水高级催化氧化处理工艺的原理、优缺点和应用现状分析，并优先选取了一些较为成熟的工艺结合实例进行技术方面的详细介绍，注重指导行业从业人员的理论学习，适合从事水污染治理的科研人员和工程技术人员阅读，也可供高等学校相关专业的师生参考。

　　限于编者水平和时间，书中难免有疏漏和不足之处，请广大读者批评指正。

编者

2023 年 6 月

目 录

3　高级催化氧化水处理技术中负载型催化剂概述　44

4 臭氧催化氧化工艺概述   82

5 光催化氧化工艺概述   107

6　电催化水处理工艺概述　137

9 湿式催化氧化工艺概述 · 211

1 绪 论

1.1 高难度工业废水定义

过去多年来随着我国城市化和工业化进程的加快，造成了日益严重的水环境问题。"十一五"以来，国家大力推进截污减排，将其摆在中央和地方各级政府工作的核心位置上，在"十三五"期间，更是把生态文明建设首次写进五年规划的目标任务，因此水环境保护取得了积极成效。

但是，区域性、复合型、压缩型水污染日益凸显，已经成为影响我国水安全的最突出因素，防治形势严峻。为了解决水安全问题、提升环境质量、拓展发展空间，国家在 2015 年出台了更加严厉的《水污染防治行动计划》，以期利用更加严格的法律法规，来约束各行业生产活动对水体生态的破坏，使之降到最小。

图 1-1-1 即为过去某地未加处理的工业废水直排河道，其后果是造成河道流域的严重污染和生态损坏。

图 1-1-1 未加处理的工业废水直排河道

典型的高难度工业废水产生行业有化工、石油、冶金、制药、染料、制革、造纸、食品加工、养殖等，同时还包括海水淡化和再生水回用过程产生的浓水，这些行业在工业化生产过程中，往往会产生大量的废水，且废水中普遍含有难降解的有机污染物和大量的可溶性无机盐（主要有 Cl^-、Na^+、SO_4^{2-}、Ca^{2+} 等），这些行业废水普遍水量、水质变动范围比较大，且所含成分复杂，pH 范围较宽，部分行业废水还具有高毒性，对于水体生态环境的危害非常大。

对于此类高难度工业废水，一般的生化处理工艺效果较差，或者根本没有处理效果，因此一旦此类废水大规模进入以生物处理系统为主的污水处理厂，将会严重阻碍原有处理系统的运行，使污水处理厂处理出水无法满足既定排放标准，有鉴于此，高难度工业废水已经成为目前水环境治理中的难题。

高难度工业废水难以利用于应用较广、成本较低的生物处理技术的原因，本质上是由其废水特性决定的：一是由于此类工业废水中所含的化合物本身化学组成和结构比较特殊，在以细菌为代表的微生物群落中很难找到针对目标化合物的生物酶，因此成为难以被微生物利用的碳源，使该类化合物具有抗微生物降解的特性。二是在这类高难度工业废水中，普遍含有对微生物有毒或者能抑制微生物生长活性的物质（包括有机物和无机物两大类），从而使得生化系统中作为主要降解有机物主力的细菌，难以在这样的水体中存活，也就难以谈起后续的处理效果了。

图 1-1-2 即为典型的高色度高浓度难降解工业废水。

图 1-1-2　带颜色的高浓度难降解工业废水

主要从以下几个方面区分高难度工业废水和普通废水。

（1）高难度工业废水含有机物浓度普遍较高

这里列出了几种典型行业所产生的高难度工业废水，如兰炭废水、焦化废水、制药废水、纺织废水、印染废水、石油化工废水等，这些废水在其主要生产工段的出水 COD 浓度一般为 3000～5000mg/L，有的工段出水甚至超过 10000mg/L，如焦化废水、兰炭废水等，即使是各工段的混合水，一般也在 2000mg/L 以上。图 1-1-3 为高浓度兰炭废水的处理装置，图 1-1-4 为高浓度兰炭废水生化前的预处理流程图。

（2）高难度工业废水中含有的有机物普遍为生物难降解有机物

从（1）可知，高难度工业废水中普遍含有较高浓度有机物，其实如果仅仅是浓度高的话，也并非太难处理，但是高难度工业废水中所含的这些有机物中大多数的成分都属于难生物降解的物质，且涉及的种类较多。这就导致了不管是浓度方面还是毒性方面都会对生化系统中的微生物产生较强烈的抑制作用，阻碍其正常新陈代谢，从而使其处理效果失效。如在

图 1-1-3　高浓度兰炭废水的处理装置

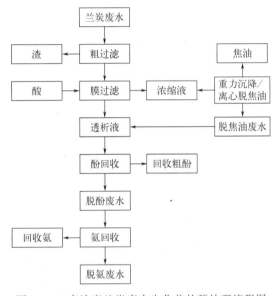

图 1-1-4　高浓度兰炭废水生化前的预处理流程图

典型的焦化废水中，普遍含有苯酚、酚的同系物以及萘、蒽、苯并芘等多环类化合物，而比较典型的抗生素废水，还含有较高浓度的残留抗生素及其中间代谢产物、表面活性剂及有机溶剂等，这些物质对于微生物而言，都是难降解且有一定抑制性作用的有机物。

另外，除了有机物质外，还含有较高浓度的氨氮以及氰化物、硫化物、硫氰化物、较高浓度的 SO_4^{2-}，这些无机物的浓度超过一定的阈值后，同样会对生化系统的微生物活性起到强烈的抑制作用，导致生化效果几近于无。

（3）高难度工业废水的无机盐浓度普遍较高

除以上特点之外，高难度工业废水往往还含有较高的无机盐量，致使此类废水的处理难度倍增。如典型的抗生素废水，其硫酸盐含量一般在 2000mg/L 以上，有的甚至高达 15000mg/L，高无机盐含量不仅能够抑制生化系统活性，同样会对于化学氧化工艺产生一定的抑制作用，因而抵消其一部分的处理效果，在增加药剂耗用量的同时，降低出水处理效果，可谓双重打击。

（4）各生产工段排水的水质、水量随时间的波动性大

以焦化废水为例，一座中等规模的焦化厂，其水量在一天内可由约 $10m^3/h$ 变化到

$40m^3/h$，废水的 COD 浓度也可由约 1000mg/L 变化到 3000mg/L 以上，甚至更高；而制药废水除水量随生产工序的变化而剧烈变化外，COD 浓度更是可由每升几百毫克变化到每升几万毫克，剧烈的波动一方面造成了调节系统的过于冗余的体积，另一方面水质变化的巨大幅度也会给后续工艺带来较大的处理压力。

（5）常规处理工艺对于高难度工业废水处理效果不明显

经历了近百年的发展，目前环保水处理行业中主流的处理工艺为生化法，尤其以好氧法或好氧法的改进型（如 A/O 工艺等）最为流行，少数高浓度废水也会采用厌氧生物处理。但无论好氧还是厌氧工艺，对于高难度工业废水的处理效果均不太理想。而传统的化学氧化工艺又存在较高的运行费用等问题，小规模处理还可以使用，大规模系统的话，运营成本则难以被接受。因此对于高难度工业废水处理来说，目前急需开发新型高效且能够实际落地应用的技术。有鉴于此，高难度工业废水处理技术的研究已成为众多水处理领域科研工作者密切关注的重大科学问题。

近年来处理高难度工业废水的研究方向，主要集中在新型材料、高效药剂的研制和新型反应体系的构建上，希望可以实现提高污染物去除效率和无机盐资源化利用的双重目的。而针对不同行业所产生的高难度工业废水的特点，探索出高效节能、低成本的有机物预氧化技术和无机盐高效回收技术，已经成为广大研究人员的目标和诉求。

再加之近几年材料科学的快速发展，十几年来针对新型催化材料的研究一直络绎不绝，也让人们有希望看到其对于难降解有机物去除技术创新的巨大推动作用，然而探究催化材料在高盐体系中降解难处理有机物的过程和机理研究尚有不足，相关技术短时间内难以大规模落地应用，这也成为高难度废水处理方面急需解决的科学问题。

1.2 高难度工业废水对环境的危害分析

高难度工业废水中所含有的污染物给周围生态环境带来巨大危害，主要可以分为以下四个方面。

（1）高难度工业废水中的有毒物质导致生态环境的急性中毒现象

高难度工业废水中的污染物在排入自然水体以及土壤中后会迅速造成水体和土壤等自然元素的污染，对周边的人、动物以及微生物等生物造成明显的不良影响，其所导致的急性中毒现象危害十分大。

例如农药厂、印染厂等化工厂生产所产生的高难度工业废水，如果不经严格的处理而任意排放到自然水体环境中，就会将其中存在的有毒物质直接汇集到人类社会生活生产的水体中去，进而造成了整个水体受到有毒物质的污染，严重者可造成水域范围内的人类、牲畜、微生物、水生生物甚至是植物的中毒死亡。

（2）高难度工业废水中的有毒物质导致生态环境的慢性中毒现象

相较于急性中毒现象，高难度工业废水中的污染物也会使人出现慢性中毒，且危害性更大。

高难度工业废水排放到自然环境中，其本身的有毒物质就会在很长的时间内在自然环境中缓慢扩散，有毒物质与周边生物体的长期接触会使得生物体体内有机毒物的浓度逐渐积聚，在达到阈值之后即会显现出其原本的有毒特征。而一旦显现出来生物体的有毒特征，就表示生物体内的机体代谢能力已经受到了干扰，其免疫系统功能也已经遭到了一定的破坏，生物体自身的细胞组织机构受到了很大程度的损伤，干扰了整个机体酶体系，导致了整个生物机体无法实现氧气的吸收、利用以及运行，同时也会对生物机体产生无法恢复的化学损伤，因此其后果比起急性中毒来说更为严重。

图 1-2-1 即为著名的日本水俣病导致的人体畸形。

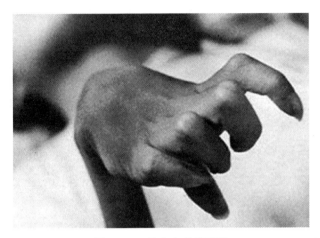

图 1-2-1　日本水俣病事件

（3）高难度工业废水中的有毒物质导致生态环境的潜在中毒现象

高难度工业废水中有些人工合成的有机物质本身的毒性不够明显，但是如果排放到外界空气或者水体中，人体经过长期接触后就会造成人体机体细胞被破坏的现象，而这种受到破坏的细胞会出现不可逆转的损害，进而产生癌症、畸形等生物损害，因此，高难度工业废水中的这种对人体的潜在中毒现象，同样危害十分严重。

（4）高难度工业废水中的有毒物质对生态环境的破坏

如果我们任由高难度工业废水不加任何处理或者没能达标处理，就任意排放到自然环境中去，高难度工业废水内部的有机污染物就会对生态环境产生严重的破坏，甚至很多人工合成的有机污染物会长期滞留在自然环境中而无法被降解，例如多氯联苯类有机污染物，其一般用于增塑剂、润滑剂等化学试剂的制作原料，由于它一般与有机溶剂和脂肪相溶，因此无法被自然微生物降解，排放后会残留在水土和大气环境内，尤其是在生物脂肪内存在的现象十分普遍，对生物和生态环境的影响是长期的。

1.3　高难度工业废水的产生背景

并非所有行业产生的工业废水都属于高难度工业废水，一般容易产生高难度工业废水的行业包括化工、农药、制革、炼焦、染料等，这些行业产生的工业废水成分复杂、浓度高、含有难降解或者有毒有害的物质，因此对于该类型的工业废水，如果应用传统生化处理方法，处理难度很大，且非常容易超标排放。

比如制药行业，众所周知制药工业是我国国民经济的一个重要支柱产业，同时制药工业也是国家环保规划重点治理的行业之一。且由于医药制品可分为有机合成药、无机合成药、生物制药和中成药等几大类，各个类型中产生的制药废水一般都具备组成成分复杂、有机污染物种类多、浓度高、含难降解和对生物有抑制的毒性物质等特点，因此在环保水处理行业中，制药废水从来都是最难处理的废水之一。

如图 1-3-1 所示，一般制药废水想要达标处理，单一工艺无法实现。图 1-3-2 即为某制药废水的处理工艺流程图。

图 1-3-1　制药废水不同工艺段的出水

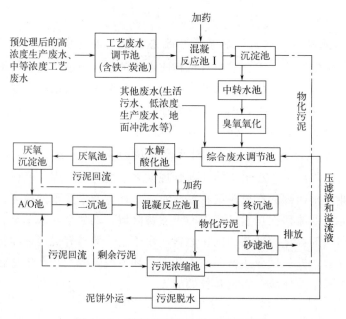

图 1-3-2　制药废水的处理工艺流程图

再比如化学工业废水，也属于典型的高难度工业废水，化学工业包括有机化工和无机化工两大类，由于化工行业生产工艺复杂，多数为人工合成，涉及的化工原料、化工产品种类非常多，尤其是有机化工行业，在生产中产生的高难度废水普遍具有成分复杂、水质水量变化大、污染物浓度高、含盐量高、色度高、毒性大、pH 低、B/C 低、可生化性差等特点，因此该类废水的处理难度很大，对化工废水的处理已成为世界性的难题。

目前对化工废水的处理方法多采用物理法、化学法、生物法及联用处理等办法。图 1-3-3 为某化工污水处理厂正在进行化工污水处理，图 1-3-4 为一种化工废水的处理工艺流程图。

图 1-3-3　某化工污水处理厂正在进行化工污水处理

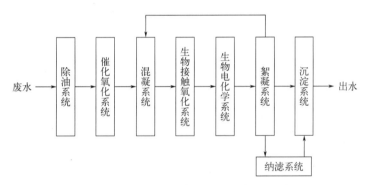

图 1-3-4　某化工污水的处理工艺流程图

1.4　高难度工业废水处理意义

从人类早期历史来看，废水一直被看成是一种有害的东西，需要以廉价的、尽可能不影响环境的方式处置。这意味着，可以采用现场处置系统，如人类生活过程中产生的生活污水，直接排放到江河湖泊。

而在过去的一个世纪里，人们已经认识到这些方法会对环境产生不利影响。这使得人们开发出多种多样的废水处理技术，例如当今的城市污水处理系统。

而随着人类工业体系的迅速发展，由于各类工业活动所产生的高难度废水的种类和规模都在迅猛增加，对各类水体的污染也日趋广泛和严重，直接或者间接地威胁到了人类自身，不利于人类社会的可持续发展。因此从保护环境的角度来说，高难度工业废水的处理要比城市污水处理更为重要和急迫，也更加有挑战性。

人类工业活动中产生的高浓度废水中，酸、碱类废水众多，这类水质往往具有强酸性或强碱性，对于环境的危害则表现在三个方面：一是需氧性危害，对于工业废水中所含有的易被微生物降解的有机物来说，一旦进入水体就很容易被微生物降解，而微生物降解高浓度有机物的代价就是水体中的溶解氧含量会急速下降，这就会导致受纳水体缺氧甚至厌氧，从而使原本水体中存在的多数需氧性水生生物因为缺氧死亡，死亡的水生生物尸体再进一步分解腐败，产生恶臭，这就是很多黑臭水体的来源，这种需氧性危害也极大地影响了我们周围的水生态环境。二是感官性污染，这一条即是衔接第一条需氧性危害所产生的二次危害，高浓度工业有机废水不但使水体失去其原本具备的使用价值，黑臭的外观和异味更会严重影响水体附近人民的正常生活，降低人民的生活质量水平。三是致毒性危害，超高浓度有机废水中含有大量有毒有机物，会在水体、土壤等自然环境中不断累积、储存，最后进入人体，也会直接或者间接地危害人体健康。

因此，如果对于高难度工业废水不加任何处理就直接排放环境水体或者土壤，将会对原有稳定的生态系统产生毁灭性的破坏，从而危害人类社会赖以生存的家园，对于这类高难度工业废水的处理，是不应该讲条件的，必须严格遵照国家相关规定进行全部有效处理。如图1-4-1所示，即为2019年在天津举办的水环境综合治理研讨会，高难度工业废水处理是本次会议的重要议题之一。

图 1-4-1　2019 年在天津举办的水环境综合治理研讨会

图 1-4-2 为天津港"8·12"事故产生的含氰废水，属于典型的突发性难处理高浓度废水，如果不单独处理达标后就排放周围环境水体或者城市下水道，其对于环境的影响，可想而知。

图 1-4-2　天津港爆炸产生大量的含氰废水

清洁的水变得越来越稀少，因此应该对废水进行处理并回用。为了可持续发展，我们必须将废水看作是一种原料。废水中丰富的营养物，如氮和磷，在某些处理过程中被回收并用于种植农作物。为了实现可持续的未来，我们必须越来越多地使用这种方法，致力于提高废水中的有用物质利用率。那对于高难度工业废水处理又有什么积极的意义呢？

首先，高难度工业废水处理能够有效地保护水资源，提高水资源的利用效率，从而造福人类。高难度工业废水如果直接被排放到江海湖泊当中，不仅会污染水资源，更重要的是会造成生态破坏，从而引发一系列的严重后果，人类会面临水资源短缺的问题，所以进行高难度工业废水处理能够防范这一问题，从而缓解我国水资源紧张的状况。

其次，高难度工业废水处理有利于经济社会稳定发展。通过高难度工业废水处理技术可以实现水资源再生，最重要的是高难度工业废水处理之后再排入到江海湖泊当中时不会给当地的生态造成破坏，从而稳定生态平衡。无论是经济发展还是社会建设，都需要在一个稳定的生态当中才能够实现，由此可见，高难度工业废水处理对社会发展以及经济发展有相当重要的作用。

有鉴于此，近几年来我国越来越注重高难度工业废水的治理，可以预见，未来五年内，国家将进一步加大高难度工业废水的治理力度。

1.5 高难度工业废水处理现状分析

高难度工业废水的处理虽然早在 19 世纪末已经开始启动，并且在随后的半个世纪进行了大量的试验研究和生产实践，但是由于许多工业废水成分复杂，性质多变，至今仍有一些技术问题没有完全解决。这和技术已臻成熟的城市污水处理是不同的，因此对于环保水处理行业从业人员来说，高难度工业废水的处理显得更具挑战性。

而由于高难度工业废水的成分和性质相当复杂，这直接导致了对其的有效处理难度大，且运营和投资费用大，因此在处理此类废水时，必须综合考虑技术经济条件，采用综合防治措施。

而最根本的措施就是从源头治理，在工业生产活动中采用无毒原料取代有毒原料，以杜绝有毒废水的产生。而在使用有毒原料的生产过程中，采用合理的工艺流程和设备以达到消除溢漏的目的，从而减少有毒原料的耗用量和流失量，也是另外一个可行性的方案。另外，含有重金属物质、放射性物质、无机毒物和难以生物降解的有机毒物的废水，则应尽可能与其他废水分流，就地单独处理，并要尽量采用闭路循环系统，避免交叉污染，或在厂内进行适当的预处理，达到排放标准后再排入下水道。而相对清洁的废水如冷却水，在厂内经过简单处理后可循环使用，以节省水资源，减轻下水道和污水处理厂的负荷。性质近似于城市污水的工业废水可排入下水道，由污水处理厂集中处理。一些能生物降解的有毒废水如含酚、氰废水，可按排放标准排入城市下水道，与城市污水混合处理，无法排入城市下水道的高难度废水，则应单独处理达标后排放，这些措施都可以有效地降低高难度工业废水的产生规模，从而节约其投资和运营的费用。

图 1-5-1 即为虎门镇在某工业园区内推进的雨污分流工作，以期从源头改善水环境质量。

我国在十多年前就已开始治理高难度工业废水，并不断加大投入，大部分工业企业也都

图 1-5-1 虎门镇推进雨污分流工作

建设了废水处理设施；同时，国家实行排污许可证制度，要求直接或者间接向水体排放废水的企业事业单位，应取得排污许可证。但有时个别工业企业偷排会造成严重环境污染的现象。

在"水十条"落地之际，水环境市场迎来难得的发展机遇。据有关部门粗略估计，2017年污水处理行业可形成 400 多亿元的产值，2020 年产值可增至 840 亿元，2025 年可达 1300亿元。行业发展前景巨大。

高难度工业废水治理行业与经济周期的变化紧密相关，很大程度上依赖于国民经济运行情况以及工业固定资产投资规模的波动。在国民经济发展的不同时期，国家的宏观政策也在不断调整，该类调整将直接影响工业废水治理行业的发展。我国经济近年来一直保持较高的增长速度，固定资产投资快速增长。今后一段时间，在国家有效宏观调控的基础上，国民经济将继续保持快速增长的趋势，工业废水治理行业作为朝阳产业，受益于国民经济快速增长，也将迎来快速发展的有利时期。

1.6　典型高难度工业废水介绍

1.6.1　农药行业高难度废水介绍

（1）我国农药工业现状及特点

农药（pesticide）是指用来防治农作物（包括树木、水生生物）的病原菌、病毒、虫、螨、鼠及其他动植物的化学药剂。

农药的分类方法很多，按用途可分为杀虫剂、杀菌剂、除草剂、杀螨剂、灭鼠剂等；按化学结构可分为有机硫、有机氯、有机磷、氨基甲酸酯、菊酯、无机类等；按加工剂型可分为粉剂、乳油、糊剂、悬浮剂、粒剂、烟剂、气雾剂、片剂、水剂等。

农药是保证农作物高产丰收的重要农业生产资料，一直是化学工业发展的重点。目前我国有农药生产企业 1000 多家，其中原药 400 多家，原药的年生产能力近 70 万吨，年产量近 30 万吨，居世界第二位。我国生产的农药中，原药品种 200 多个，制剂 700 多种。在这 200 多个原药品种中，杀虫剂产量最大，占总量的 70% 以上，其次是杀菌剂，占

13.5%左右，除草剂排第三位，约占 13%。年生产能力在万吨以上的品种有 15 个，其中杀虫剂 11 个，为敌百虫、敌敌畏、乐果、氧化乐果、甲基对硫磷、对硫磷、甲胺磷、辛硫磷、水胺硫磷、克百威、杀虫双；杀菌剂 1 个，为多菌灵；除草剂 3 个，即丁草胺、乙草胺、草甘膦。

目前我国农药工业的整体水平与世界发达国家相比仍存在差距，主要表现在产品结构不尽合理，老品种多，高附加值和超高效品种较少，毒性大，环境友好性有待提高，因此通常用三个 70% 来形象地说明我国目前农药生产的现状：

① 杀虫剂占农药总产量的 70%。

② 在杀虫剂中，有机磷杀虫剂占 70%。

③ 在有机磷杀虫剂中，高毒品种占 70%。

传统的高毒低效农药影响环境已是不争的事实，近几年我国环境状况公报中提到，农用化学品不合理的使用，造成耕地质量降低、面积减少等，因此为了保证农业的可持续发展和生态环境免遭破坏，我国农药工业的研究开发已向绿色农药的领域发展，开发了一些高效低毒农药，如用菊酯类或以吡虫啉为代表的新烟碱类杀虫剂代替部分有机磷杀虫剂。它们具有高效、低毒、内吸及与其他杀虫剂无交互抗性等特点。此外，还开发了安全无毒害的生物农药，如杭州农药厂与法国公司合资成立的合资公司开发生产的一种新型生物杀虫剂，这种杀虫剂的使用解决了浙江农民在施用传统农药杀灭水稻害虫时，连同杀死了周围桑树上的蚕这一长期困扰当地农业发展的问题，既保证了水稻丰产，又能养蚕织绸。

因此，21 世纪我国农药工业的总体原则就是继续加大和谐农药研发力度，以高效、低毒农药逐步替代传统的高毒、低效农药，保证农业的可持续发展和良好的生态环境不受破坏。

（2）农药工业高难度废水特点

农药生产所排放的"三废"中，废气主要是作为原料使用的氯气、二氧化硫、光气等的剩余物及反应产生的硫化氢、盐酸气、氮氧化物等。在这些尾气中，除光气外，其余均可采用液相吸收的方法来处理，光气尾气一般用水解法处理。其工作原理是光气和水（或稀盐酸）在催化剂 SN-7501 中反应生成二氧化碳和盐酸，从而达到去除光气的目的。

农药生产中排放的废液和废渣一般较少，如多菌灵、呋喃酚等农药的生产过程中排放少量的废渣，有些农药品种则排放少量的废液。由于这些废液、废渣的热值均在 102kJ/kg 以上，因此对这些少量的固体废物采用焚烧的方法即可完全处理达标。许多规模较大的农药厂在生化处理废水的同时，用一台小型焚烧炉即可处理少量固体废物或 COD 特别高（有时盐含量很高）的废水。

目前，农药工业的污染主要来自生产过程中所排放的废水，据统计，全国农药工业每年排放废水约 1.5 亿吨，主要是生产过程中的排水、产品洗涤水、设备和车间地面的清洗水等。农药行业的废水具有以下特点：

① 有机物浓度高，毒害大。合成废水的 COD 一般均在几万毫克每升以上，有时甚至高达几十万毫克每升。

② 污染物成分复杂。以有机磷农药的生产废水为例，不仅含有大量的有机磷和二价硫（当废水中 COD 为 3000mg/L 时，有机磷浓度高达 200mg/L，二价硫浓度超过 300mg/L），而且还含有大量的合成过程中未反应的中间体、副产物，如对敌敌畏、甲基 1605 的废水进行剖析，鉴定出的 9 种有机化合物中，2 种为原药，6 种为原药降解产物，1 种为其他芳香

化合物。

③ 难生物降解物质多。如甲基氯化物废水，当进水 COD 浓度为 1000mgL 时，停留 24h，COD 去除率仅为 50%～54%，同时活性污泥逐渐松散。乐果、马拉硫磷等合成过程中产生的含二硫代磷酸酯类化合物的废水亦属于难生物降解废水。

④ 吨产品废水排放量大，而且由于生产工艺不稳定、操作管理等问题，造成废水水质、水量不稳定，为废水的处理带来了一定的难度。

表 1-6-1 列出了几种主要有机磷农药废水的水质、水量情况。

表 1-6-1　几种常见有机磷废水排放情况

产品及废水名称	吨产品废水排放量/t	废水组成/(mg/L)		
		COD	总有机磷	其他污染物
敌百虫合成废水	28	23000～25000		
敌敌畏合成废水	4～5	4000～5000	4000～5000	
乐果母液洗涤水	3	1174	55	甲醇 1377
硫磷酯废水	1.6	1396	44	氯化铵 116,粗酯 5.93%
马拉硫磷合成废水	3～4	50000～95000	15000～50000	甲醇、乙醇等
对硫磷合成废水、洗涤水	4～21	8000～21000	250～1400	对硝基酚钠 3000～20000,硫化物 1500～2500
甲基对硫磷、甲基氯化物及缩合废水	9～12	25000～80000	5000～6000	对硝基酚钠 2000～12000
甲胺磷、甲基氯化物氨解废水	17.3	75000	4600	氨氮 68000

农药有机废水的排放，不仅直接造成总磷、氨氮超标，使水体富营养化，藻类植物大量繁殖，另外有些含高毒农药及酚、氰等化合物的废水排放，对水体中的各种动植物造成了极大的危害，同时对地下水及地表水造成污染，严重影响人类的生存。

（3）国内农药工业废水治理现状

国内农药工业废水治理是从 20 世纪六七十年代开始的。当时，由于技术、经济及人们对环境的认识等原因，治理工作仅停留在表面上。80 年代以后，随着全球环境质量的恶化，人们的环境意识逐渐增强，政府、企业等方面都大力参与到环境治理的工作中。为了保护我国的水流域，1996 年国务院下文要求所有排污单位必须于 2000 年前治理达标排放，否则将一律关、停、并、转，因此企业为了自身的生存和发展，全力以赴地开展环保治理工作。

通常用于农药废水的治理方法可归纳为物化法、化学法和生化法，目前国内外的农药废水处理基本上是采用预处理加生化处理的方法。据资料介绍，包括美国、日本、西欧各国等发达国家，农药工业废水 80% 以上是采用生化法处理。我国自 20 世纪 60 年代开始对有机磷农药废水处理进行研究，并于 70 年代初陆续在杭州、天津、南通、宁波、苏州等地的农药厂建立了几十套生化处理装置。这些装置的建成和使用，大大降低了农药废水中污染物的排放量，使农药工业的污染治理走在了精细化工领域的前列。

（4）我国农药废水处理展望

我国水资源严重匮乏，按人口平均占有径流量计算，每人每年平均约为 2700m³，只相当于世界人均占有量的 1/4，位于世界各国的第 88 位，而且可用水量有逐年减少的趋势。

因此，为了进一步改善我国的水环境和我国经济的可持续发展，应该加强农药工业的"三废"治理。

① 加大推广清洁生产的力度 俗话讲"解铃还需系铃人"，为了减轻废水治理负担，真正从根本上彻底解决污染，必须从源头抓起，即在农药的研究开发及生产过程中改进工艺，降低污染物的排放量，推行清洁生产。

为了避免农药的污染和对人、牲畜的危害，农药的研究应向高效、高纯度、低毒、低残留、多样化作用机制和缓释化合物方向发展，开发研究一些环境友好农药，用生物技术和细菌发酵工艺开发生物农药并逐渐替代合成农药。

在农药及中间体的生产中，应尽量采用没有或有很少废水的工艺。苯胺类衍生物是农药中常用的中间体，一般的工艺是苯在混酸中进行硝化，然后利用铁粉或硫化碱还原，这样既产生大量的混酸废水，同时亦有大量的铁泥或含硫化碱废水产生。

针对这些问题，沈阳化工研究院开发了定向催化硝化、常压高压催化加氢工艺，并应用于工业化生产中，彻底解决了污染问题。如开发的对异丙基苯胺（农药异丙隆的主要中间体）、甲胺磷、草甘膦、2,4-D、久效磷等几种农药的清洁生产新工艺，甲胺磷通过对氯化、胺化工序的改进，使氯化收率提高到85%以上、胺化收率达95%，废水中COD和有机磷的排放量减少30%；久效磷通过对氯化工序的改进，收率可提高5%左右，同时采用废水套用的方法，使氯化废水量减少50%。因此开发应用清洁生产新工艺，是彻底解决污染问题的根本所在。

② 研究开发废水处理新方法 虽然目前国内大部分农药厂已建立了废水处理装置，但由于有时处理效果不好，常规预处理加生化的二级处理方法占地面积大、运行费用高，因此很难保证所有设施均能正常运转，开发处理方法简单、运行费低、处理效果好的新型废水处理方法是当务之急。

ASBR（厌氧序批间歇式反应器）是20世纪90年代由美国艾奥瓦州立大学R. R. Dague教授在厌氧活性污泥法的基础上提出并发展起来的一种新型高效厌氧反应器，ASBR能够使污泥在反应器内的停留时间延长，污泥浓度增加，从而极大地提高了厌氧反应器的负荷和处理效率，而且使厌氧系统的稳定性和对不良因素（如有毒物质）的适应性增强，是水污染防治领域的一项有效的新技术，可广泛应用于各行业的废水治理中。近十年来，人们对ASBR的设计、操作、工艺特性、颗粒污泥的微观结构及各种影响因素进行了研究，取得了显著成果，并已建立了中试系统用于屠宰厂废水治理中。

ASBR能够在5~65℃范围内有效操作，尤其是能够在低、常温（5~25℃）下处理废水，当进水COD小于1000mg/L时，溶解性COD去除率达92%~95%。目前国内还未见有类似技术的研究报道，相信在我国国情下，这种处理效果好、建设投资低、运行费用低的ASBR方法具有较广泛的开发应用前景。

再比如A/O（水解-好氧处理）工艺，是20世纪90年代开发出来的有机污水处理技术，但其效果仍然可观。经A/O处理后的废水COD总去除率可达98%，该方法具有操作简单、运行稳定、耐冲击负荷能力大、受气温变化影响小、pH适应范围宽（5~10）等优点。与全好氧生化处理工艺相比，可处理高浓度有机废水，节省40%~50%能耗，占地面积可减少25%左右。上海某环境工程公司开发此项技术，并已在国内制药、印染等十多家企业应用，取得较好的处理效果，因此值得在农药废水的治理中推广应用。

除常规生化工艺之外，物理化学工艺也同样具备一定的应用前景，同样也是目前国际上比较推崇的一种新型高效的污水处理技术，它是利用电磁波、超声波、电解槽等先进工艺，将污水进行全处理或者生化前预处理，这样既减少了生化工艺的占地面积，节约了药剂和能耗，极大地降低了运转费用，同时也能更加有效且彻底地处理污水。

据《中国环境报》报道，韩国某株式会社生产的 AMT 水处理设备（物理化学法原理）用于处理日产 70t 的屠宰厂废水，进水 COD 为 1000mg/L，经几小时处理后，出水 COD 为 7～9mg/L，水体澄清，几乎可作为饮用水使用。除此之外，美国专利还介绍了一种利用电化学方法处理有机废水的工艺。它采用盘状电极膜（dished electrode membrane，DEM）电池的形式，使有机物在电极表面或液体中发生一级或二级氧化，有机物氧化分解为二氧化碳、氨气和水，从而彻底解决污染问题。该方法可处理包括苯酚、氰、胺类、硝化物、卤代物、有机磷等多种污染物。它既可以单独使用，也可作为一种预处理方法或作为排放前的终端处理方法，同样值得投入力量对该方法进行深入研究。

图 1-6-1 即为目前常规应用的一种农药废水处理工艺流程图。

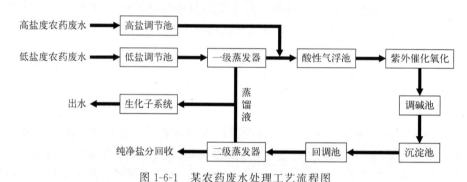

图 1-6-1　某农药废水处理工艺流程图

1.6.2　印染行业高难度废水介绍

印染行业是纺织工业水污染减排的重点环节，印染废水约占纺织工业废水的 80%。印染废水位列全国各行业工业废水排放量的第三位，仅次于造纸及纸制品业、化学原料和化学制品制造业。

图 1-6-2 为绍兴某地印染企业废水处理站运行实景。

图 1-6-2　印染废水处理现场实景

纺织印染行业排放的废水中含有纤维原料本身的夹带物，以及加工过程中所用的浆料、油剂、染料和化学助剂等，因此印染废水具有以下显著的特点：

① COD 变化大、浓度高。各工艺废水混合后的平均浓度为 $1500 \sim 2000 \mathrm{mg/L}$，$BOD_5$ 小于 $500 \mathrm{mg/L}$，B/C 一般小于 0.25，属于典型的难处理工业废水。

② pH 高。如硫化染料和还原染料废水 pH 可达 10 以上，丝光、碱减量废水 pH 可达 14。

③ 废水的色度大、有机物含量高，且含有大量的染料、助剂及浆料，有些废水黏性大。

④ 水温、水量变化大。由于加工品种、产量的变化，可导致水温一般在 40℃以上，从而影响了废水的生物处理效果。此外，由于浆料、染料及助剂的大量使用，如聚乙烯醇和聚丙烯类浆料不易生物降解，含氯漂白剂污染严重，致使印染加工过程产生的废水污染严重，难降解性强。

这样的废水如果不经合理的处理或经处理后未达到规定排放标准就直接排放，不仅直接严重破坏水体、土壤及其生态系统，且影响国家减排目标的实现。而现有的印染废水治理及资源化关键技术仍然缺乏有效突破，废水处理与资源化技术难以实现产业化。

图 1-6-3 即为一种印染废水处理工艺流程图。

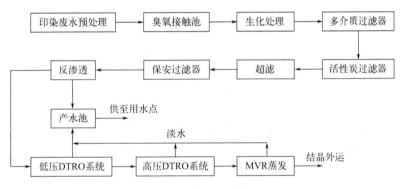

图 1-6-3　印染废水处理工艺流程图

1.6.3　冶金行业高难度废水介绍

从总体上看，钢铁冶金行业占全国所有行业比重依然偏高。再加上以矿石开采、加工和制造为一体的钢铁冶金行业历来就是资源消耗量大、水环境污染严重的行业，因此在冶金行业中的环保水处理形势仍然复杂和严峻，节能减排的压力不断加大，而现有的废水资源化关键技术仍然缺乏突破，未形成成套工艺、技术与综合性推广平台，废水资源化与"零排放"技术难以实现产业化。

图 1-6-4 为某冶金企业运行场景。

因此，需要加快实施结构调整、产业升级，发展循环经济，提高资源能源利用率，推动兼并重组和节能减排工作，建设科技含量高、资源消耗低、经济效益好、与环境协调发展的现代化钢铁冶金工业。现阶段我国冶金（钢铁）工业废水排放量大，同时焦化废水的低成本深度处理和回用一直是钢铁工业污水治理的重点和难点问题。

近年来，随着我国环境保护力度的加大，我国重点流域（如辽河流域）水质恶化的趋势有了明显减缓，重点饮用水源地污染风险基本可防可控，干流河段 COD 已基本消除劣Ⅴ

图 1-6-4　冶金企业内景

类，部分区域水生态环境有所恢复。但随着我国工业发展规模化和城市化进程的不断加快，流域水环境污染防治仍然面临着巨大压力，具体表现在以下方面：

① 钢铁冶金行业节水效果明显，但分布面广，污染物排放点分散，排放总量偏大，环境污染形势依然严峻。钢铁工业已成为体现我国综合国力的一个重要标志。钢铁企业的水污染控制及废水资源化成为我国近年来经济、环境可持续发展领域的重点、热点问题。随着近年来积极贯彻节水减排方针，我国钢铁企业的吨钢取水、废水处理率、排水指标等均有较大改观。图 1-6-5 为某冶金企业内部污水处理厂运行场景。

图 1-6-5　冶金废水处理

② 冶金行业废水种类多，成分复杂，难生物降解，危害性大，存在潜在的环境风险。钢铁冶金行业仍有一部分难处理污（废）水的处理处置一直未能妥善、有效解决。

这导致我国钢铁工业的常规水取用量以及 COD 等污染物排放量目前仍在全国工业废水排放总量中占据较高的比重。与国外发达国家相比，我国钢铁工业的节能减排工作还存在着较大差距。

在废水资源回用方面，循环利用率较低，污水净化技术、水质稳定技术、节水技术等方面还无法满足日益严格的环保要求。焦化、煤化工等已成为我国主要流域及国内很多地区的支柱产业，但过程水资源消耗高、污染排放强度大、污染无害化技术缺乏有造成当地水体有机污染尤其是难降解有毒有机污染严重超标的风险。

钢铁工业的焦化厂在炼焦和煤气生产过程中产生了大量的含难降解有机污染物的焦化污水，该污水中含许多高污染、难降解有机物，如多环芳烃类化合物、杂环化合物、酚类化合物、有机氯化合物等，具有浓度高、毒性大且难以生物降解的特征，是流域水环境污染的主要原因之一。

我国大部分煤化工企业仅能生产炼铁用焦炭、甲醇等初级产品。

随着钢铁企业升级改造，一方面，我国一些新建或改造焦炉采用干熄焦工艺后，以前用于熄焦的焦化污水已无法进行有效消纳；并且湿熄焦以及高炉冲渣等回用方式造成了生产作业环境的恶化以及污染物形式的转移。同时，虽然焦化污水经过处理后已经达到排放标准，但仍会对周边的水体造成污染和增加容量压力。

为引导行业可持续发展，促进产业技术升级，生态环境部制定焦化行业废水排放标准，其中不仅进一步提高 COD 等污染物的排放标准，而且新增了单位焦炭产水量、苯并芘浓度、总氰浓度等指标，尤其是要求独立焦化企业不许外排放废水。

所以，对焦化污水进行深度处理回用实现零排放，已经刻不容缓。开展焦化酚氰污水深度处理回用的研究工作，真正实现处理工艺持续稳定、处理水循环利用是钢铁企业及化工企业责无旁贷的历史任务。

将焦化污水深度处理到能工业循环水的补充水标准，目前可行的处理措施是利用膜法脱盐。但是由于膜对于进水水质的较高要求，膜前预处理技术可靠性成为制约此方法运行稳定的瓶颈问题。解决膜前预处理问题，则可以顺利采用膜法降低焦化污水生化出水中的较高的含盐量，使其达到回用于循环冷却水的水质指标要求。

图 1-6-6 即为一种焦化废水的处理工艺流程图。

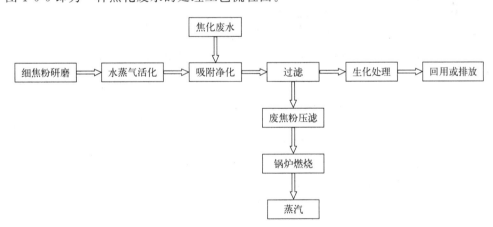

图 1-6-6　焦化废水处理工艺流程图

1.6.4　石化行业高难度废水介绍

石化行业是国民经济重要的支柱产业和基础产业，资源、资金、技术密集，产业关联度高，经济总量大，产品应用范围广，在国民经济中占有十分重要的地位。

石化行业废水种类繁多，组成复杂，大多含有石油类、酚类等难生物降解毒害污染物，且往往含有高浓度氨氮、有机氮、悬浮物、氯化物等，通常的生物处理过程很难适应。

我国石化行业吨原油加工的新鲜水耗量和污水排放量分别为 $1.5 \sim 2.5t/t$ 和 $0.7 \sim 2.0t/t$，高于国外同类行业的 $40\% \sim 200\%$。

图 1-6-7 即为某炼化厂内部污水处理站运行实景。

图 1-6-7　石化废水处理

我国石化行业废水处理存在技术水平不高、设施稳定达标运行困难、资源回收利用不足等问题，开发集"除油除浊、脱氮脱盐"等功能于一体、符合国家环保要求的标准化、成套化技术和装备势在必行。

目前，石化废水处理的新工艺主要是强化预处理和深度处理。针对原水中高浓度重污油和总固体物等问题，通过清洁生产加强源头控制；针对废水中悬浮物高等问题，通过强化预处理加强负荷削减；针对生化出水中较高的 COD、石油类、氨氮、总氮、悬浮物和难生物降解污染物，需加强高效物化等提标处理；针对中水回用工艺所面临的回用率低、浓水处理处置难等问题，通过脱盐软化等深度处理技术提高回用率、改善出水水质。

未来应通过废水资源化实现"节水减排"，通过近"零排放"推动产业升级，快速有效地在重点流域内石化行业进行产业化推广，实现重点流域污染物减排、水环境改善的目标，并为重点流域水生态系统健康的发展目标奠定坚实的基础和技术支持。同时应进一步优化"跨省区、跨流域"的"政产学研用"科技创新体系及平台运行机制，围绕"工业源节水减排、水资源再生利用"建成国家级"产业技术创新联盟"，并实施实体化、市场化运行，加快"协同研发、特色集成"的"新产品、新技术、新装备"规范化应用、产业化推广，实现新兴环保产业的高端化培育、规模化发展。

图 1-6-8 即为一种石化行业含油废水处理工艺流程图。

1.6.5　制药行业高难度废水介绍

制药行业是我国国民经济的重要组成部分，是我国发展最快的行业之一，目前我国已成为全球化学原料药生产与出口大国和全球最大的药物制剂生产国之一。

制药废水中含有药物残留、药物中间体、制药过程中使用的活菌体等特征污染物通过废水排放等途径进入环境，其生物安全性问题（生物毒性、致细菌耐药性）被长期忽略，对人

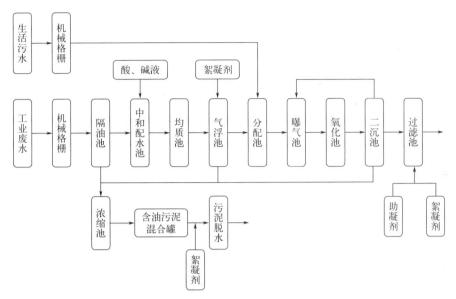

图 1-6-8　石化行业含油废水处理工艺流程图

体健康存在潜在危害。

　　制药废水大部分为高浓度有机废水，难处理、难稳定达标；发酵类制药企业恶臭；抗生素菌渣处理处置尚无经济合理、切实可行的技术途径等环境问题，制约制药行业的可持续发展。国家"节能减排"战略的实施，对制药行业水污染防治提出了更高要求，急需建立行业环境技术管理体系。

　　图 1-6-9 为某制药企业内部污水处理站运行场景。

图 1-6-9　制药废水处理

　　化学合成类、发酵类制药废水的特点是有机物含量高、成分复杂多变且多含杂环类、难降解物质多、对微生物抑制性强、毒性大、色度深和含盐量高，特别是生化性很差，且间歇排放，属难处理的工业废水，污染严重。

化学合成类制药废水采用的处理工艺主要包括"厌氧-好氧""水解酸化-好氧"组合工艺以及单独"好氧"工艺。

其中"厌氧-好氧"二级处理工艺应用率最高，所占比例为53.6％。厌氧生物处理技术主要包括上流式厌氧污泥床（UASB）、两相厌氧消化反应器、厌氧膨胀颗粒污泥床（EGSB），其应用率分别为78.6％、14.3％、7.1％。好氧生物处理技术主要包括生物接触氧化法、吸附生物降解法（AB法）、MSBR法、序批式间歇活性污泥法（SBR法）及其变形工艺循环活性污泥法（CASS法）、活性污泥法，其应用率分别为61.5％、3.8％、3.8％、11.6％、11.6％、7.7％。

部分化学合成类制药企业对难以生化处理或生物毒性较大的高浓度有机废水采用了预处理技术，主要方法为电解法、混凝法、气浮法、芬顿氧化法。部分企业采用了深度处理技术，主要方法为芬顿氧化池、活性炭吸附、混凝沉淀、气浮。

发酵类制药废水采用的处理工艺主要包括"厌氧-好氧""水解酸化-好氧"组合工艺以及单独"好氧"工艺。其中"厌氧-好氧"二级处理工艺应用率最高，所占比例为62.2％。厌氧生物处理技术主要包括上流式厌氧污泥床（UASB）、两相厌氧消化反应器、厌氧膨胀颗粒污泥床（EGSB），其应用率分别为87.0％、8.7％、4.3％。好氧生物处理技术主要包括生物接触氧化法、循环活性污泥法（CASS法）、序批式间歇活性污泥法（SBR法）、活性污泥法、膜生物反应器（MBR法、MBBR法）、AB法、氧化沟法，其应用率分别为47.6％、16.7％、14.3％、11.9％、4.8％、2.4％、2.3％。

部分发酵类制药企业对难以生化处理或生物毒性较大的高浓度有机废水采用了预处理技术，主要方法为混凝法、气浮法、微电解法、芬顿试剂法、催化氧化。部分企业采用了深度处理技术，主要方法为吸附法、混凝法、气浮法、芬顿试剂法。

目前，我国制药废水尤其是化学原料药制药废水的处理难度较大，能够达到制药行业水污染物排放新标准限值的制药企业数量不多。主要原因在于：

① 制药行业快速发展呈现出的水污染问题日趋复杂，水污染现状呈现多元化和复杂化的发展态势，同时随着水资源的紧张、价格的不断提升，企业节水的内在动力和管理水平不断提高，排水量急剧下降，而清洁生产水平、降耗减污水平并未得到同步提高，导致废水量减少而污染物浓度增大。在制药工业水污染物排放标准更加严格的情况下，制药废水处理难度和成本压力不断增加，对可靠、高效、经济的处理技术的需求也日益强烈。

② 目前在制药行业水污染防治项目的方案制定、工程设计、施工建设、竣工验收以及设施运营等阶段，存在着个别技术选择不合理、工艺设计参数选用不科学、工程建设不规范、设备质量不过关、运营管理水平低等问题，造成废水治理工程建成后不能稳定运行，甚至停运，不能有效治污、减污，并造成资源及能源的浪费等问题。

③ 制药废水通常具有污染物浓度高、成分复杂多变且多含杂环类、毒性大、难生物降解特点，使得废水处理难度增大，废水处理工艺往往较复杂，不同工厂采用的处理工艺和运行参数各不相同，污水处理设施的投资和运行费用较高。

④ 在制药过程中会产生一些生物毒性的中间物质，在提取或清洗过程中会进入到制药废水中，造成应用传统生化法治理制药废水效果较差。

⑤ 在抗生素生产的提取和冷却工段，化学合成制药反应及提纯阶段大量使用无机酸碱和无机盐类物质，使排放的生产废水中盐类浓度较高，对废水处理的生物活性产生抑制作用，影响废水生化处理效果。

制药废水处理技术发展趋势：在工程化制药废水处理技术探索中，结合化工技术的废水高效预处理工艺，以芬顿试剂氧化为代表，将越来越广泛地应用于生产实践。废水处理技术与生产工艺技术的结合将越来越紧密，这其中包含着废物回收、套用等"清洁生产"概念。只有在"节能减排""清洁生产""绿色化工"的基础上，开发和推广应用既稳定可靠又高效经济的制药废水处理技术，制药行业才能突破环保瓶颈，取得可持续发展。

制药废水处理还是要以生物处理技术为主。颗粒污泥膨胀床反应器（EGSB）作为第三代厌氧反应器的典型和标志，实际上是 UASB 与 AFB 的结合体，其设计思想是，通过部分出水回流、反应器更高的高径比，使颗粒污泥床在高上升流速（6～12m/h）下膨胀起来，使废水与颗粒污泥接触得更好，从而强化了混合、传质，消除死区，反应器的处理效率大大提高。

这一特点适宜处理含有大量生物抑制物的制药废水，通过高比例的回流将高浓度废水稀释，同时高水力负荷和上升流速将大大提高混合效果，强化传质过程，并有效避免抑制物的积累，因此，EGSB 在制药废水厌氧处理领域有广阔的应用前景。

内循环厌氧（IC）反应器由于其较低的水力停留时间（HRT）、较高的容积负荷、较小的容积和较低的投资，成为第三代高效厌氧反应器的代表，在制药废水中已有成功应用，其优越性更加凸显。但是在厌氧工艺的运行过程中，有机负荷的冲击、温度下降幅度过大、微量元素缺乏、碱冲击、有毒物质抑制以及 N、P 营养缺乏等都能引起挥发酸（VFA）升高，使反应器酸化，严重时可能使其"瘫痪"，这是厌氧工艺最常出现的问题，IC 反应器也不能幸免。在工程应用中可及时采取大水量清水冲洗、出水回流、逐步提高负荷等措施进行恢复。IC 反应器是有发展前景的制药废水厌氧处理技术。

好氧工艺中，完全混合与生物膜相结合的形式逐步显示一定潜力和高效性能，如生物膜移动床反应器（MBBR）在一些制药废水处理工程中初步显示出了良好效果。河北省两家公司分别采用此技术处理维生素 C 和阿维菌素生产废水。而类似氧化沟形式的循环曝气池，以其巨大的稀释能力显示出其承受高浓度制药废水的潜力。

生物强化技术也显示出巨大的吸引力，在未来几年中，会有相当多的企业应用此技术，但需要认真筛选、甄别。

MBR 技术在制药废水处理工程中已有一些探索性应用，多用在原有处理设施改造项目中，一般处理规模较小。最近两年，MBR 在大规模制药废水处理领域开始应用，石药集团中诺公司采用日本三菱微滤中空纤维膜日处理 7000t 制药废水的装置已投入运行，工艺指标良好，关键是膜污染控制问题仍需进一步解决。

生物菌种技术与 MBR 结合，相互强化各自优势，协同提高工艺效果，将在提升制药废水处理效果方面发挥相当大的作用。

目前，具有稳定效果、经济指标适当、可操作性强的可工程化的深度处理技术仍比较匮乏。芬顿试剂氧化效果稳定，但尚需在经济和可操作性方面改善，进一步大规模推广尤其是深度处理方面的应用，尚有难度。同轴电解技术，通过生产性试验，如能达到设备稳定性和经济性指标，其应用前景令人期待。另外，活性炭吸附与化学氧化相结合的技术值得进一步探索，如能掌握适当的组合方式、运行条件，将会具有较好的应用前景。

图 1-6-10 即为一种萘磺酸制药废水的处理工艺流程图。

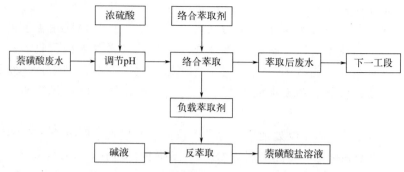

图 1-6-10　一种萘磺酸废水的处理工艺流程图

参考文献

[1]　胡冠九，王晓祎，史薇，等.沿江化工园区污水处理厂出水对体外培养的大鼠睾丸细胞生殖毒性研究［J］.环境科学，2009，30（5）：1315-1320.

[2]　林长喜，曲风臣，吴晓峰.化工园区污水处理系统的规划、设计［J］.化学工业，2014，32（6）：40-47.

[3]　许明，储时雨，蒋永伟，等.太湖流域化工园区污水处理厂尾水人工湿地深度处理试验研究［J］.水处理技术，2014（5）：87-91.

[4]　黄克文，杨志浪，张国军，等.混凝法预处理某化工园区污水处理厂二级出水的试验研究［J］.电力科技与环保，2010，26（3）：24-28.

[5]　许明，刘伟京，涂勇，等.某化工园区废水处理工程设计实例［J］.化工环保，2014，34（3）：245-249.

[6]　仲佳鑫.关于海门临江化工园区废水处理模式的研究［J］.环境保护与循环经济，2020，40（4）：31-33，36.

[7]　冯粒克，喻学敏，白永刚，等.化工园区混合化工废水处理技术研究［J］.污染防治技术，2010（4）：69-73.

[8]　石艳玲.某化工园区污水处理厂 Fenton 处理方案的比较研究［J］.环境工程学报，2016，10（9）：5331-5336.

[9]　曲风臣，张恺扬，王敬贤.化工园区污水处理厂设计中应注意的几个问题［J］.化学工业，2010，28（2）：33-36.

[10]　尚大军，刘智勇.化工园区污水处理系统集成研究进展［J］.化工进展，2013，32（1）：217-221.

[11]　何丹.分析化工园区污水处理厂污水处理工艺研究及应用［J］.石化技术，2017，24（12）：170-171.

[12]　张龙，叶阳阳，曹蕾，等.化工园区污水处理厂规模调整及工艺改造工程设计实例［J］.给水排水，2019，45（4）：75-81.

[13]　徐文江，宁艳英，李安峰，等.水解＋AO＋深度处理用于化工园区污水处理改造［J］.中国给水排水，2017，33（6）：52-55.

[14]　刘静，毛竞.化工园区污水处理厂污水处理工艺研究及应用［J］.青海环境，2012，23（2）：96-100.

[15]　马羽飞，梅慧瑞，张新国，等.宁夏某煤化工园区污水处理工艺设计［J］.工业用水与废水，2016，47（5）：64-66.

[16]　顾春燕，王斌.化工园区污水处理厂化学需氧量的测试研究［J］.广东化工，2019，393（7）：183-184，186.

[17]　郭辉.某化工园区污水处理厂污泥深度脱水系统设计［J］.中国资源综合利用，2019，39（5）：46-48.

[18]　张永梅，于宗然.化工园区污水处理厂升级改造及中水回用技术探讨与实施方案［J］.化工管理，2019，513（6）：194-195.

[19]　徐富，关国强，张彩吉，等.6000m³/d 甲醛产业化工园区污水处理工程案例［J］.广东化工，2019，

46 (10)：125-127.

[20] 张春燕.化工园区污水处理厂工艺改造设计与运行研究 [J].资源节约与环保，2018，205 (12)：122-123.

[21] 李延.苏中、苏北化工园区污水处理厂存在的问题与解决建议 [J].污染防治技术，2016，29 (6)：45-47.

[22] 王缀成.连云港：化工园区污水处理中水回用实现新突破 [J].表面工程资讯，2008，8 (4)：12-12.

[23] 袁新杰.催化氧化处理高难度废水的工业化技术 [J].化工设计通讯，2019，45 (2)：224-225.

[24] 金星，高立新，周笑绿.电化学技术在废水处理中的研究与应用 [J].上海电力学院学报，2010，26 (1)：90-94.

[25] 金贤，周群英，符福煜.高难度工业废水处理技术方案 [J].精细与专用化学品，2008，16 (3)：23-25.

[26] 金贤.精细化工中各类高难度工业废水的诊断与处理 [J].精细与专用化学品，2008，16 (12)：30-34.

[27] 吴志坚，宋旭，胡大锵，等.高难度化工废水处理工程实例 [J].污染防治技术，2012 (4)：35-40.

[28] 谢冰，徐亚同.农药废水处理工艺研究 [J].上海环境科学，1996，15 (10)：28-30.

[29] 赵伟，陈春兵，冯晓西，等.阻燃剂六溴环十二烷的逆流漂洗工艺改进 [J].环境科学与管理，2007，32 (10)：129-132.

[30] 夏世斌，朱长青.微电解-生化组合处理 DCB 染料废水中试研究 [J].三峡大学学报（自然科学版），2006，28 (4)：352-354.

[31] 江铭.龙岩造纸厂马尾松 BCTMP 制浆废水处理分析 [J].化工技术与开发，2011，40 (8)：56-59.

[32] 李海涛，朱其佳，祖荣.电化学氧化法处理海洋油田废水 [J].工业水处理，2002，22 (6)：23-25.

[33] 唐亚文，包建春，周益明，等.碳纳米管负载铂催化剂的制备及其对甲醇的电催化氧化研究 [J].无机化学学报，2003，19 (8)：905-908.

2　水处理工程中的催化理论与工艺概述

一个化学反应能否在工业上得以实现，反应速率往往是关键因素。换句话说，一个合格的化学反应就要求在单位时间内可以获得足够数量的产品，这是化学工业对化学反应的最根本要求。在具体的工业实践项目中，为了提升反应的速率，人们普遍会选择催化工艺，催化工艺既能提高反应速率，又能对化学反应的方向进行精确控制，且催化剂原则上是不消耗的。因此，应用催化剂是提高反应速率和控制反应方向较为有效的方法，而对催化剂与催化作用的研究应用，也就成为现代化学工业的研究热点。

而原本就脱胎于化工行业的水处理工程，往往会借鉴应用很多化工行业的成熟技术。种类越来越多的高难度工业废水的产生使得人们迫切需求效果更好的新型水处理工艺与技术，尤其是高级氧化类型技术，一般需要具备一定氧化效果的氧化剂或者具备一定还原效果的还原剂。处理难生物降解的高难度废水，高级氧化技术具备相当的优势，而高级氧化技术的最大特点就是催化特性，因此在水处理工程中，研究新型催化氧化技术反应机理和催化材料的应用性能，就成了当下人们在高难度工业废水处理领域研究的一个热点内容。

本书就结合高难度工业废水处理难点和高级催化氧化工艺技术特点展开分析，以期帮助水处理工程从业人员掌握目前常用的高级催化氧化基础理论和具体工艺原理及应用相关知识。

2.1　化学反应中催化剂与催化作用的概述

2.1.1　催化反应定义

早在 19 世纪末 20 世纪初，人们就发现许多化学反应的反应速率会因某种额外添加的少量物质而显著改变，这种额外添加的少量物质虽然不出现在该反应的具体反应方程式中，但是其的确能够明显提升相关化学反应的速率，这种额外添加的少量物质就被称为催化剂，而有催化剂存在时发生的反应就称为催化反应。

催化剂定义的最早提出者是化学家威廉·奥斯特瓦尔德（图 2-1-1，他是俄国-德国物理化学家，被认为是现代物理学的主要奠基人之一，1909 年奥斯特瓦尔德因对催化作用的研究而荣获诺贝尔化学奖）。他在经过一系列的研究后发现，催化剂是一种可以改变一个化学反应速率而不存在于产物中的物质，他的这一提法受到了同时期很多化学家的支持。之后，又有很多化学家试图对奥斯特瓦尔德的催化剂定义进一步完善，进而将催化剂的定义解释为："自身在化学反应方程式中并不出现，少量却可以控制反应的速率、选择性、产物立体规整性的物质。"

随着研究的不断深入，人们对催化剂的定义越来越明确。1981 年，国际纯粹化学与应用化学联合会（IUPAC）从吉布斯自由能的角度给出了催化剂更准确的定义，即："催化剂是一种改变反应速率但不改变反应总标准吉布斯自由能的物质。"目前在绝大多数文献中，人们惯用的定义为："催化剂是一种能够

图 2-1-1　奥斯特瓦尔德

改变化学反应速率，而不改变化学平衡且本身的质量和化学性质在化学反应前后都没有发生改变的物质。"

从以上解释可以看出，化学反应中的催化剂实际上并非是某一种特定的物质，相反，许多类型的材料，包括金属单质、金属氧化物、硫化物、氮化物、沸石分子筛、有机金属配合物和酶等，都可以作为催化剂而被广泛应用在不同行业。

在相关化学催化反应过程中，催化剂所发挥的作用称为催化作用。1976 年，IUPAC 给出了催化作用的标准定义，即："催化作用是一种化学作用，是靠用量极少而本身不被消耗的一种叫作催化剂的外加物质来加速化学反应的现象。"该定义极为全面地表述了催化作用是一种化学作用，且催化剂参与了化学反应的这一认识。之后，随着研究的不断深入，人们又将催化作用扩大到正、负两个方面。使化学反应速率加快的现象称为正催化作用，而使化学反应速率减慢的现象则称为负催化作用。

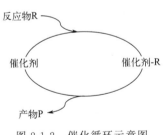

图 2-1-2　催化循环示意图

催化反应可用最简单的"假设循环"表示出来，如图 2-1-2 所示，其中 R 与 P 分别代表反应物与产物，而催化剂-R 则代表由反应物和催化剂反应合成的中间物种。从这个假设循环图中可以看出，在催化反应过程中，暂存的中间物种解体后，又重新得到催化剂以及产物。这个简单的示意图，可以帮助人们理解哪怕是最复杂的催化反应过程的本质。

在催化反应中，按照催化反应物相的不同，可将催化反应分为均相催化、多相催化和酶催化三种。

2.1.2　均相催化反应概述

所谓均相催化，具体指的是催化剂与反应物同处于一均匀物相中发生催化反应。均相催化有液相均相催化和气相均相催化两种。液态酸碱催化剂、可溶性过渡金属化合物催化剂和碘、一氧化氮等气态分子催化剂的催化均属于均相催化。

均相催化剂的活性中心比较均一，选择性较高，副反应较少，易于用光谱、波谱、同位素示踪等方法来研究催化剂的作用，反应动力学一般不复杂。但均相催化剂有难以分离、回

收和再生的缺点。

均相催化其中最重要也是最普通的一种是酸碱催化反应。如酯类的水解以 H$^+$ 作催化剂等。在均相催化中，催化剂跟反应物分子或离子通常结合形成不稳定的中间物即活化络合物。这一过程的活化能通常比较低，因此反应速率快，然后中间物又跟另一反应物迅速作用（活化能也较低）生成最终产物，并再生出催化剂。

该过程可以用如下三种简单方程式表示：

$$A+B \Longrightarrow AB(慢) \tag{2-1}$$

$$A+C \Longrightarrow AC(快) \tag{2-2}$$

$$AC+B \Longrightarrow AB+C(快) \tag{2-3}$$

式中，A、B 为反应物；AB 为产物；C 为催化剂。其中式(2-1) 表示普通反应，式(2-2)、式(2-3) 表示有催化剂参与的催化反应，从反应速率上来看，催化反应要比普通反应更快速。

在以上反应中，由于反应的途径发生了改变，将一步进行的反应分为两步进行，两步反应的活化能之和也远比一步反应的低。该理论被称为"中间产物理论"。在均相催化中，催化剂跟反应物分子或离子通常结合形成不稳定的中间物即活化络合物。这一过程的活化能通常比较低，因此反应速率快，然后中间物又跟另一反应物迅速作用（活化能也较低）生成最终产物，并再生出催化剂。

2.1.3　非均相催化反应概述

非均相催化也叫多相催化，是指在两相（固-液、固-气、液-气）界面上发生的催化反应，工业中使用的催化反应大多属于多相催化。

多相催化发生在催化剂的表面，因此，多相催化反应包含反应物分子在催化剂孔内的扩散、表面上的吸附、表面上的反应以及产物分子的脱附和孔内扩散等过程。对于催化剂来说，吸附中心常常就是催化活性中心。吸附中心和吸附质分子共同构成表面吸附络合物，即表面活性中间物种。反应物质在催化剂表面上的吸附改变了反应的途径，从而改变了反应所需要的活化能。没有吸附就没有多相催化，多相催化反应机理与吸附和扩散机理是不可分割的。

在多相催化中有一个单独的催化剂相，这就使得多相催化反应的过程变得复杂起来。在反应条件下，反应物和产物多数为气态或者液态物质，而催化剂大多数采用多孔固体，其内部的表面积极大，一般每克催化剂的内表面积达数百平方米之多，颗粒的外表面积与之相比微不足道。化学反应主要是在催化剂的内表面进行的。因此反应组分不仅要向外表面扩散，而且还要向颗粒内部扩散，然后在颗粒内表面进行反应。产物则沿着相反方向从颗粒内表面向流体主体扩散。因此，多相催化反应要经历以下步骤：

① 反应物向催化剂表面扩散。

② 反应物在催化剂内表面上吸附。

③ 被吸附的反应物在催化剂表面上迁移、化学重排和反应。

④ 产物从催化剂表面上脱附。

⑤ 产物由催化剂表面向流动主体扩散。

在反应条件下催化剂颗粒周围由反应物分子、产物分子和稀释剂等混合物组分形成一个稳定层流层，一个反应物分子必须穿过此层流层才能到达催化剂颗粒的外表面。因为层流层阻碍这种流动，故在颗粒的外表面和气流层之间形成浓度梯度。

流体与催化剂外表面处的传质阻力主要集中在围绕催化剂颗粒周围、厚度在 1mm 以下的层流边界层内。层内平行于颗粒表面的流体速度变化极大，在颗粒外表面处，流体速度为零，而在边界层与流体主体的交界处，其速度与流体主体的速度相等。因此流体的物理化学性质、流体力学性质将影响到传质速率，此外颗粒的粒度也影响到传递过程的速率。

多相催化剂又称非均相催化剂，它们普遍存在于不同相的反应中，即和它们催化的反应物处于不同的状态。例如，在生产人造黄油时，通过固态镍催化剂，能够把不饱和的植物油和氢气转变成饱和的脂肪，这个反应中固态镍就是一种多相催化剂，被它催化的反应物则是液态的植物油和气态的氢气。

一个简易的非均相催化反应，首先反应物会吸附在催化剂的表面，在这个过程中反应物内的化学键会变得十分脆弱而导致新的化学键产生，但又因产物与催化剂间的键并不牢固，而使催化剂被释放出来。现在已知许多催化剂具有发生吸附反应的不同可能性的结构位置。

2.1.4 酶催化反应概述

酶催化可以看作是介于均相与非均相催化反应之间的一种催化反应。酶催化既可以看成是反应物与酶形成了中间化合物，也可以看成是在酶的表面上首先吸附了反应物，然后再进行反应的一种催化作用。

酶催化在水处理工程中的应用并不常见，因此在这里我们不做过多阐述，有兴趣的读者可以自行查阅相关文献资料。

2.1.5 催化作用的一般原理分析

在这里我们以正向催化作用为例来简单讨论催化作用的一般原理。在使用催化剂加速某一化学反应的过程中，催化剂之所以能够将化学反应的速率提升，其根本原因在于它的存在能够使得反应途径所需的活化能更低。

图 2-1-3 是一个化学反应过程中加入催化剂和不加入催化剂的对比图像，通过该图可以清楚地说明催化作用的一般原理。

对于某一正在发生化学反应的气体体系，假设其反应过程分别以两种不同的方式进行，一种是均相非催化方式，另一种是多相催化方式。

显然，在这两种方式下，反应过程的能量变化有所不同。由阿伦尼乌斯理论可知，活化能越低则反应速率越快。因为 $E_{催化反应} < E_{非催化反应}$，所以多相催化方式下反应速率更快。

最后需要特别指出的是，在很多化学反应中，水和其他溶剂可使两种反应物溶解，并加速两者间的反应，但这仅仅是一种溶剂效应的物理作用，并不是化学催化作用。

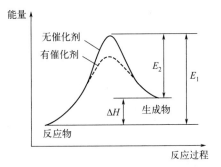

图 2-1-3 催化反应与非催化反应过程中能量变化示意图
（E_1 表示正反应的活化能，E_2 表示逆反应的活化能）

2.2 催化剂与催化作用的特征

（1）催化剂能改变化学反应速率

在前述章节关于催化剂与催化作用的定义中，已经深入讨论了催化剂改变化学反应速率的事实及原理。在具体实践中，人们广泛应用催化剂来加快化学反应速率，以期提高化工生产效益。例如，氨合成用熔铁催化剂，1t 催化剂能有效地促进反应的进行，生产出约 2 万吨氨，其废催化剂还可以回收。催化剂最显著的一个特点就是可以改变相应化学反应的速率且自身并不消耗。

（2）催化剂对反应具有选择性

大量的事实证明，对于化学反应而言，催化剂都具有选择性，具体表现在反应产物结构、反应方向以及反应类型等方面。

当反应在热力学上可能有一个以上的不同方向时，有可能导致热力学上可行的不同产物。

通常情况下，一种催化剂在一定条件下，只对其中的一个反应方向起加速作用，且促进反应的速率与选择性是统一的，这种性能称为催化剂的选择性。

不同的催化剂，可以使相同的反应物生成不同的产品，因为从同一反应物出发，在热力学上可能有不同的反应方向，生成不同的产物，而不同的催化剂，可以加速不同的反应方向。

另外，也有大量的事实证明，相同的反应物采用不同的催化剂也可以生成相同的产物，只是生成物在性能上可能有所不同而已。

故而，现代化工经常有效利用催化剂的选择性来抑制一些不利反应并使得有利反应得到促进，从而获得更高的效益。例如，乙醇在不同催化剂上反应的不同产物如表 2-2-1 所示。

表 2-2-1　不同催化剂上乙醇的反应

催化剂	温度/℃	反应
Cu	200～250	$C_2H_5OH \longrightarrow CH_3CHO + H_2$
Al_2O_3	350～380	$C_2H_5OH \longrightarrow C_2H_4 + H_2O$
Al_2O_3	250	$2C_2H_5OH \longrightarrow (C_2H_5)_2O + H_2O$
$MgO\text{-}SiO_2$	360～370	$2C_2H_5OH \longrightarrow CH_2=CH-CH=CH_2 + 2H_2O + H_2$

（3）催化剂仅加速热力学上可行的化学反应

催化剂只能加速热力学上可能进行的化学反应，而不能加速热力学上无法进行的反应。例如，在常温、常压、无其他外加功的情况下，水不能变成氢气和氧气，因而也不存在任何能加快这一反应的催化剂。

（4）催化剂不改变化学平衡

催化剂只能改变化学反应的速率，而不能改变化学平衡的位置。在一定外界条件下某化学反应产物的最高平衡浓度，受热力学变量的限制。换言之，催化剂只能改变达到（或接近）这一极限值所需要的时间，而不能改变这一极限值的大小。

（5）催化剂加速可逆反应的正、逆反应

研究表明，对于可逆反应而言，催化剂并没有改变其化学平衡的作用，只会同等程度地促进或抑制其正、逆反应的速率。

设某可逆反应的化学平衡常数为 K_r，其正、逆反应的化学反应速率常数分别为 k_1 和 k_2，由物理化学可知 $K_r=k_1/k_2$，又因为催化剂不能改变 K_r，故它使 k_1 增大的同时，必然使 k_2 成比例地增大。

例如在合成氨反应如式（2-4）所示：

$$N_2+3H_2 \longrightarrow 2NH_3 \tag{2-4}$$

其中，氨的平衡含量与反应温度和压力的关系如图 2-2-1 所示。

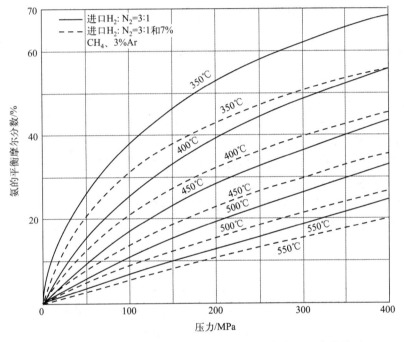

图 2-2-1　氨合成反应中氨的平衡含量与反应温度和压力的关系

由图 2-2-1 可知，高压下平衡趋向于正反应，也即氨的合成，低压下平衡趋向于逆反应，也即氨的分解。如果要寻找氨合成的催化剂，就需要在高压下进行实验。

由于催化剂不改变化学平衡，正反应的催化剂也是逆反应的催化剂，于是，就可以从氨分解逆反应催化剂的研究来寻找氨合成正反应的催化剂。这样就可以在低压下进行实验。镍、铂等金属是脱氢反应的催化剂，自然同时也是加氢反应的催化剂。这样，在高温下平衡趋向于脱氢方向，就成为脱氢反应催化剂；而稍低的温度下平衡趋向于加氢方向，就成为加氢反应催化剂。在氨合成的早期研究中，就是采用这样的方法研发出了性能较好的催化剂。

当然有例外，例如铜催化剂是很好的加氢催化剂，但是因为铜熔点比镍、铂低，在高温下易于烧结导致物理结构改变，所以不宜在高温下使用，因此不宜作为高温下脱氢反应的催化剂。当然这只是物理上的原因。

同理，对甲醇合成有效的催化剂，对甲醇分解亦有利。这样，当研究甲醇合成催化剂缺乏方便的条件时，不妨反过来研究甲醇分解的催化剂。当然，要实现方向不同的反应，应选用不同的热力学条件和不同的催化剂配方。

（6）催化剂在反应中不消耗

大量的研究证明，在实际的化学反应中，催化剂会参与到反应进程中去，但理想状态下最后都会回归到其最初的化学状态。

例如，使用催化剂 V_2O_5 使 SO_2 进一步氧化为 SO_3 的反应历程如式（2-5）～式（2-7）所示。

$$V_2O_5 + SO_2 \longrightarrow V_2O_4 + SO_3 \tag{2-5}$$

$$V_2O_4 + O_2 + 2SO_2 \longrightarrow 2VOSO_4 \tag{2-6}$$

$$2VOSO_4 \longrightarrow V_2O_5 + SO_3 + SO_2 \tag{2-7}$$

这三步反应相加的最终方程式如式（2-8）所示：

$$2SO_2 + O_2 \longrightarrow 2SO_3 \tag{2-8}$$

可见，催化剂 V_2O_5 虽然参与了反应，但是在反应结束后又恢复到最原始的状态。

（7）大多数催化剂对于杂质十分敏感

有的杂质可以使催化作用大大加强，这部分杂质一般叫作助催化剂，有的杂质却能使催化剂的催化作用大大减弱，这部分杂质对于催化剂来说则属于有毒物质。

区分某种物质是不是催化剂时，需特别注意以下几点：

① 催化剂首先被定义为一种物质实体，各种通过如光、热、电、磁等物理能量因素而加速的反应都不是催化反应，其作用也不是催化作用。

② 我们传统意义上所谓的催化作用均是指正催化作用，而对于能起负催化作用的负催化剂来说，通常用在自由基的形成和消失的反应之中，这类所谓的负催化剂实际上称为阻聚剂则更加贴切。

③ 在自由基聚合反应中所用的引发剂，虽然引发了快速的传递反应，但在聚合反应时本身也被消耗，所以不属于传统意义上的正催化剂。

④ 均相反应所存在的体系环境，有时对反应具备举足轻重的作用，即溶剂效应，这种类似催化的作用通常是纯粹的物理作用，不是化学催化作用。

2.3　催化剂的分类原则

随着人类社会工业体系的快速发展，截止到目前，各种已经被成功应用的工业催化剂已达 2000 多种，且品种、牌号还在不断增加。

面对种类如此庞杂的催化剂系统，人们为了研究、生产和使用的方便，常常从不同角度对催化剂及其相关的催化反应过程加以分类。

（1）按聚集状态及元素化合态分类

聚集状态是世界上一切物质最基本的宏观形态之一，分为气态、液态和固态三种。在人们刚刚研究催化剂并对其进行分类的时候，最容易想到的分类方法自然也是按照聚集状态对其进行分类。

聚集状态分类法的催化反应部分组合如表 2-3-1 所示。

表 2-3-1 聚集状态分类法的催化反应部分组合

反应类别	催化剂状态	反应物状态	实例
均相	气	气	NO_2 催化 SO_2 氧化为 SO_3
	液	液	
	固	固	
非均相	液	气	磷酸催化的烯烃聚合 负载型钯催化的乙炔选择加氢 Ziegler-Natta 催化剂作用下的丙烯聚合反应 贵金属催化硝基苯加氢
	固	气	
	固	液	
	固	气＋液	
	固	气＋固	
	固	液＋固	

同时，根据组成元素及化合态的不同，可以将催化剂分为金属催化剂、氧化物或硫化物催化剂、酸催化剂、碱催化剂、盐催化剂、金属有机化合物催化剂等，限于本书篇幅，这里不再赘述。

（2）按使用功能分类

在选择或开发一种催化剂时，问题的复杂性有时是难以想象的。按催化剂的使用功能分类是根据一些实验事实归纳整理的结果，其中也许并无内在联系或理论依据。但这种以大量事实为基础的信息，可为设计催化剂的专家作系统参考，为评选催化剂提供帮助。

表 2-3-2 给出了这种分类法的一个简单实例。

表 2-3-2 多相催化剂的分类

类别	功能	实例
金属	加氢	Fe、Ni、Pd、Pt、Ag、Cu
	脱氢	
	加氢裂解（含氧化）	
金属氧化物	部分氧化	NiO、ZnO、MnO_2、Cr_2O_3、Bi_2O_3-MoO_3、WS_2
	还原	
	脱氢	
	环化	
	脱硫	
酸、碱	水解	SiO_2-Al_2O_3、酸性沸石、H_3PO_4、H_2SO_4、$NaOH$
	聚合	
	裂解	
	烷基化	
	异构化	
	脱水	
过渡金属络合物	加成	$PdCl_2$-$CuCl_2$、$TiCl_3$-$Al(C_2H_5)_3$
	氧化	
	聚合	

更复杂的例子，在各种设计催化剂的专家系统及其配套数据库中可以找到，限于本书篇幅，这里不再列举。

（3）按化学键分类

不论是有催化剂参与的催化反应还是没有催化剂参加的普通化学反应，从微观角度来看，都是反应物分子发生电子云的重新排布，实现旧化学键的断裂和新化学键的形成，进而转化为新的产物的过程。所以说化学反应过程就是有关化学键破旧立新的过程，那么催化剂的作用就是对化学反应中有关化学键断裂和形成的促进作用。

在实际操作中，所有类型的化学键和化学反应都可能在催化反应中出现，而且同种催化剂有可能对几种类型的化学键和化学反应都有促进作用，即所说的催化剂的多功能性。

根据化学键类型对催化反应和催化剂进行的分类见表 2-3-3。

表 2-3-3　根据化学键类型对催化反应和催化剂进行的分类

化学键类型	催化剂实例	化学键类型	催化剂实例
金属键	过渡金属镍、铂	配位键	Ziegler-Natta
离子键	二氧化锰、乙酸锰、尖晶石		

（4）按工艺与工程特点分类

催化剂有统一的命名方法，但就工业催化剂的分类而言目前尚无统一的标准。通常将工业催化剂分为石油炼制、无机化工、有机化工、环境保护和其他催化剂五大类。我国工业催化剂的分类情况如表 2-3-4 所示。

表 2-3-4　我国工业催化剂分类

工业门类	催化剂类型
石油炼制	催化裂化
	催化重整
	加氢裂化
	加氢精制
	烷基化
	异构化
无机化工（化肥）	脱毒剂（脱硫、脱氯、脱砷、脱氰化物、COS 水解等）
	转化（天然气转化、炼厂气转化、清油转化、焦化干气转化、催化干气转化）
	CO 变换（高温变换、低温变换、宽温耐硫交换）
	甲烷化
	硫酸制造
	硝酸制造
	硫回收
	氨的合成与分解
	CO 选择氧化

工业门类	催化剂类型
有机化工(石油化工)	加氢
	脱氢
	氧化(气相氧化、液相氧化)
	氨氧化
	氧氯化
	$CO+H_2$合成(合成甲醇、费托合成)
	酸催化(水合、脱水、烷基化)
	烯烃反应(齐聚、聚合、歧化、加成、叠合)
环境保护	汽车尾气处理
	工业排污净化(VOC转化、硝酸尾气净化等)

这种分类方法是把目前应用最广泛的催化剂以其组成结构、性能差异和工艺工程特点为依据，分为多相固体催化剂、均相配合物催化剂和酶催化剂三大类，以便于进行催化剂工程的研究，这类分类方法是现在应用最普遍的方法。

此外，有些文献还提到按元素周期表分类等其他方法，限于本书篇幅，这里不再赘述。

2.4 多相催化反应体系

从上述章节内容可知，根据催化剂和反应物所处的相态，催化反应分为均相催化和多相催化。一般来说，催化剂和反应体系处于同一相中进行的催化反应称为均相催化，而多相催化是指反应混合物和催化剂处于不同相态时的催化反应。多相催化的特征集中表现为：反应是在催化剂活性表面上发生的，其中反应物为气态和催化剂为固态的多相催化体系在现代化学工业中是最重要的。包括环保水处理领域内，所使用的催化反应绝大多数也属于多相催化反应体系，因此本章节主要叙述多相催化反应体系的原理分析。

2.4.1 多相催化反应过程的主要步骤分析

多相催化反应过程十分复杂，一般包括多个相互关联的物理过程与化学过程。图 2-4-1 所示是多孔固体催化剂上气-固催化反应的简易流程图。

通过该图可以看到，在多孔固体催化剂上，气-固催化反应所涉及的变化主要分为如下两类：

① 物理过程。物理过程不涉及化学变化，只有相关物质和能量的转移，主要包括反应物以及产物的外扩散和内扩散。

② 化学过程。该过程中有化学变化的发生，即物质的化学性质发生了改变，主要包括反应物的化学吸附、表面反应、产物脱附等。

2.4.2 多相催化反应过程中的外扩散和内扩散

① 在多相催化反应中，外扩散过程包括如下两个方面：

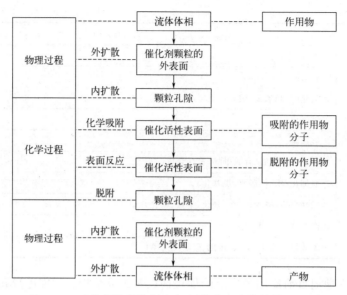

图 2-4-1　多孔固体催化剂上气-固催化反应的简易流程图

a. 反应物分子由气流体相向颗粒外表面运动，运动过程中必须通过附在气、固边界层的静止气膜（或液膜）；

b. 生成物分子由颗粒外表面向气流体相运动，运动过程中也必须通过静止层。

② 类似地，内扩散过程包括如下两个方面：

a. 反应物分子由颗粒外表面向颗粒孔隙内部运动；

b. 生成物分子从孔隙内部向颗粒外表面运动。

对于外扩散过程而言，流体线速度越大，则其扩散速率越快，而静止层则是其扩散阻力的主要来源；对于内扩散过程而言，其扩散阻力主要来源于孔道，颗粒的大小以及孔道的长度、内径、弯曲程度等是影响扩散速率的主要因素。

外扩散和内扩散都属于物理过程，并不会严重影响催化剂表面的化学性质。但是，在扩散过程中，由于阻力的存在，催化剂内外表面的反应物浓度会出现一定的梯度，进而会导致催化剂孔内与外表面的催化活性有所不同。在生产实践中，为了使得催化剂的活性得以充分发挥，应当尽可能采取有效措施，将扩散过程造成的影响予以消除。

2.4.3　多相催化反应物分子的化学吸附作用

化学吸附是多相催化反应的必备环节，反应过程中，反应物分子首先经过扩散运动扩散到催化剂表面及附近，然后开始化学吸附过程，进而与催化剂的活性表面发生作用，从而改变原化学性质，形成新的物种，即生成物。

研究证明，催化剂与反应物分子的作用始终遵守能量最小的原则，即催化剂与反应物分子必须经过某一特定的路径进行作用，这条路径所消耗的能量是最低的。

在多相催化反应过程中所发生的吸附行为总是包括化学吸附的。事实上，化学吸附极其复杂，其中也包括物理吸附过程，故而化学吸附可以分为如下两步：

（1）物理吸附

物理吸附一般是可逆的，吸附力相对较弱，也没有选择性，吸附热一般为 8～20kJ/mol。

物理吸附主要依靠分子间作用力来完成，故而分子量大的物质，分子间作用力也大，更容易完成吸附过程。

（2）化学吸附

化学吸附与物理吸附具有本质的区别，它主要依靠分子内的化学键力来完成，这与化学反应有一定的相似之处。化学吸附的吸附力较大，一般是单分子层吸附，通常是不可逆的，具有比较明显的选择性和饱和性，吸附热为 40～800kJ/mol，远高于物理吸附。进一步研究表明，化学吸附不仅遵循化学热力学的相关规律，也遵循化学动力学的相关规律。一般地，要想促使某一化学吸附过程发生，必须提供其所需的活化能。

总之，对于反应物分子的活化而言，化学吸附的作用是至关重要的。

研究人员深入探究了化学吸附的内在机理，发现固体表面的原子比固体内部的原子具有更小的配位数，具有一定的自由价。这样，位于固体表面的原子向内就会受到净作用力，进而可以对其附近的气体分子构成较强的吸附作用，并形成化学键。

目前，人们已经可以通过建立模型的手段对化学吸附键合进行比较深入的研究，模型将整个化学吸附过程中所涉及的几何效应与电子效应囊括其中，可以从基团与配位两个层面对化学吸附进行系统分析，并且能够尽可能地找到与表面相吻合的电子轨道及几何对称性。对于催化剂的制备与性能改善，这些先进技术无疑是十分重要的。

2.4.4 多相催化表面反应与产物脱附

在催化剂表面的二维吸附层中，化学吸附的分子处于运动状态，当温度满足一定条件，它们就可以转化为高化学活性分子并在催化剂表面移动，进而发生相应的化学反应。

在现代化学工业中，人们采用熔铁催化剂来合成氨。在通常条件下，如果不使用催化剂，分子态的 N_2 和 H_2 分子很难实现化合。即使可以，那也只能以极小的速率进行，氨的产率极低。

究其原因，主要是由于 N_2 和 H_2 分子都十分稳定，在常压、500℃的条件下，需要334.6kJ/mol 以上的活化能才可以将这两种分子中的化学键破裂。而催化剂的加入则可以大幅度降低反应所需的活化能，由于化学吸附的作用，N_2 和 H_2 分子内的化学键被很大程度地减弱，甚至达到解离的状态。化学吸附的氢的状态发生了很大的变化，这里用 $H_{吸}$ 表示；同样，化学吸附的氮的状态也发生了很大的变化，用 $N_{吸}$ 表示。它们可以进行一系列的表面相互作用，以能量最低的路径生成氨分子，最终从催化剂表面脱附开来，成为气态的氨（NH_3）。这一系列过程可以用一组化学方程式来表示，具体如式(2-9)～式(2-14) 所示：

$$H_2 \longrightarrow 2H_{吸} \tag{2-9}$$

$$N_2 \longrightarrow 2N_{吸} \tag{2-10}$$

$$H_{吸} + N_{吸} \longrightarrow (NH)_{吸} \tag{2-11}$$

$$(NH)_{吸} + H_{吸} \longrightarrow (NH_2)_{吸} \tag{2-12}$$

$$(NH_2)_{吸} + H_{吸} \longrightarrow (NH_3)_{吸} \tag{2-13}$$

$$(NH_3)_{吸} \longrightarrow NH_3 \tag{2-14}$$

$$N_2 + 3H_2 \longrightarrow 2NH_3 \tag{2-15}$$

在上述催化反应过程中，N_2 分子的解离吸附过程，也即式(2-10) 的过程仅需 70kJ/mol 的活化能，这要远低于不使用催化剂时的活化能需求值。故而在整个反应过程，该过程起着速率控制的作用。换言之，正是由于这一过程发生，才使得总反应速率得以提高。

图 2-4-2 给出了催化反应式(2-15) 的实际途径。

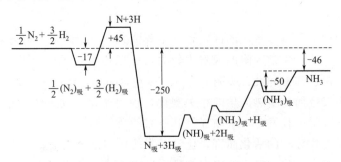

图 2-4-2　合成氨的催化反应途径

实践证明，在常压、500℃的状态下，多相催化反应的速率要比均相反应快约 13 个数量级。然而，有关理论进一步证明，催化剂不会使反应的平衡位置发生改变，即催化剂既不会改变反应初态与末态的焓值，也不会改变反应过程总的转化率，不会影响到反应的平衡位置。

在合成氨的催化反应过程，当 $H_{吸}$ 与 $N_{吸}$ 在发生表面接触时，只有表面的几何构型符合一定的标准，并且提供适宜的能量时，才会发生如反应式(2-16) 所列的反应过程，这种反应通常被称为表面反应，要想让表面反应式(2-16) 正常进行，就必须保证 $H_{吸}$ 和 $N_{吸}$ 都处于适宜的化学吸附状态之下，太强或太弱都不利于反应的正常进行。

$$\underset{S}{\overset{N_{吸}}{|}} \ + \ \underset{S}{\overset{H_{吸}}{|}} \longrightarrow \underset{S}{\overset{[N-H]_{吸}}{|}} \ + \ S \tag{2-16}$$

通常情况下，根据吸附强度与其关联催化反应速率所绘制的曲线呈现如图 2-4-2 所示的曲折火山形，在合成氨的多相催化反应中，反应式(2-16) 也可以作为速率控制步骤，但必须配合吸附等温式，才可以将该催化反应速率的表达方程准确表示出来，由于这方面内容和环境工程水处理领域关系不大，因此在此不做赘述，有兴趣的读者可以自行尝试。

与吸附相对应，脱附遵循相同的规律，可以视为吸附的逆过程。在多相催化反应过程中，反应产物和被吸附的反应物都存在脱附。显然，被吸附的反应物脱附热太强将不利于反应的正常进行，而反应产物则是越容易脱附越好。如果反应产物不能很好地脱附，则有可能对反应物分子接近催化剂表面的过程构成干扰，甚至可能使得催化剂失活。特别地，如果想提取反应过程的中间产物，则脱附热太强也不是好事，因为可能导致其进一步反应或分解。

2.4.5　多相催化的反应速率分析

多相催化的反应过程是复杂的，一方面多相催化剂的表面结构复杂、多变，催化剂表面能量不是均匀的，有许多缺陷和位错；另一方面，在多相催化剂表面的反应是由一系列简单反应所组成的复杂反应。每步简单反应的反应速率是不同的，表观反应速率也就是有效反应速率将取决于最强控制步骤，即反应的最慢步骤。这个最慢步骤（决速步骤）决定了反应级数。

有效反应速率 r_e 受许多因素影响，包括相界面的性质、催化剂的堆积密度、孔结构和扩散边界层的转移率。如果物理步骤是决速步骤，那么催化剂的能力就没有被完全利用。

例如，薄膜扩散阻力可通过提高反应器中气体流动速率来减弱。如果微孔扩散有决定性的影响，那么从外表面进入内表面的速率就会很小。在这种情况下，减小催化剂的颗粒大小可缩短扩散路径，并且反应速率增大，直至它不再依赖孔扩散。

若反应物的本体浓度用 c_{Ag} 表示，催化剂的表面浓度用 c_{As} 表示，催化剂颗粒中心处的浓度用 c_{Ac} 表示，则多相催化反应过程中球形催化剂颗粒内外的浓度分布如图 2-4-3～图 2-4-5 所示。

如图 2-4-3 所示，因相间传质是一个物理过程，反应受外扩散控制时，在边界层厚度的范围内，A 的浓度由 c_{Ag} 下降至 c_{As}，与距离呈线性关系。

而当反应受内扩散控制时，在催化剂颗粒内部，化学反应和传递过程同步进行，浓度分布曲线则如图 2-4-4 所示。

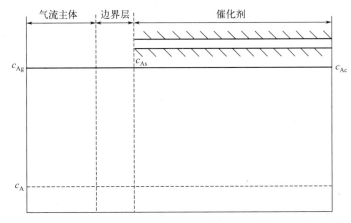

图 2-4-3 多相催化反应过程中球形催化剂颗粒内外的浓度分布示意图
（化学动力学控制阶段：$c_{Ag} \approx c_{As} \approx c_{Ac} > c_A$）

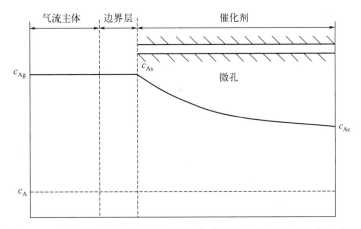

图 2-4-4 多相催化反应过程中球形催化剂颗粒内外的浓度分布示意图
（内扩散控制阶段：$c_{Ag} \approx c_{As} \approx c_{Ac} \approx c_A$）

随着化学反应的进行，越深入到颗粒内部，反应物 A 的浓度越小。催化剂颗粒中心处的浓度 c_{Ac} 对于不可逆反应来说，有可能达到的最小浓度为 0，而对于可逆反应则为平衡浓度。

此外，改变温度也可以改变反应的有效速率。在动力学区域，反应速率随温度升高快速增大，反应速率服从阿伦尼乌斯规律。微孔扩散区域，虽然反应速率也随温度升高而增大，

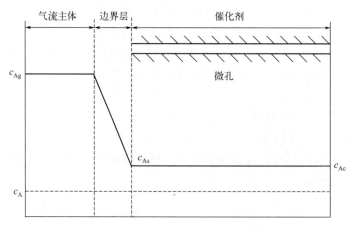

图 2-4-5　多相催化反应过程中球形催化剂颗粒内外的浓度分布示意图

（外扩散控制阶段：$c_{Ag} > c_{As} \approx c_{Ac} \approx c_A$）

但因存在扩散阻力，催化剂的效用减小。结果造成反应速率比在动力学区域增大得慢。在薄膜扩散区域，随温度升高，反应速率缓慢增大，由于扩散对温度只有依赖，是非对数关系。实际上没有反应阻力，反应物从催化剂外部扩散到催化剂表面时几乎全部转化为产物。

总催化反应进程的数学处理比较复杂，宏观动力学方程需通过许多物理和化学反应步骤联合求解，限于本书篇幅原因，这里不再过多展开。

2.5 水处理工程中的高级催化氧化工艺概述

化学氧化技术是环境污染治理中经常使用的技术手段，其主要的技术原理即为依靠强氧化剂使有机污染物氧化分解，转变成无毒或毒性较小的物质，甚至进一步矿化成二氧化碳和水。

化学氧化法对于有机污染物有较好的作用效果，通常能提高难降解有机污染物的可生化性，在污水处理工艺中与生物法结合，能取得非常好的处理效果。

目前，环境水处理领域中比较常用的氧化剂主要有臭氧（O_3）、过氧化氢（H_2O_2）、高锰酸钾（$KMnO_4$）、Fenton 试剂、次氯酸、二氧化氯等，它们除了能氧化难降解有机污染物质以外，还在污水脱色、杀菌等方面得到应用。

化学氧化法在高难度工业废水处理中对于有机污染物的处理效果较好，反应条件温和，反应较快，对一些新型的人工合成的具有生物抗性的有机污染物质具有一定的氧化降解能力，因此受到了环保行业人士的广泛关注。

但是随着人类社会工业的发展和人们对于各种物质需求的增多，目前难降解的有机污染物质数量和种类也逐渐增加，比较常见的有多环芳烃类化合物、杂环类化合物、有机氰化物、有机合成高分子化合物等难降解有机污染物，常用的氧化剂已不能满足对这些有机污染物的处理要求。

氧化剂的氧化性高低是根据其氧化还原电位来判定的，标准氧化还原电位越高，其氧化性越强。例如，F_2/F^- 氧化还原电对的标准氧化还原电位为 2.87V，而化学氧化处理中经常出现的羟基自由基/水（·OH/H_2O）电对的标准氧化还原电位最高为 2.8V，而 O_3/O_2 和

H_2O_2/H_2O 的标准氧化还原电位分别为 2.07V 和 1.77V，O_3 和 H_2O_2 的氧化性均低于 ·OH，而 ·OH 相比于 F_2 没有污染性，因此人们逐渐开发以产生 ·OH 为活性中间体的高级氧化体系，这就是研究者广泛关注的高级氧化过程（advanced oxidation processes，AOPs）。

高级氧化技术因氧化能力强、适用范围广、易于工业应用等特点逐渐成为难降解有机污染物去除的关键技术。在高难度工业废水处理领域中，常见的高级催化氧化工艺有如下所列 6 种。

（1）臭氧催化氧化工艺

臭氧催化氧化技术是基于臭氧的高级氧化技术，它将臭氧的强氧化性和催化剂的吸附、催化特性结合起来，能较为有效地解决有机物降解不完全的问题。臭氧催化氧化按催化剂的相态分为均相催化臭氧化和多相催化臭氧化。在均相催化臭氧化技术中，催化剂分布均匀且催化活性高，作用机理清楚，易于研究和把握，但存在催化剂不易回收的短板问题。而多相催化臭氧化法利用固体催化剂在常压下加速液相（或气相）的氧化反应，催化剂以固态存在，易于与水分离，二次污染少，简化了处理流程，因而越来越引起人们的广泛重视。

对于臭氧催化氧化技术，固体催化剂的选择是该技术是否具有高效氧化效能的关键。研究发现，多相催化剂主要有三种作用。

① 吸附有机物。对那些吸附容量比较大的催化剂，当水与催化剂接触时，水中的有机物首先被吸附在这些催化剂表面，形成有亲和性的表面螯合物，使臭氧氧化更高效。

② 催化活化臭氧分子。这类催化剂具有高效催化活性，能有效催化活化臭氧分子，臭氧分子在这类催化剂的作用下易于分解产生如羟基自由基之类有高氧化性的自由基，从而提高臭氧的氧化效率。

③ 吸附和活化协同作用。这类催化剂既能高效吸附水中有机污染物，同时又能催化活化臭氧分子，产生高氧化性的自由基，在这类催化剂表面，有机污染物的吸附和氧化剂的活化协同作用可以取得更好的催化臭氧氧化效果。

有关于臭氧催化氧化技术的论述，详见本书第 4 章内容所述。

（2）光催化氧化工艺

光催化氧化法是研究较多的一项高级氧化技术。所谓光催化反应，就是在光的作用下进行的化学反应。光化学反应需要分子吸收特定波长的电磁辐射，受激产生分子激发态，然后会发生化学反应生成新的物质，或者变成引发热反应的中间化学产物。光催化反应的活化能来源于光子的能量，在太阳能的利用中光电转化以及光化学转化一直是十分活跃的研究领域。

光催化氧化技术利用光激发氧化将 O_2、H_2O_2 等氧化剂与光辐射相结合。所用光主要为紫外光，包括 UV-H_2O_2、UV-O_2 等工艺，可以用于处理污水中 CCl_4、多氯联苯等难降解物质。另外，在有紫外光的 Fenton 体系中，紫外光与铁离子之间存在着协同效应，使 H_2O_2 分解产生羟基自由基的速率大大加快，促进有机物的氧化去除。

有关于光催化氧化技术的论述，详见本书第 5 章内容所述。

（3）电催化氧化工艺

电催化氧化技术是通过在外加电场作用下的电极反应直接降解有机污染物，或是利用电极或催化材料具有的催化活性，产生大量具有强氧化性的自由基对有机污染物进行降解。电催化氧化技术因为具有突出的氧化能力、对反应条件要求不高、不易造成二次污染等优点，被认为是最具应用前景的方法。

电催化氧化设备装置基于电化学技术原理，利用电解催化反应过程中生成的自由基、强氧化粒子（·OH、O_2、H_2O_2、O_3、OCT、Cl_2 等），与废水中的有机污染物无选择地快速发生链式反应，进行氧化降解，将难生化降解的高分子有机物转化为可生化降解的小分子化合物，提高 B/C，改善废水的可生化性，甚至将有机物最终分解为 CO_2 和 H_2O 等简单的无机分子，降解 COD。

电催化是使电极、电解质界面上的电荷转移加速反应的一种催化作用。电极催化剂的范围仅限于金属和半导体等的电性材料。电催化研究较多的有骨架镍、硼化镍、碳化钨、钠钨青铜、尖晶石型与钨钛矿型的半导体氧化物，以及各种金属化合物及酞菁一类的催化剂。主要应用于有机污水的电催化处理，比如含铬废水的电催化降解。

选用合适的电极材料，以加速电极反应的作用。所选用的电极材料在通电过程中具有催化剂的作用，从而改变电极反应速率或反应方向，而其本身并不发生质的变化。电极上施加的过电位也能影响反应速率，因此衡量电催化作用的大小，必须用平衡电位 E_e 时的电极反应速率，常称为交换电流密度。

电催化氧化技术具备以下两点明显的技术优势：

① 由于体系内产生的羟基自由基具有极高的氧化电位，可与废水中的大部分有机污染物无选择地发生氧化反应，因此电催化氧化处理废水时对有机污染物无明显的选择性，对废水中含有多种不明确有机污染物处理优势尤为明显，可实现高效处理。

② 处理过程中电子转移只在电极及废水组分间进行，氧化反应依靠体系产生的羟基自由基进行，不需另外添加氧化还原剂，避免了由于另外添加药剂而引起的二次污染问题，本技术是清洁处理方法、环境友好技术。

有关于电催化氧化技术的论述，详见本书第 6 章内容所述。

（4）芬顿催化氧化工艺

芬顿氧化法可作为废水生化处理前的预处理工艺，也可作为废水生化处理后的深度处理工艺。

芬顿氧化法是在酸性条件下，H_2O_2 在 Fe^{2+} 存在下生成强氧化能力的羟基自由基（·OH），并引发更多的其他活性氧，以实现对有机物的降解，其氧化过程为链式反应。其中以 ·OH 产生为链的开始，而其他活性氧和反应中间体构成了链的节点，各活性氧被消耗，反应链终止，其反应机理较为复杂，详细的过程请见本书第 7 章内容所述，这些活性氧仅供有机分子并使其矿化为 CO_2 和 H_2O 等无机物，从而使 Fenton 氧化法成为重要的高级氧化技术之一。

芬顿氧化法主要适用于含难降解有机物废水的处理，如造纸工业废水、染整工业废水、煤化工废水、石油化工废水、精细化工废水、发酵工业废水、垃圾渗滤液等废水及工业园区集中废水处理厂废水等的处理。

（5）微波诱导催化工艺

在很多化学反应中，化学反应物不能很好地吸收微波，可利用某种强烈吸收微波的"敏化剂"把微波能传给这些材料而诱发化学反应。这一概念已被用作诱发和控制催化反应的依据。如果选用这种"敏化剂"作催化剂或催化剂的载体，就可在微波辐照下实现某些催化反应，这就是所谓的微波诱导催化。

区别于通常所说的由于微波热效应而使反应加速的情况，微波热效应没有催化剂参与，而诱导催化则是微波通过催化剂或其载体发挥其诱导作用，即消耗掉的微波能用于诱导催化反应，所以称其为微波诱导催化反应。

微波催化反应的基本原理可简述如下：将高强度短脉冲微波辐照聚集到含有某种"敏化剂"（如铁磁金属）的固体催化剂表面上，由于固体表面位点（一般为金属）与微波能的强烈相互作用，微波能被转化为热能，从而使某些表面位点选择性地被迅速加热到很高温度。尽管反应器中的任何有机试剂都不会被微波直接加热，但当它们与受激发的表面位点接触时却可发生反应。

微波催化反应常用的催化剂有活性炭、金属催化剂等。金属的氧化物在微波场中的升温行为及其与微波之间的相互作用情况不同，可把金属氧化物分成三类：一是微波高损耗物质，为一些含有变价元素的金属氧化物，如 Ni_2O_3、MnO_2、Co_3O_4 等；二是微波升温曲线有 1 个拐点的物质，这类物质在微波场中辐照一段时间后才开始急剧升温，包括 Fe_2O_3、CdO、V_2O_5 等；三是微波低损耗物质，它们在微波场中升温很慢或基本不升温，如 Al_2O_3、TiO_2、ZnO、PbO、La_2O_3、Y_2O_3、ZrO_2、Nb_2O_5。

很显然，最适宜作微波催化反应的催化剂是第一类金属氧化物或某些复合氧化物，即微波高损耗物质。第二类可以选择性地作为部分反应的催化剂或载体。

微波具有直线性、反射性、吸收性和穿透性等特征。微波加热是一种内源性加热，是对物质的深层加热，具有许多优点，如选择性加热物料、升温速率快、加热效率高、易于自动控制。对于绝大多数的有机污染物来说，其并不能直接明显地吸收微波，但将高强度短脉冲微波辐射聚焦到含有某种"物质"（如铁磁性金属）的固体催化剂床表面上，由于与微波能的强烈作用，微波能被转变成热能，从而使固体催化剂床表面上的某些表面位点选择性地被很快加热至很高温度。尽管反应器中的物料不会被微波直接加热，但当它们与受激发的表面位点接触时可发生反应。这就是微波诱导催化反应的基本原理，把有机废水和空气装在有固体催化剂床的微波反应设备中，就能快速氧化分解有机物，从而使污水得到净化。

有关于微波催化氧化技术的论述，详见本书第 8 章内容所述。

(6) 湿式/超临界催化氧化工艺

湿式氧化技术（wet air oxidation，WAO）是一种新型的有机废水的处理方法。该方法是在高温、高压的条件下，用氧气作为氧化剂，在液相中将有机污染物氧化成低毒或无毒物质的过程。

WAO 工艺最初由美国的 Zimmermann 在 1944 年研究提出，并取得了多项专利，故也称齐默尔曼法。从原理上说，在高温、高压条件下进行的湿式氧化反应可分为受氧的传质控制和受反应动力学控制两个阶段，而温度是全 WAO 过程的关键影响因素。温度越高，化学反应速率越快。另外温度的升高还可以增加氧气的传质速率，减小液体黏度。压力的主要作用是保证液相反应，使氧的分压保持在一定的范围内，以保证液相中较高的溶解氧浓度。

1958 年，首次采用 WAO 处理造纸黑液，处理后废水的 COD 去除率达 90% 以上。到目前为止，世界上已有二百多套 WAO 装置应用于石化废碱液、烯烃生产洗涤液、丙烯腈生产废水及农药生产等工业废水的处理。但 WAO 在实际应用中仍存在一定的局限性，例如 WAO 反应需要在高温、高压下进行，需要反应器材料具有耐高温、高压及耐腐蚀的能力，所以设备投资较大；另外，对于低浓度大流量的废水则不经济。为了提高处理效率和降低处理费用，20 世纪 70 年代衍生了以 WAO 为基础的，使用高效、稳定的催化剂的湿式氧化技术，即催化湿式氧化技术，简称 CWAO。

有关于湿式氧化和超临界催化氧化技术的论述，详见本书第 9、10 章内容所述。

参考文献

[1] 云端，宋蕾，姚强. V_2O_5-WO_3/TiO_2 SCR 催化剂的失活机理及分析 [J]. 煤炭转化，2009，32（1）：66-68.

[2] 赵文宽，周磊，刘昌，等. 液相沉积法制备光催化活性 TiO_2 薄膜和纳米粉体 [J]. 化学学报，2003，61（5）：61-64.

[3] 蒋文伟. 超强酸催化剂的研究进展 [J]. 精细化工，1997，14（1）：42-45.

[4] 李灿. 高度隔离过渡金属催化剂及其催化烯烃环氧化反应 [J]. 催化学报，2001，22（5）：479-483.

[5] 赵彦巧，陈吉祥，张建祥，等. 二氧化碳加氢直接合成二甲醚催化剂的研究：Ⅱ铜/锌对复合催化剂结构和性能的影响 [J]. 燃料化学学报，2005，33（3）：50-54.

[6] 彭孝军，王乃伟，周卓华. 固体酸催化合成乙酸异丁酯的研究 [J]. 精细石油化工，1996，（1）：33-35.

[7] 张梅，杨绪杰. 纳米 TiO_2——一种性能优良的光催化剂 [J]. 化工新型材料，2000，28（4）：11-13.

[8] 余家国，赵修建. 热处理工艺对 TiO_2 纳米薄膜光催化性能的影响 [J]. 硅酸盐学报，1999，27（6）：769-774.

[9] 卢冠忠，汪仁. 氧化铈在非贵金属氧化物催化剂中的作用：I. 铜和铈负载型氧化物中的氧的性能 [J]. 催化学报，1991，12（2）：83-90.

[10] 方世杰，徐明霞. 纳米 TiO_2 光催化剂的制备方法 [J]. 硅酸盐通报，2002，21（2）：55-58.

[11] 余长林，杨凯，舒庆，等. WO_3/ZnO 复合光催化剂的制备及其光催化性能 [J]. 催化学报，2011，32（4）：11-14.

[12] 周磊，刘昌，赵文宽，等. 液相沉积法制备光催化活性掺铁 TiO_2 薄膜 [J]. 催化学报，2003，24（5）：52-55.

[13] 林健. 催化剂对正硅酸乙酯水解-聚合机理的影响 [J]. 无机材料学报，1997，12（3）：71-74.

[14] 王野，康金灿，张庆红. 费托合成催化剂的研究进展 [J]. 石油化工，2009，38（12）：90-93.

[15] 陈小泉，李芳柏，李新军，等. 二氧化钛/蒙脱土复合光催化剂制备及对亚甲基蓝的催化降解 [J]. 生态环境学报，2001，10（1）：30-32.

[16] 符若文，杜秀英，曾汉民，等. 负载金属基活性炭纤维对一氧化氮和一氧化碳的吸附及催化性能研究 [J]. 新型炭材料，2000，15（3）：61-63.

[17] 钟顺和，黎汉生，王建伟，等. CO_2 和 CH_3OH 直接合成碳酸二甲酯用 Cu-Ni/ZrO_2-SiO_2 催化剂 [J]. 催化学报，2000，12（3）：71-74.

[18] 银董红，李文怀，杨文书，等. 钴基催化剂在 Fischer-Tropsch 合成烃中的研究进展 [J]. 化学进展，2001，13（2）：10-13.

[19] 蒋平平，卢冠忠. 固体超强酸催化剂改性研究进展 [J]. 现代化工，2002，10（7）：13-17.

[20] 毛东森，卢冠忠，陈庆龄，等. 负载型氧化物固体超强酸催化剂的制备及应用 [J]. 化学通报，2001，64（5）：77-79.

[21] 辛勤. 固体催化剂的研究方法 [J]. 石油化工，1999，28（12）：101-103.

[22] 魏子栋，殷菲，谭君，等. TiO_2 光催化氧化研究进展 [J]. 化学通报，2001，64（2）：76-80.

[23] 吴聪萍，周勇，邹志刚. 光催化还原 CO_2 的研究现状和发展前景 [J]. 催化学报，2011，32（10）：89-91.

[24] 胡长文，梁虹. 杂多酸的催化技术进展 [J]. 现代化工，1992，12（4）：55-57.

[25] 刘福东，单文坡，石晓燕，等. 用于 NH_3 选择性催化还原 NO 的非钒基催化剂研究进展 [J]. 催化学报，2011，32（7）：166-168.

［26］　王恩波，段颖波.杂多酸催化剂连续法合成乙酸乙酯［J］.催化学报，1993，14（2）：147-149.

［27］　姜烨，高翔，吴卫红，等.选择性催化还原脱硝催化剂失活研究综述［J］.中国电机工程学报，2013，33（14）：145-148.

［28］　余家国，赵修建.多孔 TiO_2 薄膜自洁净玻璃的亲水性和光催化活性［J］.高等学校化学学报，2000，21（9）：1437-1440.

［29］　王恩波，赵世良，郑汝骊.杂多酸型催化剂［J］.石油化工，1985（10）：53-63.

［30］　朱洪法.催化剂成型［M］.北京：中国石化出版社，1992.

［31］　向德辉.固体催化剂［M］.北京：化学工业出版社，1983.

［32］　闵恩泽.工业催化剂的研制与开发：我的实践与探索［M］.北京：中国石化出版社，2014.

［33］　姜麟忠.催化氢化在有机合成中的应用［M］.北京：化学工业出版社，1987.

［34］　向德辉，刘惠云.化肥催化剂实用手册［M］.北京：化学工业出版社，1992.

［35］　尾崎萃.催化剂手册［M］.《催化剂手册》翻译小组，译.北京：化学工业出版社，1982.

［36］　吴越.催化化学（下）［M］.北京：科学出版社，2000.

3 高级催化氧化水处理技术中 负载型催化剂概述

在前述章节中，我们讲到了在环境工程水处理技术领域，高级催化氧化技术是一种利用以·OH为代表性的强氧化性自由基，将水中有机污染物彻底分解、矿化的化学氧化技术，因其对于难降解有机物的处理效果好，所以在水处理方面应用极为广泛。

对于绝大多数的高级催化氧化水处理技术来说，其关键点在于性能优异的催化剂，且多为固态负载型过渡金属催化剂，这种催化剂因具有制备工艺简单、成品操作便利、成本经济等优势而受到青睐，且这种催化剂利用载体可以更好地分散在反应体系中，便于回收并重复利用，减少了二次污染。除此之外，某些负载型催化剂的载体具有路易斯酸性或碱性，也能够协同载体上的金属活性组分发挥作用，提高反应效率。

因此，近年来对于高级催化氧化水处理技术中催化剂的大量研究，主要集中于芬顿氧化、臭氧催化氧化、光催化乃至新兴的过硫酸盐氧化等高级氧化技术的负载型金属催化剂方面，该种类型的催化剂总体上具备可以减少金属活性物负载量、增强催化剂的可回收性、提高氧化剂利用率及改善催化剂环境适用性等优点。

负载型金属催化剂通常由载体和金属或金属化合物构成，载体由其骨架和配位基团构成，负载型金属催化剂的种类也比较多，主要类型有负载型金属化合物催化剂、负载型单金属络合物催化剂、负载型金属簇络合物催化剂、负载型双金属络合物催化剂等。

负载型金属催化剂基本上兼具了无机物非均相催化剂与金属有机配合物均相催化剂的优点，对于负载型金属催化剂，每个过渡金属原子都是活性中心，催化剂活性非常高，可以达到上亿倍。它不但具有较高的活性、选择性和较小的腐蚀性，而且容易回收重复利用，处理效果稳定性好，因此成为环境工程水处理领域催化剂研究的重点对象。

3.1 负载型催化剂的组成和性能要求

在现代化学工业中，催化剂通常都是由多种物质组成的，其组成部分大致可以划分为三类：活性组分、助催化剂和载体。

催化剂的组成成分及其功能如图3-1-1所示。

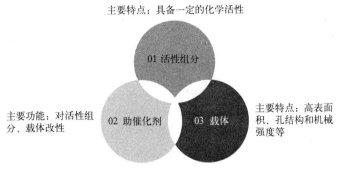

图 3-1-1　催化剂组分与功能的关系

3.1.1　负载型催化剂的活性组分及功能

负载型催化剂的活性组分对催化剂的活性起着主要作用，因此，在工业催化剂设计中，活性组分的选择是首要关键。对于一些催化剂，其活性组分只由一种物质组成，如乙烯氧化制环氧乙烷的银催化剂，其活性组分就是单一的物质：银。

还有一些催化剂，其活性组分不止一个，而且它们单独存在时对反应也有活性，我们把这种物质称为协同催化剂。研究表明，有的催化剂具有两类活性中心，分别催化反应的不同步骤，这种催化剂称为双功能催化剂。双功能催化剂是两组分的，每组分各司一职，但也有些单一的化合物可以表现出多功能特性。目前，就催化科学的发展水平来说，虽然有一些理论知识可用作选择活性组分的参考，但这些理论知识仍不能够完全作为指导催化剂的筛选依据，确切地说大多数时候人们制备催化剂仍然是靠经验的。

历史上为了方便曾将活性组分按导电性的不同加以分类，见表 3-1-1。这样的分类，主要是为了方便，且二者都与材料原子的电子结构有关，但并没有肯定导电性与催化之间存在着任何的关联，除此之外，对于催化剂活性组分的分类还有其他的方法。

表 3-1-1　催化剂的活性组分按导电性分类的原则

类别	导电性(反应类型)	催化反应举例	活性组分示例
金属	导电体 (氧化、还原反应)	选择性加氢： ⬡ $+3H_2 \xrightarrow{Ni}$ ⬡	Fe、Ni、Pt
		选择性氢解： $CH_3CH_2(CH_2)_nCH_3 + H_2 \xrightarrow{Ni,Pt}$ $CH_4 + CH_3(CH_2)_nCH_3$	Pd、Cu、Ni、Pt
		选择性氧化： $C_2H_4 + [O] \xrightarrow{Ag} H_2C\!-\!CH_2$ (O)	Ag、Pd、Cu
过渡金属氧化物、硫化物	半导体 (氧化、还原反应)	选择性加氢、脱氢： ⬡$-CH\!=\!CH_2 + H_2 \xrightarrow{CuO}$ ⬡$-C_2H_5$	ZnO、CuO、NiO、Cr_2O_3
		氢解： ⬠S $+ 4H_2 \xrightarrow{MoS_2} C_4H_{10} + H_2S$	MoS_2、Cr_2O_3

类别	导电性(反应类型)	催化反应举例	活性组分示例
过渡金属氧化物、硫化物	半导体(氧化、还原反应)	氧化: 甲醇 $\xrightarrow{[O],Fe_2O_3-MoO_3}$ 甲醛	$Fe_2O_3-MoO_3$
非过渡元素氧化物	绝缘体(碳离子反应、酸碱反应)	聚合、异构: 正构烃 $\xrightarrow{Al_2O_3}$ 异构烃	Al_2O_3、$SiO_2-Al_2O_3$
		裂化: $C_nH_{2n+2} \xrightarrow[(n=m+p)]{SiO_2-Al_2O_3} C_mH_{2m}+C_pH_{2p+2}$	$SiO_2-Al_2O_3$、分子筛
		脱水: 异丙醇 $\xrightarrow{A型分子筛}$ 丙烯	分子筛

在金属、半导体和绝缘体三类活性组分中,分析每一类的催化活性模型都有一种以上的理论和实验背景材料,限于本书篇幅,有关活性组分的催化理论讨论这里不再赘述。

3.1.2 负载型催化剂的助催化剂成分及功能

在负载型催化剂中,助催化剂往往以辅助成分的形式存在,具体是指为了使负载型催化剂具有某些特定形态而添加的少量物质,一般含量在催化剂总的组成成分中低于10%。

对于催化化学反应本身来讲,助催化剂活性很低,甚至没有活性。但是,助催化剂的加入,往往可以使得催化剂的活性、稳定性、选择性等获得显著提升。

不仅如此,大量的实践经验证明,助催化剂的加入,还能够显著提升催化剂的其他重要性能,如耐热性、抗毒性、机械强度等。

在具体实践中,既能够以单质的形式给催化剂中加入助催化剂,也能够以化合物的形式加入助催化剂;既可以向某一催化剂中加入一种助催化剂,也可以同时加入多种助催化剂。但是需要特别注意的是,当同一催化剂中加入多种助催化剂时,它们之间可能有相互作用发生。

表3-1-2列出了常见的助催化剂。

表 3-1-2 常见的助催化剂

活性组分或载体	助催化剂	作用功能
Al_2O_3	SiO_2、ZrO_2、P	促进载体的热稳定性
	K_2O	减缓活性组分结焦,降低酸度
	HCl	促进活性组分的酸度
$SiO_2-Al_2O_3$ 分子筛(Y型)	MgO	间隔活性组分,减少烧结
	Pt	促进活性组分对CO的氧化
	稀土离子	促进载体的酸度和热稳定性
Pt/Al_2O_3	Re	降低氢解和活性组分烧结,减少积炭
MoO_3/Al_2O_3	Ni,CO	促进C—S和C—N氢解
Ni/陶瓷载体	P、B	促进 MoO_3 的分散
$Cu-ZnO-Al_2O_3$	K	促进脱焦
	ZnO	促进Cu的烧结,提高活性

一般情况下，根据具体作用的不同，可以将助催化剂分为以下几类。

（1）结构助催化剂

能对结构起稳定作用的助催化剂，通过加入这种助催化剂，使活性组分的细小晶粒间隔开来，比表面积增大，不易烧结；也可以与活性组分生成高熔点的化合物或固溶体而达到热稳定。

例如，氨合成中的 Fe-K_2O-Al_2O_3 催化中的 Al_2O_3，通过加入少量的 Al_2O_3 使催化剂活性提高，使催化剂的整体寿命大大延长。其原因是 Al_2O_3 与活性铁形成了固溶体，阻止了铁的烧结。

（2）电子助催化剂

其作用是改变主催化剂的电子状态，提高催化性能。例如，氨合成催化剂中 K_2O 就是电子助催化剂。加 K_2O 后纯 Fe 的活性几乎可增加 10 倍，这是由 K_2O 向 Fe 转移电子，增加了 Fe 的电子密度，提高了与 N_2 的成键能力，改变了反应的活化能，从而提高了催化剂活性。

（3）晶格缺陷助催化剂

研究表明，对于很多氧化物催化剂，其活性中心往往位于其靠近表面的晶格缺陷处。对于这类催化剂，在其靠近表面的位置添加适量的杂质，即可增加其晶格缺陷密度，从而增强其催化活性，而添加的杂质即可视为助催化剂，称为晶格缺陷助催化剂。

进一步研究表明，这种情况下，助催化剂的加入使得对应催化剂表面的原子排列更加无序，晶格缺陷浓度上升，从而使得催化剂的活性得到提升。

（4）选择性助催化剂

为了抑制催化过程中的副反应，可以在催化剂中加入某种化学物质，选择性地屏蔽能引起副反应的活性中心，从而提高目的反应的选择性。例如，用金属钯或镍作选择加氢催化剂以除去烯烃中少量的炔烃和共轭二烯烃，通常用铅使催化剂上加氢活性高的活性中心中毒，从而达到抑制烯烃加氢的目的。铅在此种催化剂中就是一种选择性助催化剂。

（5）扩散助催化剂

为了提高化工生产效率，工业催化剂通常都需要有足够大的表面积以及足够好的通气性能。为达到这一目的，人们在生产催化剂的时候往往会将一些易分解、易挥发的物质加入其中，这些物质可以使制得的催化剂形成很多孔隙，极大地提升了表面积和通气性能，这类添加剂称为扩散助催化剂。

3.1.3 负载型催化剂的载体成分及功能

载体是固体催化剂所特有的组分，载体可以提高活性组分的分散度，使它们具有较大的活性表面积，又能给催化剂赋性，使其具有适宜的形状和粒度，以满足工业反应器的操作要求。

在催化剂的整体构成中，载体这类物质一般没有活性，但含量较高，把活性组分、助催化剂等多种组分负载在载体上所制成的催化剂就称为负载型催化剂。负载型催化剂的载体，其物理结构和性质往往对催化剂有决定性的影响。从这种意义上说，载体与助催化剂没有明显的界限，区别在于载体的用量大，作用缓和，而助催化剂的用量小，作用显著。

3.1.3.1 载体在催化剂中的作用

由于载体的用量大，可赋予催化剂以基本的物理结构和性能，如孔结构、比表面积、宏观外形、机械强度等，因此对于贵金属既可减少用量，又可提高活性，降低催化剂的生产成本。实践证明，载体在催化剂中的作用是多方面的，一般可以归纳为以下几个方面。

（1）增加有效表面积和提供合适的孔结构

催化剂所具有的孔结构及有效表面积是影响催化活性以及选择性的重要因素，这也是载体最基本的功能，良好的分散状态还可以减少活性组分的用量。例如将贵金属 Pt 负载于 Al_2O_3 载体上，使 Pt 分散为纳米级粒子，成为高活性催化剂，从而大大提高贵金属的利用率。

但并非所有催化剂都是比表面积越高越好，而应根据不同反应选择适宜的表面积和孔结构的载体。

（2）增加催化剂的机械强度并使其具有特定的形状

所谓催化剂的机械强度，主要是指催化剂在对抗冲击、重力、压力、相变、温变、磨损等方面的能力。为了保持较好的催化活性，同时也为了运输、处理等方面的考虑，现代化学工业一般都要求催化剂具有较好的机械强度。大量的研究表明，催化剂的机械强度与载体的材质、物理性质及制备方法有关。

（3）改善催化剂的导热性和热稳定性

为了适应工业上的强放（吸）热，催化剂的载体一般要求具有较大的比热容和良好的导热性，以便于反应热的散发，避免因局部过热而引起催化剂的烧结和失活，还可避免高温下的副反应，提高催化反应的选择性。

（4）与活性组分间发生相互作用进而改善催化剂的性能

催化剂载体与活性组分作用形成新的化合物或固溶体。例如，镍催化剂对 C═C 双键具有高的加氢活性，也具有 C—C 键的氢解活性，但在 $Ni-Al_2O_3$ 加氢催化剂中，载体 Al_2O_3 由于和 Ni 生成了 $NiAl_2O$，它只有 C═C 双键的加氢活性，对于 C—C 的氢解没有活性。

再比如 $SiO_2-Al_2O_3$ 催化剂中，两种组分在单独存在时的酸性很弱，而两种组分相互作用时就可形成强酸中心，具有较高的裂化活性。

（5）减少活性组分的用量

当使用贵金属（如 Pt、Pd、Rh 等）作为催化剂的活性组分时，采用载体可使活性组分高度分散，从而减少活性组分的用量。

（6）提供附加的活性中心

催化剂的载体虽然无活性，但其表面存在活性中心，若不加以处理，则可能引发副反应。

（7）改善催化剂活性

有时催化剂的活性组分与载体之间发生化学反应，可导致催化剂活性的改善。

除选择合适载体类型外，确定活性组分与载体量的最佳配比也很重要，一般活性组分的含量至少应能在载体表面上构成单分子覆盖层，使载体充分发挥其分散作用。若活性组分不能完全覆盖载体表面，载体又是非惰性的，载体表面也可以引起一些副反应。

典型的载体材料包括金属氧化物和高表面积的多孔材料，最常见的是氧化铝（Al_2O_3）、二氧化硅（SiO_2）、二氧化钛（TiO_2）、沸石和碳材料等。

氧化物载体靠粒子间的相互作用或黏结作用聚集在一起，就可以形成所谓的多孔结构，因此，氧化物载体孔分布较宽，表面也很不均匀，结果造成分散在其表面的金属粒子的尺寸均匀性难以控制，金属和载体间的界面性质难以准确确定。在这些情况下，载体仅起到物理作用，并且被认为对催化过程呈惰性。然而，在某些情况下，载体可以影响活性位点的电子环境，改变活性位点的数量，并对金属微晶的形态产生影响。当这种情况发生时，金属与载体之间就开始相互作用，并且这些相互作用的强度会对催化性能产生重大影响。

通常，当使用可还原的金属氧化物作为载体时，金属与载体之间的相互作用很强，尤其是在高温还原预处理之后。例如对于 TiO_2 载体，还原处理可能导致还原的 TiO_2 物质在金属表面上迁移，并导致产生与 Ti 阳离子或氧空位相关的新活性位。对于不可还原的金属氧化物载体如 SiO_2 和沸石则没有这种现象。尽管相对较弱的金属-载体相互作用可能普遍存在，但对催化剂的性能仍然有相当大的影响。

3.1.3.2 催化剂常用的载体材料

现代工业中，催化剂常用的载体材料主要有以下几种。

（1）氧化铝

氧化铝（Al_2O_3）是在负载型金属催化剂中最常见的载体材料，由铝矾土和硬水铝石获得，也叫作"活性氧化铝"。

这是一种孔道结构丰富、分散度高的载体材料，其孔道结构具备催化所要求的表面酸性、吸附性能和热稳定性等特性。

氧化铝作为载体具有成本低、耐热、与活性组分亲和性良好等优点。氧化铝有很多同质异晶体，截至目前，已知它有十多种晶型，其中三种主要的晶型分别为 α-Al_2O_3、β-Al_2O_3 和 γ-Al_2O_3，其中 γ-Al_2O_3 由于其独特的化学、热和机械性能成为主要应用的载体。

氧化铝作为载体可用于低链烷烃异构化，在汽车排气净化中，使用负载贵金属的活性氧化铝作为催化剂。在低级烷烃脱氢过程中，常用负载铂的 γ-Al_2O_3 作催化剂。

此外，如乙烯氧化生成环氧乙烷、丙酮催化氧化等可以用低比表面积的 Al_2O_3 作为催化剂的载体。但是氧化铝是酸性载体，表面的酸性位点大部分都是 L 酸中心，因此在做丙烷脱氢催化剂时，一般都是引入碱性助剂中和 Al_2O_3 载体表面的 L 酸中心，减少反应物在载体表面发生聚合等副反应，以免生成积炭。

氧化铝具有良好的机械强度和热稳定性、强的吸附能力等优点，并且其自身对臭氧氧化具有一定的催化作用，因此其作为催化剂载体已经广泛地应用到非均相催化臭氧反应中。

通过微波辐射法制备的负载型催化剂 RuO_2/Al_2O_3，在催化臭氧化去除邻苯二甲酸二甲酯时有着更高的活性，TOC 的去除率达到 70%。扫描电镜显示，RuO_2 均匀地分散到载体上进而提高了整体催化剂的催化活性。

用 $FeOOH/Al_2O_3$ 催化臭氧化含 Br 废水，不仅能够去除水里面的有机物，而且还能有效地抑制溴酸盐的产生。氧化铝载体催化剂能够有效地催化臭氧化水中的有机物，且催化剂机械强度大，可以在工业化中大规模使用。

（2）二氧化硅

二氧化硅（SiO_2）是已知材料中最复杂和最丰富的材料家族之一。除了通常由四面体 SiO_2 单元组成的许多不同的晶体形式外，SiO_2 的无定形形式还广泛用作催化剂的载体。

SBA-15 和 MCM-41 的高表面积和高体积使它们成为最常见的无定形有序介孔二氧化硅的类型，主要用作催化剂的载体。

在氢能储存研究中，环己烷可以脱氢产生氢气，发现环己烷的储氢密度为 7.2%（质量分数），超过美国能源部对于车载系统储氢密度的终极要求（6.5%，质量分数），非常适合作为车载储氢介质。在使用的时候，需要合适的催化剂加速脱氢，常见的为镍基催化剂，将其负载在 SiO_2 之上制备成 Ni-Cu/SiO_2 催化剂，在 350℃ 下达到 94.9% 的环己烷转化率和 99.5% 的苯选择性，这与使用载体后 Ni-Cu 纳米颗粒较窄的粒径分布和 Ni、Cu 的均匀分布密切相关。

除了化工应用，二氧化硅载体在环境领域应用也较为广泛。例如，以 SiO_2、TiO_2、Al_2O_3 等为载体制备得到非均相 Co 催化剂，用于活化 PMS 降解 2,4-二氯苯酚，发现 Co/SiO_2 表现出最高的催化活性，10min 内能降解去除近 98% 的污染物。

（3）二氧化钛

二氧化钛（TiO_2）具有很好的水热稳定性和耐酸碱特性，能够在苛刻的液相加氢反应中使用，同时活性组分与 TiO_2 之间存在相互作用，可以促进炔烃及其他化合物中的炔键选择性加氢，因此越来越多的研究者开始关注以 TiO_2 为载体的催化剂在选择性加氢中的反应。

骨架 Ni 催化剂是工业上常用的氯代硝基苯加氢合成氯代苯胺催化剂，以 TiO_2 为载体的 Ni 催化剂活性高、易制备、无污染，邻硝基氯苯转化率为 99.9%，邻氯苯胺选择性可达 99.5%，催化性能明显优于同等条件下制备的以 SiO_2、ZrO_2 和 γ-Al_2O_3 为载体负载的 Ni 催化剂。

研究结果表明，虽然 Ni/TiO_2 催化剂上 Ni 的分散度相对较低，但其转化速率比其他催化剂高很多倍，这是 TiO_2 载体的独特性质所致。含有氧空穴的 TiO_2 迁移到 Ni 表面并降低了整个体系的表面自由能，使表面形态更稳定。

同时，TiO_2 上的氧空穴和硝基苯中的 N═O 键中氧原子协同配位并使 N═O 极化，因此邻硝基氯苯分子很容易被吸附在 Ni 表面的氢原子所加氢。

在过硫酸盐催化反应中，与 Co 氧化物相比，负载型 Co 催化剂的研究及应用更为广泛。负载型 Co 催化剂易于固液分离达到回收目的，同时 Co 在负载材料的表面能有效地分散，利于催化活性位点的增加。此外，由于 Co 化合物与负载材料之间的化学键作用力，Co 能稳定地存在于负载材料上，提高了催化剂的稳定性。

以纳米 TiO_2 作为 Co 的载体，将其制备为负载型催化剂并用于催化活化 PMS 降解 2,4-二氯苯酚，2h 内污染物的降解去除率高达 100%，负载型金属的催化效率远高于未负载的催化剂。

光催化氧化技术作为一种高级氧化技术日益受到国内外学者的关注。几乎所有的有机物在光催化作用下可以完全氧化为 CO_2、H_2O 等简单无机物。光催化氧化剂中尤以金属氧化物半导体 TiO_2 最为典型。

目前国内外报道的利用 TiO_2 催化氧化有机污染物技术中，主要是利用分散型的 TiO_2 和负载型的 TiO_2。以水为溶剂，在超声波下将硝酸银纳米粒子沉积在微米 TiO_2 表面，超声波使 TiO_2 表面沉积的纳米银增加且重叠在一起，很大程度上提高了可见光对丙酮的降解率。

采用微波-水热方法，在 TiO_2 表面通过氢氧化钠辅助还原沉积纳米 Pt 制备了高比表面积的介孔 Pt/TiO_2，室温下对六氯环己烷进行降解实验，当 Pt 负载质量分数为 0.5% 时反应速率得到明显改善。类似的研究发现，在 Pt/TiO_2 对 3B 艳红染料溶液光催化降解性能的研究中发现，TiO_2 表面负载适量的金属 Pt 后，对染料降解的催化活性有了明显的提高。

（4）黏土

黏土作为一种天然的层状铝硅酸盐矿物，不仅储量丰富、价格低廉、分散性好，而且具有良好的可塑性和非常高的黏结性、优良的电绝缘性能，以及耐火性好、抗酸溶性强、能从周围的介质中吸附离子及杂质等特点，因此广泛应用于制备负载型金属催化剂。

高岭土作为典型的黏土矿物，通过焙烧以及与酸性物质进行抽提反应，可使高岭土颗粒表面及内部形成孔隙增加比表面积，而且焙烧处理可以使得高岭土层间的氢键断裂、结晶水脱除，适合作为催化剂的载体。

通过对钒改性高岭土负载钴、铜、铁金属对废水的处理进行研究，最终结果表明负载铁的改性高岭土催化剂的性能比负载其他两种金属所制得的催化剂的性能更加优越。

硅藻土是一种颗粒细小、质轻多孔的二氧化硅材料，因具有独特微孔结构和优良的稳定性等特点，被广泛用作催化剂载体，用于甲烷重整和萘氧化等多种反应的催化。

以硅藻土为载体的负载型金属催化剂催化硼氢化钾水解产氢研究表明，金属负载量相同条件下，硅藻土负载的钴金属催化剂催化活性要明显高于负载型镍、铁金属催化剂。

蒙脱土具有良好的吸水膨胀性、高分散性和高吸附性，成为类芬顿反应中研究最多的一类黏土载体。在同晶取代作用下，Al、Fe 等元素能够占据四面体位置，而 Mg、Fe 等元素可以占据八面体位置。因此蒙脱土片层之间存在大量的负电荷，使其对阳离子和极性有机分子具有很强的吸附能力。根据阳离子的不同，可分为钾基、钙基、铝基和钠基蒙脱土，其类型的不同对催化剂性能有显著影响。

将钠基蒙脱石浸渍 $CuCl_2$ 溶液进行离子交换，随后将悬浊液 pH 值调至 2，利用 $NaBH_4$ 将 Cu（Ⅱ）还原至零价铜，经洗涤干燥后可得蒙脱石负载零价铜的类芬顿催化剂。研究发现，黏土层状结构可以限制进入层间的零价铜颗粒的聚集与长大，该催化剂在降解水中阿特拉津时表现出良好活性，当 pH 值为 3、催化剂投加量为 $0.5g/L$ 时，2min 内就能通过原位产生 H_2O_2 氧化降解超过 90% 的阿特拉津农药。

（5）沸石

沸石是由硅氧四面体和铝氧四面体为基本结构单元相连接构成的具有规整的微孔孔道和孔笼的硅铝酸盐晶体。

沸石晶体的结构非常空旷，晶体内有大量的与分子大小相近的微孔孔道和孔笼，其孔体积为总体积的 $40\%\sim50\%$，且比表面积极大。

沸石晶体的孔内存在着强的电场和极性，对流体分子具有很强的吸附能力。同时沸石还有离子交换性，改变沸石骨架外阳离子的品种可调节沸石表面静电强弱和表面酸碱性。沸石类微孔晶体的这些物理和化学特性使它们作为制备负载型金属催化剂的载体已得到广泛的利用和认可。

沸石作为载体与其他载体不同，首先，沸石具有的大比表面积使金属活性组分能够高度分散；其次，沸石的孔道限制了金属粒子的增长和相互间的聚结；另外，规整的沸石孔道保证了金属粒子大小的均匀性。因此，人们可以根据催化反应对催化剂的要求选择具有适宜孔道结构和表面性质的沸石作为负载金属粒子的载体。

当沸石用作催化剂载体时，它可以通过限制反应物进入活性位点，形成某些过渡态或某些产物逸出而对反应产物施加选择性。沸石骨架带负电，并且这种负电荷通过存在额外的骨架阳离子，例如 Na^+ 或 H^+ 来平衡。沸石中的阳离子位点可以被金属阳离子取代，从而将潜在的新催化物种引入结构中。在大多数情况下，对金属阳离子进行焙烧和还原以形成中性金属原子或充当催化活性位点的原子团。因此，沸石可以作为活性催化剂的金属阳离子的载体。

将金属阳离子引入沸石的最重要方法是离子交换和等体积浸渍技术。在离子交换中，通过用金属盐溶液处理沸石，沸石中存在的阳离子被所需的金属阳离子取代。

所有处理步骤的精确控制对于最终产品的结构至关重要，因为沸石内部具有多种不同大小的孔，制备过程可能对金属的最终位置产生差异。重要的是，较大的金属最终要在沸石结构的较大孔中静沉，否则某些对催化活性至关重要的反应物无法进入金属中。

由于氧原子的高度配位性质，金属离子通常会迁移到较小的孔中，氧原子可以将它们包裹在这样的受限区域中。这可以通过在引入催化活性金属之前用惰性阳离子封闭较小的空间来避免。因此，沸石相对于其他载体具有的一个优点是能够分离孔中的金属原子并以此防止金属原子的烧结，这有利于避免催化剂有效表面积的减小。

沸石载体的表面物理化学性质、活性组分种类、粒径大小、催化剂制备方法等都会对负载型催化剂的活性产生影响。研究表明，沸石孔道结构、Si/Al、表面性能等对沸石分子筛催化性能影响较大，因此通过沸石优选、结构调控、表面改性处理等方法，可得到对特定物质作用的沸石材料。

除此之外，沸石分子筛不仅具有发达的孔隙结构、较大的比表面积，而且其自身还有较多的酸位点，具有一定的催化活性。而且，沸石载体和活性组分之间存在协同作用，作为负载型催化剂载体表现出优异的催化活性。

微孔沸石的孔道较窄，不利于大分子的吸附，合理引入介孔可增加吸附位点，减小空间位阻，提高分子传质速率，提高沸石的吸附性能和负载型催化剂的催化活性。

目前负载的各类金属粒子大部分只分布在沸石载体表面，金属粒子负载量低、分散性差，研发新的合成制备工艺，提高金属粒子在沸石孔道内部的定向组装，提高金属负载量和分散性，提高单原子催化效率，减少贵金属使用量是今后研究的重点。

催化氧化是一种低温处理挥发性有机化合物（VOCs）的有效措施，理想情况下 VOCs 分子在催化剂作用下可被完全氧化热解为 CO_2 和 H_2O。

沸石负载型催化剂通常由催化活性组分及沸石载体组成，常用的 VOCs 催化剂主要为贵金属、非贵金属氧化物、钙钛矿类催化剂及其复合多相催化剂。

催化活性组分被制成负载型后，自身分散性和催化活性得到提高，而沸石载体则可提供有效的表面和适宜的孔结构，降低活性组分的团聚，并增强催化剂的机械强度。在 MgO、Al_2O_3 和多种沸石上负载 Pt 后用于对 VOCs 中丙烷的催化氧化，发现以各类沸石为载体的催化剂活性明显优于 MgO、Al_2O_3 基负载型催化剂，这归因于沸石对丙烷优异的吸附性能，同时沸石表面酸度对催化剂活性影响较小。

最近，通过系统对比 Pt 在超稳 Y 分子筛（USY）和氧化铝（Al_2O_3）表面对丙烷的催化氧化性能，发现 USY 载体表面酸度是 Pt/USY 优异催化活性的主要原因，沸石载体更高的酸性不仅可以抑制 Pt 的氧化以维持 Pt^0 含量，还可以促进 Pt 离子的还原性，十分有利于丙烷 C—H 键的破坏。

沸石载体自身特性对催化剂活性组分的分散性影响较大，发现随着沸石载体硅铝比的增大或热处理温度的升高，Pt 颗粒尺寸会增大，Pt/ZSM-5 对丙烷的催化氧化性能降低。

以含有不同补偿阳离子（H^+、Na^+、K^+、Cs^+）的 ZSM-5 沸石为载体的催化剂，与 Pt/HZSM-5 和 Pt/NaZSM-5 催化剂相比，Pt/KZSM-5 和 Pt/CsZSM-5 催化剂对甲苯的催化活性更高，这归因于阳离子电负性的不同，随着催化剂中阳离子电负性的降低，沸石骨架与 Pt 颗粒间的电子转移更明显，更有利于活性组分 Pt^0 的形成。

在沸石分子筛内，适当引入介孔，制备多级孔道沸石分子筛载体可有效减少空间位阻，提高分子的扩散速率。研究发现，与普通 Pd/ZSM-5、Pt/ZSM-5 催化剂相比，以介孔沸石 HZSM-5 为载体的 Pd/m-ZSM-5 具有更高的甲苯催化活性，这与介孔沸石更大的比表面积、较多的酸位点、更好的颗粒分散性有关。

同样发现，介孔沸石载体制备的 Ru/m-HZSM-5 催化剂对不同芳香烃的催化氧化性能均优于非介孔的 Ru/HZSM-5 催化剂，这是因为丰富的介孔可促进活性团簇的分散。

一方面，沸石负载催化剂的最大缺陷是负载金属后，位于沸石孔内的金属粒子将沸石孔道部分堵塞，增加了反应物和产物的扩散阻力。另一方面，位于孔道内的金属粒子由于其孔壁效应，降低了金属表面的利用率。总之，以微孔沸石作载体，只适合制备粒径非常小的金属簇催化剂，且只适用于反应物分子不太大的反应。

幸运的是，新型系列介孔分子筛的问世，为载体纳米金属催化剂的制备提供了新一代的最佳材料，它们的孔径可在 1~10nm 范围内调节，还有规则的一维孔结构、很高的比表面积和热稳定性。因此，以介孔分子筛为载体，可制备粒径较大和均匀的负载纳米金属催化剂，为大分子的催化反应提供了有利的空间。

（6）介孔硅材料

介孔材料是指孔径介于 2~50nm 的一类多孔材料。介孔材料具有极高的比表面积、规则有序的孔道结构、狭窄的孔径分布、孔径大小连续可调等特点，使得它在很多微孔沸石分子筛难以完成的大分子的吸附、分离，尤其是催化反应中发挥作用。而且，这种材料的有序孔道可作为"微型反应器"。

介孔硅材料指的是具有介孔孔径的无定形氧化硅材料，这类材料是 1992 年首先由美孚公司以 CTAB（十六烷基三甲基溴化铵）为模板剂，结合溶胶-凝胶法合成的代号为 MCM-41 的材料，孔径一般小于 3nm。

另一类是以 SBA-15 材料为代表，利用非离子表面活性剂 P123 为模板剂，酸性条件下催化 TEOS 水解制得的，由于非离子表面活性剂疏水链较长，所以最终得到的材料孔尺寸明显增大。

在 MCM-41 负载不同金属制备的介孔催化剂对木质素进行催化水热液化（HTL）研究时发现，在使用乙醇溶剂的情况下，使用 Ni-Al/MCM-41 可获得 56.2%（质量分数）的最大生物油产率。研究表明在 MCM-41 上负载 Ni 和 Al 可以提高催化剂的酸强度，提高了木质素的降解率，催化液化促进了加氢脱氧，从而产生了具有较低分子量、含氧量的生物油。

SBA-15 具有均匀的六角孔结构，可调直径为 5~15nm。这种介孔二氧化硅有其独特的物理化学性质，如大比表面积、化学惰性、狭窄的孔径分布、足够的活性位点、热力学稳定性。

值得注意的是，SBA-15 还被广泛用作模板，通过掺入活性成分（如金属/金属氧化物和碳材料）来合成具有新型结构和电子性质的功能化催化剂，这将大大增强催化活性。

负载 FePd 的多孔 SBA-15 对酸性红 73 的芬顿氧化表现出比未负载样品更高的去除效率，这是由于 SBA-15 的比表面积较大，增加了微空间中活性位点的局部密度。

Co_3O_4 对过硫酸盐的氯霉素催化降解性能非常低，但将 Co_3O_4 纳米粒子掺入 SBA-15 孔道后，氧化率得到显著提高，这种协同作用可归因于 SBA-15 提供了更多的反应位点。

通过在 SBA-15 上掺杂 SnO_2，获得了具有 100％去除亚甲基蓝的光催化活性，这比纯 SnO_2 所获得的光催化活性高。在环境修复方面，已广泛证明 SBA-15 和其他功能化材料如金属、金属氧化物和纳米碳的组合可表现出协同作用，以增强催化去除能力。在紫外线照射 180min 后，TiO_2@SBA-15 对亚甲基蓝的去除率比纯 TiO_2 高 95％。

同样在 SBA-15 上掺杂 Ag_3PO_4 改善了罗丹明 B 的光催化氧化，去除率高达 99％，而单一 SBA-15 和 Ag_3PO_4 去除了 12％和 60％。总体而言，SBA-15 作为载体形成的杂化纳米复合材料显示出巨大潜力，在环境治理中用途广泛。

（7）金属有机框架

金属有机框架材料（MOF）作为一种新型的晶态多孔材料，因为其具有均一、可调的孔径尺寸、大的比表面积、方便功能化等特点引起研究人员的广泛关注，其在诸多领域都表现出巨大的应用前景，尤其是在非均相催化领域已成为一类应用广泛的材料。

MOF 是通过用有机配体、无机节点（金属簇和离子）构成的配位聚合物的一个亚类，具有强的金属-配体相互作用。MOF 的合成通常通过在室温下或在溶剂热水溶液中混合两种包含金属和有机组分的溶液来进行。作为无机节点使用的金属包括碱金属、碱土金属、过渡金属和主族金属（处于稳定的氧化态）以及稀土元素，而刚性分子（即共轭芳族体系）包括芳香族多羧酸分子、聚氮杂环和联吡啶及其衍生物，则被大部分用作有机成分。

作为一类新的多孔材料，MOF 负载金属制备复合材料有三种常用的方法。一种是先合成 MOF，后引入金属前驱体的溶液，然后在 MOF 的孔内或外表面上还原形成金属纳米粒子。这种方法不但可以将 MOF 作为一种多孔载体用于制备负载型金属催化剂，还可以利用 MOF 的无机金属节点作为负载位点，得到具有独特配位结构的金属活性物种，可用于高效氢化硝基苯、苯以及异腈类化合物。因此，利用 MOF 结构对生成纳米粒子 Cu 和 ZnO 的分散作用，原位还原可以得到超小 Cu/ZnO 纳米粒子，该粒子在催化 CO_2 氢化得到甲醇的反应中表现出高活性和 100％的选择性，比目前商业所使用的 $Cu/ZnO/Al_2O_3$ 催化剂高 3 倍。

另一种制备方法是将预先合成的金属纳米粒子分散到合成 MOF 材料的溶液中，通过自组装可以得到核壳结构的复合材料。

还有一种制备方法是将合成 MOF 的材料和合成金属纳米粒子的前驱体在同一个溶液中一步反应得到最终的金属复合材料，这种方法又被称为一锅法或一步法。一锅法可以制备 MOF 中位置、组成和形状受控的单金属纳米粒子、双金属合金纳米粒子、双金属核壳纳米粒子和多面体金属纳米晶体。

然而，由于 MOF 的固有微观结构，难以将金属前体完全引入主体构架的孔中，从而导致金属在 MOF 的外表面上沉积，稳定性较低。

因此，虽然近年来 MOF 负载金属复合材料在催化领域获得长足的发展，并取得瞩目的成绩，但仍然存在诸多问题，例如 MOF 的稳定性、金属纳米粒子在 MOF 中的位置、形貌以及颗粒大小等。

另外，目前该领域的研究集中在贵金属纳米颗粒负载在 MOF 上的催化剂，而从实际应用的角度来看，开发出非贵金属纳米颗粒与 MOF 组装的复合材料具有很重要的现实意义。

（8）碳材料

碳（C）是煤和焦炭的主要成分，也可用于非均相催化中作为催化剂载体。碳基材料由于其可调节的孔隙率和表面化学性质而经常用作催化剂载体。具有不同物理形式和形状的纳米结构的碳材料，例如石墨烯、碳纳米管、活性炭、碳纳米纤维和介孔碳，已经取得了令人瞩目的进展。它们出色的物理性能，尤其高比表面积、良好的电子传导性以及良好的化学惰性使其成为用于负载型金属催化剂的有前途的载体材料。

作为碳的同素异形体之一，由二维 sp^2 杂化的碳原子片构成的石墨烯具有许多独特属性，在室温下具有非常高的电子迁移率和比表面积。这些优异的物理性能赋予石墨烯巨大的应用潜力。通过氧化或者还原的方法将缺陷和杂原子引入石墨烯的表面或者边缘，能够极大地改变原始石墨烯的物理和化学性质。这种缺陷和功能基团可以在溶剂分散性上提供潜在的应用，并且有助于提高石墨烯基催化剂的催化性能。

因为氧化石墨烯在这方面的研究起步较晚，所以当前以氧化石墨烯为载体负载金属的研究还仍较少，主要用于负载 Pt、Au、Pd 等。以氧化石墨烯为载体，氯铂酸和氧化石墨烯在乙二醇的还原作用下制备得到纳米粒子高度分散且均匀的 Pt/RGO，在 1MPa 的反应条件下制备的催化剂的转换频率（TOF），比 Pt/MCNTs 等催化剂高出 12 倍多，催化硝基苯加氢反应 3h 就能达到 100％的转化率和 94％的选择性，这表明石墨烯材料是一种非常有应用前景的新型催化剂载体。

碳纳米管（CNTs）是一种纳米级新型碳素材料，由于尺寸小、比表面积大、孔结构及表面化学性质可控、表面键态和电子态与颗粒内部不同、表面原子配位不全等导致表面的缺陷位置增加，具备了作为催化剂载体的良好条件。

碳纳米管作为载体有诸多优势，但由于表面惰性及疏水性，影响了活性组分的分散，一定程度上限制了它的使用，因而需要对碳纳米管表面进行改性。

采用浓硝酸对碳纳米管进行表面改性后发现，表面改性大大提高了碳纳米管载体的负载能力，有助于催化剂活性组分在表面的高度分散。MoO_3 在未改性的碳纳米管表面的最大负载量低于 6％，而经表面改性后，碳纳米管对 MoO_3 的负载能力明显提高，最大负载量超过了 12％。

活性炭（AC）是一种具有极丰富孔隙结构和高比表面积的多孔状炭化物，化学性质稳定，耐酸、碱、高温和高压，这些性质使活性炭成为催化领域优良的催化剂载体之一。

目前应用于催化领域的活性炭种类很多，如椰壳活性炭、杏壳活性炭、果核壳活性炭、核桃壳活性炭、木质活性炭和煤质活性炭，不同活性炭材料比表面积、孔隙大小及晶体形态差异较大，其中椰壳活性炭和果壳活性炭因孔隙结构发达、比表面积大、吸附速率快且吸附容量高，常被用作负载催化剂的载体。

为使活性炭对催化剂有合适的负载量，需对其进行预处理，以在其表面引入有利于催化剂吸附的功能性离子或基团，常见方法有酸处理、碱处理、高温处理及氧化处理。

由于活性炭性质优异，其成为费托反应催化剂理想的载体材料。

研究了活性炭种类对 Fe/AC 催化剂反应性能的影响，结果表明椰壳基活性炭制备的催化剂其活性和液相产物收率均要高于煤基活性炭，这可能是由于煤基活性炭中的杂质太多影响了费托反应活性。

碳纳米纤维、碳纳米管、碳微球等纯度高、表面性质可调、形貌可控，且与 Fe 的相互作用较弱，因而在费托反应中常被作为模型载体来揭示金属颗粒尺寸、助剂等要素与反应性能之间的内在联系。

当 Fe_2O_3 纳米颗粒负载在碳纳米管管内时，可以显著降低 Fe_2O_3 的还原温度，并发现限域在管内的铁物种更易被碳化，从而可提高费托反应活性和烃类收率。由于碳材料呈化学惰性且亲水性差，一般很难将活性组分均匀分散在载体表面或完全限域在孔道内。尽管碳材料表面改性可部分解决此问题，但总体提升效果有限。

随着材料科学的发展，各种新型制备方法涌现，可以直接合成含铁有机复合物，并通过热解制备出分散均匀和完全包覆的 Fe/AC 催化剂，而且通常催化性能表现优异。

以葡萄糖和硝酸铁为原料，通过水热一步法在温和条件下得到了碳包覆结构 $Fe_xO_y@C$ 微球，水热过程中，由于铁物种的存在加速了糖类的脱水，使得水热温度仅需 $80℃$。得益于碳基质的保护作用，在经过 108h 的费托反应后铁物种颗粒仅从 7nm 增长到 9nm，表现出优越的催化稳定性；且无须其他助剂时，$C_5 \sim C_{12}$ 组分产物选择性可达到 40%。

活性炭有催化臭氧化作用，是一种理想的催化臭氧化载体。用浸渍法制备的 Cu/AC 催化臭氧化硝基苯，25min 后可降解 96% 的硝基苯，比单独臭氧氧化提高了 20%，总有机碳（TOC）的去除率达到 84%，比单独臭氧氧化提高 60%。用 Fe_2O_3-CeO_2/AC 催化臭氧化磺胺甲噁唑。在 pH 值为 3 的条件下，TOC 去除率为 86%，而活性炭催化臭氧化对 TOC 的去除率为 78%，单独臭氧氧化时 TOC 的去除率仅有 37%，实验表明活性炭具有催化臭氧化能力，而活性炭负载的金属催化剂表现出更好的催化效果。

由于活性炭具有非常好的吸附作用，能够与活性组分协同进行催化臭氧化，可以大大强化催化剂的催化效果。耐热耐酸碱的特性也使催化剂的使用寿命得到提高，但其机械强度差，在催化过程中容易流失。

传统的活性炭作为工业上常见的催化剂载体，存在无序的孔道结构、表面复杂的官能团种类和弱机械强度等缺点，在高温、高压多相催化反应条件下的实际应用过程中出现诸多弊端。因此，多相催化领域迫切需要高强度、高稳定性的碳材料及其负载型金属催化剂。

近年来出现的金属镶嵌式多孔碳纳米球催化材料，显示出金属粒子具有高温热稳定性，预示了其在高温、高压多相催化领域中广阔的应用前景。通过葡萄糖水溶液在 $180℃$ 下水热得到均匀分散的实心碳纳米球，然后湿法浸渍负载 Pd 金属。碳球外表面富含的羧基和羟基等基团的还原性和强吸附性能轻易地一步锚定 Pd 金属前体并原位还原成单质 Pd。进一步表征得到 Pd 纳米颗粒（平均粒径约 5.4nm）均匀分散在碳纳米球的外表面。此催化剂能在温和反应条件下使硝基芳香化合物加氢还原转化率得到较大提高。

多孔中空碳纳米球比表面积远大于实心碳纳米球，同一质量和碳球直径下中空具有更大的总体积，所以以中空结构下反应传质速率更快。核壳结构的内外表面均可负载金属活性位，内部的大孔或空间在催化反应过程中能成为运载和控制释放产物的纳米反应器，尤其内部的空间足以负载一定尺寸的金属颗粒而组成多孔核壳碳纳米球负载金属催化剂，金属核与外壳之间存在空隙为中空核壳结构，不存在空隙为实心核壳结构。

这种结构的纳米材料能将金属纳米颗粒限制和稳固在碳球内部的空间中，在非常恶劣的反应环境（如高温、高压）和多次循环反应下依旧保持高催化活性，也在一定程度上解决了金属颗粒在催化反应过程中的团聚问题。

用硬模板法制备得到多孔含氮中空碳纳米球（外壳厚度 50nm），通过化学气相沉积法将乙醇涂抹在硅球外表面，后经过去硅步骤得到碳球，并过量浸渍 Pt 溶液，最后热还原得到多孔含氮中空碳纳米球负载 Pt 催化剂，金属 Pt 纳米平均粒径在 2.8nm 左右。将此催化剂应用在肉桂醛选择性加氢反应上，转化率和选择性均能达到 99.9% 以上，催化剂性能远优于普通的碳负载催化剂。

活性碳纤维（activated carbon fibers，ACFs）是通过高温活化含碳纤维得到的一种碳材料，其形状结构呈纤维状，可以加工成毡、块、带等多种形式，具有灵活的实用性，而且活性碳纤维表面含有纳米级的孔径和各种基团，因此可作为载体制备负载型金属催化剂。

活性碳纤维表面具有大量微孔，这是由于活性碳纤维活化处理后会形成无序的类石墨烯微晶结构，这些类石墨片层之间存在孔隙，而且微晶之间也具有孔隙。活性碳纤维的平均微孔径在 1.0~4.0nm，且均匀分布于纤维表面，因此活性碳纤维的比表面积较高，对于小分子物质吸附速率快，很适合作为降解小分子物质的催化剂载体。

采用活性碳纤维（ACFs）为载体，钴离子（Co^{2+}）为催化中心，制备得到活性碳纤维负载钴催化纤维（Co@ACFs），结果发现 ACFs 与 Co^{2+} 之间存在络合作用，Co@ACFs 能高效活化 PMS 降解酸性橙 7、酸性红 1、亚甲基蓝等多种结构不同的染料，35min 染料的降解去除率接近 100%，该催化剂循环使用 7 次后催化活性没有明显降低，且反应过程中未检测到 Co 释放，表明催化剂具有良好的重复使用性能和稳定性。

3.1.4 负载型催化剂的其他组分及功能

多相固体催化剂的组成中，除活性组分、助催化剂和载体以外，在工业催化剂中通常还要加入其他一些组分，如为了增加催化剂强度用的黏结剂，还有稳定剂、抑制剂、导热剂等。

其中，抑制剂的作用正好与助催化剂相反，其作用主要是使得工业催化剂的各种性能达到均衡匹配，整体优化。表 3-1-3 列出了几种常见的催化剂的抑制剂。

表 3-1-3　几种催化剂的抑制剂

催化剂	反应	抑制剂	作用效果
Fe	氨合成	Cu、Ni、P、S	降低活性
V_2O_5	苯氧化	氧化铁	引起深度氧化
SiO_2、Al_2O_3	柴油裂化	Na	中和酸度、降低活性

综上所述，固体催化剂在化学组成方面，包括活性组分、助催化剂、载体，以及稳定剂、抑制剂等其他的一些组分。但大多数是由活性组分、助催化剂以及载体三大部分构成。

3.1.5 负载型催化剂的性能要求

一般地，良好的工业催化剂应该满足三方面的基本要求，即一定的活性、选择性和稳定性（寿命）。

（1）活性

催化剂活性是表示该催化剂催化功能大小的重要指标。一般来说，催化剂活性越高，促进原料转化的能力越大，在相同的反应时间内会取得更多的产品。因此，催化剂的活性往往是用目的产物的产率高低来衡量。

为方便起见，常用在一定反应条件下，即在一定反应温度、反应压力和空速（即单位时间内通过单位体积催化剂的标准状态下的原料气体积量）下，原料转化的百分率来表示活性，并简称为转化率。

例如，对于 CO 变换反应 $CO + H_2O \Longrightarrow CO_2 + H_2$ 中，CO 的转化率如式(3-1) 所示：

$$X_{CO} = \frac{已反应的\ CO\ 物质的量}{原料气中\ CO\ 的总物质的量} \times 100\% \tag{3-1}$$

用转化率来表示催化剂活性并不确切，因为原料的转化率并不与反应速率成正比，但这种方法比较直观，为工业生产所常用。

（2）选择性

严格地说，催化剂的选择性具体是指其加快主反应速率的能力。一般情况下，人们习惯于用主反应在总反应中所占的比率来表示催化剂的选择性，如式(3-2) 所示：

$$催化剂的选择性 = \frac{某反应转化为目的产物的量}{某反应物被转化的量} \times 100\% \tag{3-2}$$

通过该式可以看出，选择性好的催化剂对于反应过程中的副反应所占的比率较低，可以将原料更多地转化为主反应产物，从而达到降低成本、增加经济效益的目标。

在当今化工生产中，选择性是衡量催化剂性能的重要指标，意义十分重大。工业上之所以要选择某种催化剂，其根本目的是为了生产某些特定的产品。如果所用催化剂的选择性较好，就可以尽可能多地减少副反应的比率，将原料尽可能多地转化为目标产物，同时还可以使得产后的处理过程变得简单，从而在很大程度上降低生产成本。

然而，不得不重视的问题是，很多催化剂的选择性与其催化活性是负相关的，即选择性好的催化剂，其催化活性可能相对较低，故而在具体的生产实践中还需要根据实际情况在催化剂的选择性与活性之间做好权衡。

（3）机械强度

机械强度也是催化剂的一个重要性能。一种固体催化剂应有足够的强度来承受四种不同形式的应力：

① 能经得起在包装及运输过程中引起的磨损及碰撞。

② 能承受住往反应器装填时所产生的冲击及碰撞。

③ 能经受使用时由于相变及反应介质的作用所发生的化学变化。

④ 能承受催化剂自身重量、压力降及热循环所产生的外应力。

催化剂的机械强度不仅与组成性质有关，而且还与制备方法紧密相关。特别是载体的选择及成型方法对机械强度影响很大。

一般地，催化剂机械强度的测定方法有直压和侧压两种。前者是将球状、条状、环状催化剂放在强度计中，不断增加负载直至催化剂破裂，再换算成每平方厘米所受的重量，一般以至少 10 次试验的平均值作为抗碎强度。后一种方法是将催化剂侧放在强度测定计中，侧压压碎，读出强度计上的负载，再换算为每厘米所受的重量，或直接以破碎时的重量为读数。

流化床催化剂的强度是以耐磨性作为衡量指标，是在催化剂流化的条件下测定其磨损率。

（4）稳定性（寿命）

万事万物都离不开寿命问题，催化剂同样具有一定的寿命。在现代化学工业中，人们习惯于用特定工作条件下的允许使用时间来定义催化剂的寿命。

这里，催化剂的允许使用时间，具体指的是其活性可达到装置生产能力和原料消耗定额的时间。在具体生产实际中，催化剂活性往往是可以恢复的，故而在一些情况下，人们也会将催化剂活性下降后再恢复使用的所有使用周期的累计使用时间作为其总寿命。

寿命是催化剂的基本属性，不同的催化剂，其寿命有所不同。有的催化剂寿命仅仅几分钟，而有的催化剂则使用数年之后仍保持较高的活性。

当然，对于化工生产而言，催化剂寿命自然是越长越好，这样不仅可以减少催化剂本身的消耗，而且可以降低相关替换、处理环节的成本。

当催化剂达到其使用寿命极限时，必须进行再生、补充和更换，否则势必严重影响化工生产过程。

图 3-1-2 给出了催化剂的一般寿命曲线。

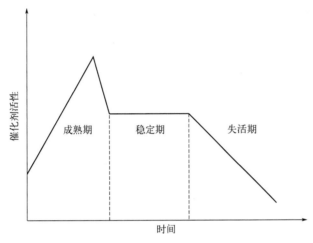

图 3-1-2　催化剂的寿命曲线

通过图 3-1-2 可以看出，一种催化剂完整的寿命周期大致可以划分为如下三个时期/阶段：

① 成熟期　对于新鲜的催化剂，在其投入使用初期，通常需要进行必要的预处理，进而调整其组成及结构，使其活性提升并逐步保持稳定，这一时期称为成熟期，也有人称之为诱导期。需要特别注意的是，一般在成熟期内，催化剂的活性要经历先升高、再回落、最后保持稳定的过程。

② 稳定期　催化剂在经历成熟期之后，其活性可以在较长的时间段内保持不变，这一时期是催化剂发挥其催化作用的主要阶段，称为稳定期。大量的实践证明，不同催化剂的活性稳定期有所不同，反应条件也会对稳定期的长短产生影响。

③ 失活期　随着催化剂使用时间的继续增加，催化剂由于受到反应介质和使用环境的影响，结构或组分发生变化，导致催化剂活性显著下降，必须更换或再生才能继续使用，这个阶段称为催化剂的失活期。

一般地，同一种催化剂，因操作条件不同，寿命也会相差很大。影响催化剂寿命的因素很多，但优良的催化剂一般具有化学稳定性、热稳定性、机械稳定性、毒物抵抗力等特点。

（5）环境友好与自然界的相容性

当今社会对技术和经济提出了更高的要求。适应于循环经济的催化反应过程，其催化剂不仅要具有高活性和高选择性，而且还应是无毒无害、对环境友好的，反应尽量遵循"原子经济性"，且反应剩余物与自然界相容，也就是"绿色化"。

用于持续化学反应的催化剂在自然界已经发展数亿万年，这就是所谓的生物催化剂：酶。酶催化剂能够在温和条件下高选择性地进行有机反应，而且反应剩余物与自然界是相容的。但是在环境工程水处理领域，酶催化剂的可应用空间不大，因此在本书中就不过多阐述。

3.2 负载型催化剂的制备工艺

3.2.1 浸渍工艺

浸渍法是在控制的条件下使载体材料与金属盐溶液接触一段时间后载体从溶液中吸附金属前体。

在催化剂前体形成并干燥后，将样品在空气中焙烧，以将前体物质分解为氧化物，因为这些物质通常更容易还原为金属态。在某些情况下，可以省略焙烧步骤并直接进行还原，这是因为在焙烧过程中会形成高度稳定的化合物而难以还原，如金属铝酸盐和硅酸盐。浸渍法的优点是可以根据需求选择合适比表面积、粒径、尺寸的载体，方法简单，应用范围广泛。

在浸渍法中，当金属盐溶液超过载体孔体积时，称为湿浸渍。将溶液量限制为仅填充孔体积的方法称为干浸渍（又称等体积浸渍）。在湿浸渍中，将浸渍过的载体滤出，然后进行干燥和焙烧形成活性组分。干浸渍消除了多余的液体，省略了过滤步骤，但是缺少过滤步骤意味着来自金属前体盐的任何抗衡离子都会保留在干燥的催化剂中。如果要除去这些物质，则需进一步处理。

通过这些浸渍方法制得的催化剂通常不产生具有高分散性的颗粒，这是由于金属前体与载体之间缺乏诱导的相互作用，这使得前体在干燥过程中具有流动性。随着干燥的进行，溶剂的损失导致水分迁移到载体的外表面，前体聚结在一起。因此浸渍方法的主要缺点是，除了当多孔基材具有窄的孔径分布（例如在高度有序的介孔碳中）时，金属颗粒的尺寸缺乏控制，通常观察到从纳米级到微米级的粒度分布。

除了"湿浸渍"和"干浸渍"，还存在其他浸渍方式。如果同时浸渍两种或多种金属前体，则该方法通常称为"共浸渍"。其他时候，对连续的金属使用干法浸渍。这两种方法都与单金属浸渍过程类似，因为它们不能控制溶液的 pH 值，粒径较大且不是单分散的。

3.2.2 沉淀工艺

在沉淀法中，活性物质以原位形成或添加沉淀剂的形式沉积在悬浮液中的载体上。在含有金属盐的溶液中加入沉淀剂，把生成难溶金属盐或金属水合氧化物从溶液中沉淀出来后，再经过老化、过滤、洗涤、干燥、焙烧、粉碎、成型等工序制备得到催化剂。

与浸渍法相比，沉淀需要较低的过饱和度。通过逐渐加入沉淀剂或通过适当的物质如尿素、碳酸铵和氢氧化钠的分解，过饱和可以被控制并保持在恒定的水平。

但是，必须仔细控制添加物质的速度和顺序、混合过程、pH 值和成熟过程。因此，在沉淀法中，沉淀剂的选择、温度的控制、pH 值的调控、搅拌速度、加料顺序与速度等都对产品性质影响巨大。

沉淀法涉及将高溶解度的金属盐前体转化为难溶性物质，必须满足两个条件以确保仅在载体上而不是在溶液中发生沉淀：

① 可溶性金属前体与载体表面之间发生强烈相互作用以及溶液中前体的浓度受控以避免自发沉淀。通常在载体存在下，与溶液中的溶解度极限相比，溶解度极限移至更低的浓度，以有利于在载体上的沉积。

② 金属盐的浓度应保持在溶液的溶解度和超溶解度之间，以防止在液体中沉淀。

沉淀法的最重要的缺点是对金属分布和表面组成难以控制，这也使得难以制备具有受控组成的真正的双金属催化剂。

在共沉淀的情况下，通过将碱性沉淀剂（通常是碳酸盐或氢氧化物）添加到含有适当的金属和载体前体盐的溶液中，同时形成金属前体和载体材料。这导致金属组分在整个材料的整体结构中分布，而在浸渍时活性金属物质仅沉积在表面上。后者可能在经济上更为有利，因为与共沉淀法相比，要获得相等的表面金属负载量和活性表面积，需要更多的金属盐量。

3.2.3 水热工艺

水热法是最常用的制备负载型金属催化剂方法之一，用该法制备非均相催化剂通常在高压反应釜中进行。

制备时以水溶液作为反应介质，通过对高压反应釜进行加热，使前驱物在水热介质中溶解，而后经过成核、生长，最终形成具有一定粒度和结晶形态的颗粒。

该法可以保护低价态金属不被氧化，并且通过改变工艺条件可实现对粉体粒径和晶型等特性的控制。因此，水热法生产出的纳米粒子纯度高、分散性好、晶型好且易控制，生产成本低。

所以，采用水热法制备负载型金属催化剂具有一定的优势。但是，该法必须在高温高压条件下进行，且对反应釜的密封性要求比较严格。采用碳纳米管为载体材料，利用水热法制备了空心的 PdCu/MWCNTs 催化剂，将制备的催化剂应用于甲酸电催化氧化反应，与负载型实心 PdCu 合金催化剂相比，负载型空心 PdCu 纳米催化剂表现出了非常好的电催化活性和稳定性。

溶剂热反应是水热反应的发展，它与水热反应的不同之处就在于所使用的溶剂为有机溶剂而不是水。在溶剂热反应中，一种或几种前体溶解在非水溶剂中，在液相或超临界条件下，反应物分散在溶液中并且变得比较活泼，反应发生后缓慢生成产物，产物的结晶度高。

该过程相对简单而且容易控制，并且在密闭体系中可以有效防止有毒物质的挥发。该方法得到的固体一般为催化剂前体，再经过高温碳化或活化等工序得到最终催化剂。

利用水热法把 Fe 限域在硝酸锌和 2-甲基咪唑形成的沸石咪唑 ZIF-8 的空穴中，高温碳化得到孤立的铁单原子的催化剂，不仅有极高的反应活性，还有良好的甲醇耐受性和稳定性，可以很好地代替现有的贵金属催化剂。

在乙二醇溶剂中通过水热法把 Pt 纳米粒子负载到石墨烯纳米板上，可以在不破坏石墨烯结构情况下将 Pt 纳米粒子均匀分布在石墨烯表面，粒径达到 2.3nm，与相同 Pt 含量的还原型氧化石墨烯载体相比，该复合材料具有更好的电化学活性和较高的抗甲醇氧化毒性，可以作为直接甲醇燃料电池的电催化剂载体。

3.2.4 原位工艺

原位法又叫一步法，适用于该方法的载体大多是具有特殊结构的介孔材料，金属前体引入载体内与模板剂结合，然后自发进行孔壁自组装，因此金属和载体界面结合强度较高，高温焙烧除去模板剂得到负载型金属催化剂。

这种方法的优点在于纳米粒子的负载与介孔材料的孔壁自组装是一步完成，工艺过程较为简单，不会出现像沉淀法因碱性使载体孔结构被破坏，从而导致催化性能下降的现象。

不过高温焙烧去除模板剂的同时也会造成金属纳米颗粒的团聚和烧结，从而导致催化剂性能在不同程度上的降低。

3.2.5 溶胶-凝聚工艺

溶胶-凝胶法也是制备负载型金属催化剂的常用方法之一，是将金属前体与载体预先混合均匀，通过水解和缩合在溶液中形成透明溶胶，经过陈化形成凝胶，再经过干燥和焙烧得到负载型金属催化剂。

该方法的优点在于工艺较为简单，焙烧时金属的烧结不明显。适用的载体有二氧化硅、氧化铝和二氧化钛等。这是由于这些金属氧化物可由对应的硅溶胶、铝溶胶和钛溶胶得到，不足之处主要在于金属负载量低。

3.2.6 化学气相沉积工艺

化学气相沉积法是以惰性气体为载气，将含有金属的挥发性有机组分导入到载体表面，经充分接触后再焙烧即可得到成品催化剂。化学气相沉积法是唯一能够在任意一种载体上负载金属纳米粒子的方法，能够制备粒径分布较窄的高分散纳米金属粒子，并且不会影响载体的孔结构。

虽然该法从理论上是一种非常简单易行的方法，但是在工艺上却比其他方法复杂，对设备的要求也较高，而且有机金属前体难以获得，使化学气相沉积法在应用上存在一定局限性。

3.2.7 固相析出工艺

固相析出法制备催化剂的原理是用含活性金属离子的盐与制备载体的金属盐一同溶解，用共沉淀法、溶胶-凝胶法或其他方法首先制备出含有活性金属组分的催化剂前体。

催化剂前体要求各金属离子均匀分散，最好是分子水平上的均匀分散。由于加入的活性金属离子的半径与载体中金属离子的半径有差别，其部分取代载体中金属离子的位置，使载体中的对称或完整的结构遭到破坏，形成新的不对称（包括结构和电荷的不对称）结构。

活性金属离子的半径和价态与载体中金属离子的半径和价态不同，使活性组分在载体中难以稳定存在。在适当的温度和气氛（如还原性气氛）中，前体中的活性组分将扩散到载体表面。由于前体中各组分是均匀分散的，所以迁移到表面的活性组分也是均匀分散的。

而均匀分散的活性组分再聚集时需要克服迁移的能垒，故活性组分不易再聚集，提高了活性组分的稳定性。活性金属离子与载体之间有强烈的相互作用，形成了高分散、高热稳定性的负载型催化剂。

固相析出法制备的负载型金属催化剂与浸渍法制备的组成相同的催化剂在甲烷部分氧化

等反应中的比较结果表明，前者在活性离子的分散性、热稳定性以及抗积炭性能上都要好于后者。

目前，文献报道该方法大都用于钙钛矿型复合氧化物和水滑石为载体的负载金属催化剂方面的研究。由于固相析出法制备的催化剂具有活性组分均匀分散、高温热稳定性好的优点，因此该方法也可应用于制备其他载体如复合金属氧化物、六铝酸盐、金属固溶体等的负载金属催化剂，以提高催化剂的性能。

3.2.8　配体络合工艺

在制备催化剂的过程中利用催化剂表面官能团和配体的相互作用，引入新的功能基团，使功能基团与载体表面的官能团发生反应，从而借助强的化学键作用实现负载的目的。

这种利用配体上功能基团与载体反应所制备的负载型催化剂，比文献报道的传统方法负载的催化剂催化活性高出 10 倍，并且由于载体和催化剂之间是化学键的作用，结合的强度较大，因此能有效地避免在聚合过程中活性中心脱落而影响树脂的颗粒形态。

3.2.9　溶剂化金属原子浸渍工艺

溶剂化金属原子浸渍（SMAI）法是在溶剂化金属原子分散法的基础上设计出来的一种制备方法。该方法将活性组分放进已经在电极间固定好的坩埚中，然后将反应体系抽真空，再用冷却剂冷却反应瓶，接着注入一定量的溶剂使其覆盖反应瓶的内壁。逐渐加大电流使金属蒸发的同时不断引入溶剂，这时气态的金属原子会与溶剂蒸气在反应瓶上发生共凝聚；之后再升温，使共凝聚物熔化落入瓶底；然后将所得的溶液在保护气下与载体浸渍一定时间，再升至室温；最后经过真空除杂就制得所需催化剂。

SMAI 法制备过程中没有引入其他杂质离子，能够获得具有极高分散度和还原性的催化剂，因此该方法已经引起广泛关注。传统的浸渍法、沉淀法等都需要加热至高温进行还原或烧掉配体残余物质，因此常常引起严重的烧结现象，但 SMAI 法能把活性组分金属原子直接负载到载体上，制得高度分散的超微金属颗粒，而无须经过高温焙烧或者还原处理，避免了处理引起的烧结现象。

除此之外，还可以将一种或者几种活性组分负载到载体上，活性组分利用率高、用量少，并且制得催化剂粒径分布范围窄，具有极高的分散性和还原性。但是该方法明显的缺点是制备过程比较复杂，增加了制备成本。

3.2.10　超临界流体工艺

超临界流体是指物体的温度和压力超过临界条件的特殊流体，其物理化学性质与常规条件下的性质差别较大。

超临界流体具有类似液体的高溶解性与类似气体的扩散性，密度介于空气与液体之间，而黏性与表面张力比液体低很多，同时还可以通过改变温度、压力，方便地调整其溶解能力，以实现混合物的快速分离，这些特性可以为催化剂的制备与改性提供有力的帮助。在催化剂制备过程中应用超临界流体技术，主要是利用了超临界流体的两个特点：

①　超临界流体具有较高的扩散性与较低的黏度，因此可以作为溶剂向微孔输送活性组分。

②　超临界流体的温度、压力只要稍加改变，就可以显著改变溶解度，可以将超临界流

体作为催化剂的溶剂或制备溶胶颗粒的干燥剂。

在利用溶胶-凝胶法制备催化剂过程中，干燥时如果采用普通干燥技术，由于表面张力的作用会使凝胶颗粒聚集和孔收缩。如果采用超临界技术，由于过程不存在气液界面，因而避免了表面张力所带来的不利影响。

超临界方法所得的气凝胶产物具有以下特点：较高的孔隙率，孔多为介孔且孔径分布较窄，很小的表观堆积密度，较高的比表面积，优良的耐热性能等；同时超临界方法还具有装置简单、成本低、微粒小、操作简单等特点。

3.2.11 微波辐射工艺

微波辐射与传统加热相比可以在短时间内使活性组分均匀地负载到载体上，显著改善其物理性能和催化性能。

与浸渍法等传统方法比，可以将活性组分很好地负载在疏水载体上，制备过程简单，因此微波加热法在负载型催化剂制备领域有很大的应用前景。微波加热能使整个介质同时被加热，而且加热速度很快，避免了载体骨架结构在高温下坍塌。

除此之外，对非均一的负载型催化剂材料基体还具有选择加热性质，在加热过程中存在特殊的热点和表面效应，即在微波场作用下固体表面的弱键或缺陷位与微波场发生局部共振耦合，这种耦合会导致催化剂表面能量的不均匀，从而使负载活性物质表面上的某些点发热而体相温度不变，在加快活性组分在载体表面分散的同时，还避免了载体骨架在高温下坍塌。

利用微波辐射法制备了负载型 Pd-Fe 双金属催化剂，结果显示使用该条件制备的催化剂在氯苯的脱氯反应表现出更好的活性，分析表明微波辐射改变了催化剂载体和活性组分的形态，提高了活性组分的结晶度和催化剂的粒径，同时避免了生成对反应不利的金属合金。

3.3 负载型催化剂的表征技术

一般而言，衡量一个催化剂的质量与效率，具体来说就是活性、选择性、机械强度和使用寿命这四个指标。

其中催化剂的活性是指催化剂的效能（改变化学反应速率能力）的高低，是任何催化剂最重要的性能指标。催化剂的选择性是用来衡量催化剂抑制副反应能力的大小，这是有机催化反应中一个尤其值得注意的性能指标。催化剂的机械强度是催化剂抗拒外力作用而不致发生破坏的能力。强度是任何固体催化剂的一项主要性能指标，也是催化剂其他性能赖以发挥的基础。催化剂的使用寿命是指催化剂在使用条件下，维持一定活性水平的时间（单程寿命），或者每次活性下降后经再生而又恢复到许可活性水平的累计时间（总寿命），如图 3-3-1 所示。总之，寿命是对催化剂稳定性的总概括。

工业催化剂的稳定性包括如下几个方面：

① 化学稳定性。保持稳定的化学组成和化合状态。

② 热稳定性。能在反应条件下，不因受热而破坏其物理化学状态，能在一定温度范围内保持良好的稳定性。

③ 机械稳定性。固体催化剂颗粒抵抗摩擦、冲击、重压、温度等引起的种种应力的程度。

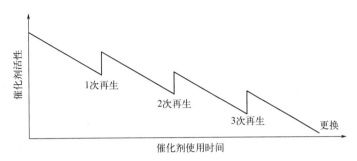

图 3-3-1　工业催化剂的总寿命

衡量催化剂的指标有很多方面，除了上述几个重要指标外，催化剂的物理结构性质也是常见的评价指标。催化剂的物理结构性质包括催化剂的形状尺寸、堆积密度、孔隙率、单位体积、机械外表面积等。

对于单个催化剂颗粒而言，其物理结构性质还可细分为宏观物理结构性质和微观物理结构性质。宏观物理结构性质主要指催化剂的孔容、孔径分布、比表面积等与催化剂形状尺寸有关的物理性质。微观物理结构性质主要指催化剂的晶相结构、结构缺陷以及某些功能组分微粒的粒径尺寸等。

3.3.1　催化剂活性评价方法

催化剂活性测定方法可分为两大类：流动法和静态法，一般流动法应用最广。流动法中用于固定床催化剂测定的有一般流动法、流动循环法（无梯度法）、催化色谱法等。流动循环法（无梯度法）、催化色谱法以及静态法主要用于研究反应动力学和反应机理。

催化剂活性是对催化剂加快反应速率程度的一种度量，如体积比速率 $[mol/(cm^3 \cdot s)]$、质量比速率 $[mol/(g \cdot s)]$、面积比速率 $[mol/(cm^2 \cdot s)]$。

在工业生产中，催化剂的生产能力大多数是以催化剂单位体积为标准，并且催化剂的用量通常都比较大，所以这时反应速率应当以单位容积表示。对于活性的表达方式，还有一种更直观且使用更广泛的指标：转化率。转化率即反应物 A 已转化的物质的量与反应物 A 起始的物质的量之比，以百分数表示，一般用 X 表示转化率。采用转化率参数时，必须注明反应物与催化剂的接触时间，否则就无速率的概念了，为此在工业实践中又引入了其他参数，包括空速、时空得率、选择性和收率、单程收率等。

（1）空速

空速是指物料的流速（单位时间的体积或质量）与催化剂的体积之比即为体积空速或质量空速，单位为 s^{-1}。

空速的倒数为反应物料与催化剂接触的平均时间，以 r 表示，单位为 s，亦称空时，即空时可表示为 $x = V/F$（式中，V 为催化剂体积；F 为反应物物料体积流速）。

（2）时空得率（STY）

时空得率是在给定的反应条件下，单位时间内单位体积（或质量）催化剂所得产物的量。时空得率较直观地反映了催化剂的活性大小，但该参数与操作条件有关，因此不十分确切。

（3）选择性

选择性是指所得目的产物的物质的量与已转化的某一关键反应物的物质的量之比。从某种意义上讲，选择性更重要。在活性和选择性之间取舍，往往取决于原料的价格和产物分离的难易程度，以百分数表示，一般用 S 表示选择性。

（4）收率

收率是指产物中某一类指定的物质的总量与原料中对应于该类物质的总量之比，以百分数表示，一般用 R 表示收率。

（5）单程收率（得率）

单程收率是指生成目的产物的物质的量与起始反应物的物质的量之比，也叫得率。以百分数表示，一般用 Y 表示单程收率。它与转化率和选择性有如下关系：$Y = X \times S$。

3.3.2 催化剂机械强度评价方法

催化剂应具备足够的机械强度，以经受搬运时的滚动磨损、装填时冲击和自身重力、还原使用时的相变以及压力、温度或负荷波动时产生的各种应力。对于催化剂的机械强度，往往有以下要求：

① 催化剂要能经受住搬运时的磨损。

② 要能经受住向反应器里装填时自由落下的冲击或在沸腾床中催化剂颗粒间的相互撞击。

③ 催化剂必须具有足够的内聚力，不至于使用时由于反应介质的作用，发生化学变化而破碎。

④ 催化剂必须能够承受气流在床层的压力降、催化剂床层的重量以及因床层和反应管的热胀冷缩所引起的相对位移的作用等。

因此，催化剂机械强度性能常被列为催化剂质量控制的主要指标之一。

（1）催化剂的压碎强度测试

均匀施加压力到成型催化剂颗粒碎裂前所承受的最大负荷，称为催化剂的压碎强度。

其中颗粒压碎强度测试法要求测试大小均匀的足够数量的催化剂颗粒，适用对象为球形、大片柱状和挤条颗粒等形状催化剂。单颗粒强度又可分为单颗粒压碎强度和刀刃切断强度。

① 单颗粒压碎强度　将代表性的单颗粒催化剂以正向（轴向）、侧向（径向）或任意方向（球形颗粒）放置在两个平台间，均匀对其施加负载直至颗粒破坏，记录颗粒压碎时的外加负载。其中强度测试颗粒数一般选 60 颗，强度数据采用球形和大片柱状颗粒的正压和侧压直接以外加负载表示。

该法适用于大粒径催化剂或载体的压碎强度测试。试验设备由两个工具钢平台及指示施压读数的压力表组成。施压方式可以是机械、液压或气动。一般以正向和侧向压碎强度表示。

② 刀刃切断强度　该法又称刀口硬度法，测强度时，催化剂颗粒放到刀口下施加负载直至颗粒被切断。对于圆柱状颗粒，以颗粒切断时的外加负载与颗粒横截面积的比值来表示刀刃切断强度数据。与单颗粒压碎强度相比，该指标在单颗粒强度实际的测试中较少采用。

除此之外，对于催化剂的压碎强度测试还有整体堆积压碎强度测试法，毕竟对于固定床来说，单颗粒强度并不能直接反映催化剂在床层中整体破碎的情况，因而需要寻求一种接近固定床真实情况的强度测试方法来表征催化剂的整体强度性能，该法即为整体堆积压碎强度。

该方法适用于小粒径催化剂的压碎强度测试，用于测定堆积一定体积的催化剂样品在顶部受压下碎裂的程度。通过活塞向堆积催化剂施压，也可以恒压载荷。另外，对于许多不规则形状的催化剂强度测试也只能采用这种方法。

对于催化剂的颗粒强度压碎测试设备多采用压碎强度测试仪，如图 3-3-2 所示。

图 3-3-2　压碎强度测试仪

压碎强度测试仪的操作方法如下：将试验样品置于样品盘中心位置，再顺时针旋转手轮。将加力杆下移。当加力杆接近样品时，按一下峰值保持键，此时峰值保持指示灯亮，再继续慢慢旋转手轮。此时显示器已有数据显示，并随着试验力的增加而增大。当样品颗粒破碎时，受力的最大数值（强度值）即被锁定，直接显示度值。

（2）催化剂的磨损强度测试

催化剂的磨损强度，即一定时间内磨损前后样品质量的比值，计算公式如式（3-3）所示：

$$磨损强度 = \frac{W_1}{W_2} \times 100\%$$ （3-3）

式中，W_1 为时间 t 内未被磨损脱落的试样质量；W_2 为原始试样质量。由公式可见，磨损强度越大，催化剂的抗摩擦能力也就越大。

测试催化剂磨损强度的方法很多，但最为常用的是旋转碰撞法和高速空气喷射法。根据催化剂在实际使用过程中的磨损情况，固定床催化剂一般采用前一种方法，而流化床催化剂多采用后一种方法。不管哪一种方法，它们都必须保证催化剂在强度测试中是由于磨损失效，而不是破碎失效。二者的区别在于：前者得到的是微球粒子，而后者主要得到的是不规则碎片。

① 旋转碰撞法　该法是测试固定床催化剂耐磨性的典型方法。其基本流程为：将催化剂装入旋转容器内，催化剂在容器旋转过程中因上下滚动而被磨损；经过一段时间，取出样品，筛出细粉，以单位质量催化剂样品所产生的细粉量来表示强度数据，即磨损率。

② 高速空气喷射法　对于流化床催化剂，一般采用高速空气喷射法测定其磨损强度。高速空气喷射法的基本原理为：在高速空气流的喷射作用下使催化剂呈流化态，颗粒间摩擦产生细粉，规定取单位质量催化剂样品在单位时间内所产生的细粉量，即磨损指数作为评价催化剂抗磨损性能的指标。

催化剂的磨损测试的测试设备是磨耗测定仪，如图 3-3-3 所示。

KM-5A 型颗粒磨耗测定仪适用于化肥催化剂中圆柱形、条形、无定形、环形和球形等颗粒的磨损率测定；也适用于分子筛、活性炭、氧化铝、吸附剂等颗粒物料的磨损率测定。

图 3-3-3　KM-5A 型颗粒磨耗测定仪

3.3.3　催化剂颗粒直径及粒径分布评价方法

（1）催化剂颗粒直径

通常球体颗粒的粒度用直径表示，立方体颗粒的粒度用边长表示。一般所说的粒度是指造粒后的二次粒子的粒度。对不规则的矿物颗粒，可将与矿物颗粒有相同行为的某一球体直径作为该颗粒的等效直径。实验室常用的测定物料粒度组成的方法有筛析法、水析法和显微镜法。

① 筛析法。筛析法用于测定 0.038～250mm 的物料粒度，实验室标准套筛的测定范围为 0.038～6mm。

② 水析法。水析法以颗粒在水中的沉降速度确定颗粒的粒度，用于测定小于 0.074mm 物料的粒度。

③ 显微镜法。显微镜法能逐个测定颗粒的投影面积，以确定颗粒的粒度，光学显微镜的测定范围为 0.4～150μm，电子显微镜的测定下限粒度可达 0.001μm 或更小。

（2）测量颗粒粒度仪器

粒度仪是用物理的方法测试固体颗粒的大小和分布的一种仪器。根据测试原理的不同分为沉降式粒度仪、激光粒度仪、光学颗粒计数器、颗粒图像仪等。

激光粒度仪是专指通过颗粒的衍射或散射光的空间分布（散射谱）来分析颗粒大小的仪器。本书仅简单介绍普通的沉降式粒度仪以及激光粒度仪。

① 沉降式粒度仪　沉降式粒度仪又称沉降天平，一般情况下由高精度电子天平、沉降系统、数据处理软件等组成，是用物理的方法测试固体颗粒的大小和分布的一种仪器。沉降粒度仪是根据斯托克斯定理制造的。

斯托克斯原理的基本内容是：粉尘颗粒在沉降过程中发生颗粒分级，因而静止的沉降液的黏滞性对沉降颗粒起着摩擦阻力作用。按式(3-4) 计算：

$$r = \sqrt{\frac{9\eta}{2g(\gamma_k - \gamma_t)}} \times \sqrt{\frac{H}{t}} \tag{3-4}$$

式中，r 为颗粒半径，cm；η 为沉降液黏度，g/(cm·s)；γ_k 为颗粒密度，g/cm³；γ_t 为沉降液密度，g/cm³；H 为沉降高度（沉降液面到秤盘底面的距离），cm；t 为沉降时间，s；g 为重力加速度，980cm/s²。

当测出颗粒沉降至一定高度 H 所需之时间 t 后，就能算出沉降速率 v、颗粒半径 r。

TZC 系列沉降式粒度仪，如图 3-3-4 所示，就是一种根据斯托克斯沉降原理制造的智能化颗粒测定仪器，能测定 $1\sim600\mu m$ 的颗粒大小及分布。

图 3-3-4　TZC 系列沉降式粒度仪

仪器使用时，只要将 $3\sim10g$ 被测定物烘干后放在 500mL 的沉降液中，经搅拌后就可以进行测试。计算机自动记录沉降曲线；然后据此计算颗粒大小、平均粒径、中位径、比表面积、平均误差；并进行颗粒分布分析，将计算结果以图表形式打印出来。

② 激光粒度仪　随着科技的进步，激光粒度仪目前作为一种新型的粒度测试仪器，已经在粉体加工、应用与研究领域得到广泛的应用。激光粒度仪的特点是测试速度快、测试范围广及操作简便。

它可测量从纳米量级到微米量级如此宽范围的粒度分布，不仅能测量固体颗粒，还能测量液体中的粒子。与传统方法相比，激光粒度仪测试过程不受温度变化、介质黏度、试样密度及表面状态等诸多因素的影响，只要将待测样品均匀地展现于激光束中，激光粒度仪便能给出准确、可靠的测量结果。

激光粒度仪工作原理为：光在传播中，波前受到与波长尺度相当的隙孔或颗粒的限制，以受限波前处各元波为源的发射在空间干涉而产生衍射和散射，衍射和散射的光能的空间（角度）分布与光波波长和隙孔或颗粒的尺度有关。用激光作光源，光为波长一定的单色光后，衍射和散射的光能的空间（角度）分布就只与粒径有关。

激光粒度仪的工作原理如图 3-3-5 所示。

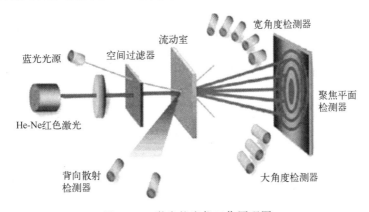

图 3-3-5　激光粒度仪工作原理图

对颗粒群的衍射，各颗粒级的多少决定着对应各特定角处获得的光能量的大小，各特定角光能量在总光能量中的比例应能够反映各颗粒级的分布丰度。按照这一思路，人们可建立表征粒度级丰度与各特定角处获取的光能量的数学物理模型，进而研制仪器测量光能，由特定角度测得的光能与总光能的比较推出颗粒群相应粒径级的丰度比例量。

激光粒度仪依据分散系统分为湿法测试仪器、干法测试仪器、干湿一体测试仪器；另外还有专用型仪器，如喷雾激光粒度仪、在线激光粒度仪等。采用湿法分散技术，进行机械搅拌使样品均匀散开，超声高频振荡使团聚的颗粒充分分散，电磁循环泵使大小颗粒在整个循环系统中均匀分布，从而从根本上保证了宽分布样品测试的准确重复。测试操作简便快捷：放入分散介质和被测样品，启动超声发生器使样品充分分散，然后启动循环泵，实际的测试过程耗时只有几秒钟。

测试结果以粒度分布数据表、分布曲线、比表面积、D_{10}、D_{50}、D_{90} 等方式显示、打印和记录。

3.3.4　催化剂比表面积评价方法

催化剂的表面积是衡量催化剂性质的重要指标之一。测量催化剂的表面积可以获得催化剂活性中心、催化剂失活、助催化剂和载体的作用等方面的信息。

严格来说，催化剂的表面可细分为外表面和内表面。外表面是非孔催化剂的表面，等质量的同一催化剂比较，颗粒越小，外表面积越大。内表面是多孔催化剂的孔壁面积之和，催化剂孔数越多，孔径越大，内表面积越大。

通常认为，催化剂表面是提供化学反应的中心场所。因此，测定、表征催化剂的比表面积对考察催化剂的活性等性能具有重要意义和实际应用价值。

催化剂表面积越大，活性越高。所以常常把催化剂制成粉末或分散在表面积大的载体上，以获得较高的活性。在某些情况下，甚至发现催化活性与催化剂的表面积呈现出直线关系，这种情况可以认为在化学组成一定的催化剂表面上，活性中心是均匀分布的。但是这种关系并不普遍，因为具有催化活性的面积是总面积的很小一部分，而且活性中心往往具有一定结构。由于制备或操作方法不同，活性中心的分布及其结构都可能发生变化。

因此，用某种方法制得表面积大的催化剂并不一定意味着它的活性表面积大并且具有合适的活性中心结构。所以，催化剂的催化活性与表面积常常不能成正比关系。

单位质量催化剂多孔物质内外表面积的综合称为比表面积，单位为 m^2/g。多孔催化剂的比表面积主要由内孔贡献，孔径越小、孔数目越多时比表面积越大。

一般来说，催化剂的表面积越大，该催化剂所含的活性中心越多，催化剂的活性也越高。少数催化剂的表面均匀，因此催化剂的活性与表面积呈直线关系。例如 2,3-二甲基丁烷在硅酸铝催化剂上 527℃时的裂解反应，裂解活性随比表面积增加而线性增大，活性与比表面积成正比关系。

表面积是催化剂的基本性质之一，通过测定表面积可预示催化剂的中毒或表面性质的改变。如果活性的降低相较于表面积的降低更为严重的话，可推测催化剂中毒；如果活性随表面积的降低而降低，可能是催化剂热烧结而失去活性。例如甲醇制甲醛所用的银（Ag）催化剂中加入少量氧化钼（MoO），甲醛的产率就会提高。测量结果表明，加入氧化钼前后比表面积没有差别，因此，可以认为氧化钼的存在改变了银的表面性质，使脱氢反应容易进行，因而活性增加。

催化剂表面积的测定方法主要有气体吸附法和 X 射线小角度衍射法（直接测量法），较为常用的方法是吸附法。

催化剂的表面积针对反应来说，可以分为总比表面积和活性比表面积，总比表面积可用物理吸附的方法测定，而活性比表面积则可采用化学吸附的方法测定。由吸附量来计算比表面积的理论很多，如朗格缪尔吸附理论、BET 吸附理论、统计吸附层厚度法吸附理论等。其中，BET 理论在比表面积计算方面在大多数情况下与实际值吻合较好，比较广泛地应用于比表面积测试，通过 BET 理论计算得到的比表面积又称为 BET 比表面积。统计吸附层厚度法主要用于计算外比表面积。

3.3.4.1 测定总比表面积

经典的 BET 法为：物理吸附方法的基本原理基于 Brunauer-Emmett-Teller 提出的多层吸附理论，即 BET 公式。基于理想吸附（或朗格缪尔吸附）的物理模型，假定固体表面上各个吸附位置从能量角度而言都是等同的，吸附时放出的吸附热相同，并确定每个吸附位只能吸附一个质点，而已吸附质点之间的作用力则认为可以忽略。

求比表面积的关键，是用实验测出不同相对压力 P/P_0 下所对应的一组平衡吸附体积，然后将 $P/[V(P-P_0)]$ 对 P/P_0 作图。

基本假设：第一层蒸发的速率等于凝聚的速率，而吸附热与覆盖度无关；对于第一层以外的其他层，吸附速率正比于该层存在的数量（此假设是为数学上的方便而做的）。除第一层以外，假定所有其他层的吸附热等于吸附气体的液化热。对一直到无限层数进行加和，即可得到 BET 公式（无穷大型），如式(3-5) 所示。

$$\frac{P}{V(P_0-P)} = \frac{1}{V_m C} + \frac{(C-1)P}{V_m C P_0} \tag{3-5}$$

将 $P/[V(P-P_0)]$ 对 P/P_0 作图，直线的斜率为 $(C-1)/(V_m C)$，截距为 $1/(V_m C)$，由此可求出 $V_m = 1/($斜率＋截距$)$。

S_g 表示每克催化剂的总表面积，即比表面积。若知道每个吸附分子的横截面积，就可根据式(3-6) 求出催化剂的比表面积：

$$S_g = \frac{N A_m V_m}{22400 W} \tag{3-6}$$

式中，N 为阿伏伽德罗常数，$6.02 \times 10^{23} \text{mol}^{-1}$；$A_m$ 为吸附分子的截面积，m^2；W 为催化剂质量，g；V_m 为饱和吸附量，cm^3。

目前，应用最广泛的吸附质是 N_2，其 A_m 为 $0.162m^2$，吸附温度在其液化点 77.2K 附近，低温可以避免化学吸附。相对压力控制在 $0.05 \sim 0.35$，当相对压力低于 0.05 时不易建立起多层吸附平衡，高于 0.35 时发生毛细管凝聚作用。对多数体系，相对压力在 $0.05 \sim 0.35$ 的数据与 BET 公式有较好的吻合。

基于 BET 原理，目前常见的测定气体吸附量的方法有如下几种。

（1）容量法

测定比表面积是测量已知量的气体在吸附前后体积之差，由此即可算出被吸附的气体量。在进行吸附操作前要对催化剂样品进行脱气处理，然后进行吸附操作。如果用氮气（N_2）为吸附质时，吸附操作在 $-195℃$ 下进行。

（2）重量法

该法原理是用特别设计的方法称取被催化剂样品吸附的气体重量。

（3）气相色谱法

容量法、重量法都需要高真空装置，而且在测量样品的吸附量之前，要进行长时间的脱气处理。利用气相色谱法测比表面积时，固定相就是被测固体本身（即吸附剂就是被测催化剂），载气可选用氮气、氢气等，吸附质可选用易挥发并与被测固体间无化学反应的物质，如苯、四氯化碳、甲醇等。

3.3.4.2 测定活性比表面积

BET 方法测定的是催化剂的总表面积，而催化剂上只有主催化剂（或主催化剂和共催化剂）的表面才具有活性，这部分表面称为活性表面，对于催化剂的活性表面表征方法，如表 3-3-1 所示。

表 3-3-1 催化剂活性表面表征

类别			测试方法	备注
总比表面积			BET 方法	标准方法
			X 射线小角度法	快速测定表面积
活性比表面积	金属	化学吸附法	H_2 吸附法	不适用于钯催化剂
			O_2 吸附法	计量数不确定，尤其适用于不容易化学吸附氢或一氧化碳的金属
			CO 吸附法	不适合容易生成羟基化合物的金属
			N_2O 吸附法	尤其适用于负载型铜和银催化剂中金属表面积的测定
			吸附-滴定法	H_2-O_2 滴定法先决条件是先吸附的氧只与活性中心发生吸附作用
			电子显微镜法	困难，对 Pt、Pd 负载催化剂效果较好
			X 射线谱线加宽法	粗略估计各种晶体组分的表面积
	氧化物			无通用方法，利用各组分在化学吸附性质方面的差异进行测量

活性表面的面积可以用"选择化学吸附"来测定。如负载型金属催化剂，其上暴露的金属表面是催化活性的，以氢气、一氧化碳为吸附质进行选择化学吸附，即可测定活性金属表面积，因为氢气、一氧化碳只与催化剂上的金属发生化学吸附作用，而载体对这类气体的吸附可以忽略不计，可以通过气体吸附量计算活性表面积。

同样，用碱性气体进行化学吸附，可测定催化剂上酸性中心所具有的表面积。首先，要确定选择性化学吸附的计量关系。

金属催化剂有效表面积的测定方法很多，归纳总结有 X 射线谱线加宽法、X 射线小角度法、电子显微镜法、BET 真空容量法及化学吸附法等。其中以化学吸附法应用较为普遍，局限性也最小。所谓化学吸附法即某些探针分子气体（CO、H_2、O_2 等）能够有选择地、瞬时地、不可逆地化学吸附在金属表面上，而不吸附在载体上。所吸附的气体在整个金属表面上生成一个单分子层，并且这些气体在金属表面上的化学吸附有比较确定的计量关系，通过测定这些气体在金属表面上的化学吸附量即可计算出金属表面积。下面对经常采用的某些探针分子气体的化学吸附法做简单的介绍。

（1）H_2 吸附法

H_2 吸附法的关键在于使催化剂表面吸附的 H 原子达到饱和，由于形成 H_2 饱和吸附的条件比较苛刻，H_2 的程序升温脱附不能在常压反应器中进行，因此限制了该法的应用，而且不同的吸附压力和吸附时间下得到的饱和吸附量不同，从而影响了测量的准确性。

（2）其他吸附法

化学吸附法除了最常用的 H_2 吸附法外，常见的吸附法还有 CO 吸附法、O_2 吸附法、N_2O 吸附法等，其中 N_2O 吸附法最近又发展出了很多更为实用的技术，如量热法、脉冲色谱法、前沿反应色谱法、容量法等。

一般情况下，CO 吸附法、O_2 吸附法、N_2O 吸附法用于表面积测试的效果不如 H_2 吸附法的测试效果，得到的结果也没有 H_2 吸附法的令人满意。因为这些气体生成单层和化学吸附的化学计量比都不容易控制。

但是，这些方法在某些特殊情况下具有很大的应用价值。如 O_2 吸附法对于不容易化学吸附氢或一氧化碳的金属则比较有价值，而且氧化学吸附脉冲色谱法不仅不需要高真空装置，而且操作简便、快速、灵敏度高；CO 吸附法对于容易生成羰基化合物的金属则不适宜；N_2O 吸附法是测定负载型铜和银催化剂中金属表面积的优选方法。

（3）吸附-滴定法

只要化学计量比是已知和可以重现的，则吸附物种和气相物种之间的反应可以用来测定表面积。

最常采用的是 H_2-O_2 滴定法，该法用于 Pt 负载催化剂的表面积测试最为有效，其用于非负载型金属粉末的表面积测试也只能严格地被视为氢化学吸附法的代用方法，因为金属粉末要得到完全洁净而无烧结的表面是非常困难的。滴定方法有应用价值的第二种场合是双金属催化剂，其中反应得以进行的条件可能强烈地与化学吸附成分所处的金属组分的本性有关。这可供区别组分之用。

表面氢氧滴定也是一种选择吸附测定活性表面积的方法。先让催化剂吸附氧，然后再吸附氢，吸附的氢与氧反应生成水。由消耗的氢按比例推出吸附的氧的量。从氧的量算出吸附中心数，由此数乘以吸附中心的截面积，即得活性表面积。当然，做这种计算的先决条件是先吸附的氧只与活性中心发生吸附作用。

如果只存在单独一种氧化物组分，显然表面积（总表面积）最好用物理吸附（BET）来测定，然而如果在催化剂中不只存在一种组分，就会在其他氧化物或金属组分存在的情况下，选择性地测定指定氧化物表面积的问题。

3.3.5　催化剂密度和孔结构评价方法

当反应分子由颗粒外部向内表面扩散或当反应产物由内表面向颗粒外表面扩散受到阻碍时，催化剂的活性和选择性就与孔结构有关。不仅反应物向孔内的扩散能影响反应速率，而且反应产物的逆扩散同样能影响反应速率，即孔径也影响这类反应的表观活性。孔结构不同，反应物在孔中的扩散情况和表面利用率都会发生变化，从而影响反应速率。

孔结构对催化剂的选择性、寿命、机械强度和耐热性能都有很大的影响。研究孔结构对改进催化剂、提高活性和选择性具有重要的意义。

（1）催化剂密度的测定

催化剂密度的大小反映出催化剂的孔结构与化学组成、晶相组成之间的关系。一般来说，催化剂孔体积越大，其密度越小。催化剂组分中重金属含量越高，则密度越大；载体的晶相不同，密度也不同。如 $\alpha\text{-}Al_2O_3$ 和 $\gamma\text{-}Al_2O_3$ 的密度各不相同。

① 堆积密度　用量筒测量催化剂的体积，所得到的催化剂的密度称为堆积密度。测定堆积密度时，通常是将催化剂放入量筒中拍打。堆积密度受容器大小、填充方式等因素的影响。测定时应按一定的方法进行。通常是从一定的高度让试料通过一个漏斗定量自由落下。松散充填后的密度称为疏充填堆积密度；密实充填后的密度称为密充填堆积密度。此外还有压缩率、充填率及空隙率等参数。粉料的堆积密度、充填率与颗粒大小及其分布、形状有关，尤以粒径分布的影响大。

② 颗粒密度　颗粒密度是单位催化剂的质量与其几何体积之比。实际很难准确测量单粒催化剂的几何体积，按式(3-7)～式(3-9)计算 $\rho_{颗}$。

$$\rho_{颗} = \frac{m}{V_{几何体积}} \tag{3-7}$$

$$V_{堆} - V_{隙} = V_{几何体积} \tag{3-8}$$

$$\rho_{颗} = m/(V_{堆} - V_{隙}) = m/(V_{孔} - V_{真}) \tag{3-9}$$

测 $V_{隙}$ 采用汞置换法，利用汞在常压下只能进入孔半径大于 500nm 的孔的原理。测量方法为：测定堆积的颗粒之间孔隙的体积常用汞置换法，利用汞在常压下只能进入大孔的原理测量 $V_{隙}$。在恒温条件下测量进入催化剂空隙之间汞的质量（换算成 $V_{隙} = V_{汞}$），即可算出 $V_{孔} + V_{真}$ 的体积。用这种方法得到的密度，也称为汞置换密度。

③ 真密度　当测得的体积仅仅是催化剂的实际固体骨架的体积时，测得的密度称为真密度，又称为骨架密度，真密度和实际的颗粒密度的计算公式分别如式(3-10)、式(3-11)所示。

$$\rho_{真} = \frac{m}{V_{真}} \tag{3-10}$$

$$\rho_{颗} = \frac{m}{V_{堆} - V_{隙} - V_{孔}} \tag{3-11}$$

对于真密度的测量方法，一般用氦流体置换法测定。氦的有效原子半径仅为 0.2nm，并且几乎不被样品吸附。由引入的氦气量，根据气体定律和实验时的温度、压力可算得氦气占据的体积 V_{He}，它是催化剂颗粒之间的孔隙体积 $V_{隙}$ 和催化剂孔体积 $V_{孔}$ 之和，即 $V_{He} = V_{隙} + V_{孔}$，由此可求得 $V_{真}$。

（2）比孔体积、孔隙率

① 比孔体积　每克催化剂颗粒内所有孔的体积总和称为比孔体积（比孔容、孔体积、孔容）。

测定公式如式(3-12)所示：

$$V_{比孔容} = \frac{1}{\rho_{颗}} - \frac{1}{\rho_{真}} \tag{3-12}$$

式中，$1/\rho_{颗}$ 为每克催化剂的骨架和颗粒内孔所占的体积；$1/\rho_{真}$ 为每克催化剂中骨架的体积。

② 孔隙率　催化剂孔隙率为每克催化剂颗粒内孔体积占催化剂颗粒总体积（不包括颗粒之间的空隙体积）的比例，以 θ 表示，计算公式如式(3-13)所示：

$$\theta = \frac{\dfrac{1}{\rho_{颗}} - \dfrac{1}{\rho_{真}}}{\dfrac{1}{\rho_{颗}}} \tag{3-13}$$

3.3.6 催化剂红外吸收光谱表征方法

每个分子都有自己的振动频率，可以吸收和释放出红外辐射波。该辐射波的特征与振频和强度以及分子的分子量、几何形状、分子中化学键类型、所含有的官能团等密切相关，因此反映这种特征的红外吸收光谱就逐渐成为研究表面化学、鉴别固体表面吸附物质的有用技术。

红外光谱（IR）已经广泛应用于催化剂表面性质的研究，其中最有效和广泛应用的是研究吸附在催化剂表面的所谓探针分子的红外光谱，如 NO、CO、CO_2、NH_3 等。

红外光谱可以提供在催化剂表面存在的"活性部位"的相关信息。用这种方法可以表征催化剂表面暴露的原子或离子，更深刻地揭示表面结构的信息。与其他方法相比，红外光谱研究所获得的信息只限于探针分子（或反应物分子）可以接近或势垒所允许的催化剂工作表面。这对于表征催化剂是十分重要的。

对于分子探针技术来说，探针分子的选择尤为重要，它直接关系到实验所预期的目标。分子探针红外光谱技术中最常采用的探针分子有 CO、NO、NH_3、C_2H_4、CH_3OH、H_2O 以及吡啶。之所以选择上述探针分子其原因有以下两个：

① 上述探针分子大多数分子结构简单，因此谱带解析相对来说比较简单。

② $400\sim1200cm^{-1}$ 范围内的谱带受吸附的影响，而固体催化剂的骨架振动一般不会出现在此范围，因此相互之间不产生干扰或干扰很小。

值得注意的是，并不是说只可以采用上述探针分子，理论上可以采用任何化合物，只不过当采用结构比较复杂的探针分子时图谱解析比较困难。

尽管探针分子红外光谱技术在催化剂表征方面具有举足轻重的作用，但是也存在以下一些缺点：

① 红外光谱一般很难得到低波数（$200cm^{-1}$ 以下）的光谱，而低波数光谱区恰恰可以反映催化剂结构信息，特别如分子筛的不同结构可在低波数光谱区显示出来。

② 大部分载体（如 γ-Al_2O_3、TiO_2 和 SiO_2 等）在低波数的红外吸收很强，在 $1000cm^{-1}$ 以下几乎不透过红外光。

③ IR 测试过程中所采用的 $NaCl$、KBr、$CaCl_2$ 容易被水或其他液体溶解，所以 IR 测试不适用于通过水溶液体系制备催化剂过程的研究。

3.3.7 催化剂 X 衍射表征方法

X 射线谱技术可以分为两类：X 射线衍射技术和 X 射线吸收技术。绝大多数催化剂如分子筛、氧化物、负载金属、盐等都是晶体，因此 X 射线衍射技术成为表征这些固体催化剂的基本手段，通过 XRD（X-ray diffraction，X 射线衍射）的表征可以获取以下信息：催化剂的物相结构、组分含量、晶粒大小。

物相定性分析是 XRD 技术在催化剂研究中的主要用途。但是 XRD 技术是依赖于晶格的长程有序的衍射技术，否则非但看不到非晶体，也看不到 5nm 以下的微晶。

所以仅通过 XRD 技术以及我们所看到的部分对催化剂整体下结论显然是不全面的，而 X 射线吸收技术（其中主要包括 EXAFS 和 XANES）则可以在一定程度上突破上述局限。

EXAFS（即扩展 X 射线吸收精细结构）主要包含详细的局域原子结构信息，其能够给出吸收原子近邻配位原子的种类、距离、配位数和无序度因子等结构信息，它通常通过拟合的方法分析获得；而 XANES 中则包含吸收原子的价态、密度以及定性的结构信息，它主要是通过模拟的方法来解释。EXAFS 技术用于催化领域的研究主要有以下特点：

① EXAFS 现象来源于吸收原子周围最邻近的几个配位壳层作用，取决于短程有序作用，不依赖于晶体结构，可用于非晶态物质的研究，处理 EXAFS 数据能得到吸收原子邻近配位原子的种类、距离、配位数及无序度因子。

② X 射线吸收边具有原子特征，可以调节 X 射线的能量，对不同元素的原子周围环境分别进行研究。

③ 由吸收边位移和近边结构可确定原子化合价态结构和对称性等。

④ 利用强 X 射线或荧光探测技术可以测量几个百万分比浓度的样品。

⑤ EXAFS 可用于测定固体、液体、气体样品，一般不需要高真空，不会损坏样品。

尽管 EXAFS 技术用于催化领域的研究具有其他常规技术所无法比拟的优点，但是 EXAFS 作为一项有广泛用途的结构探测技术也不可避免地存在一些缺点。其中最大的缺点就是 EXAFS 只能提供平均的结构信息。

3.3.8　催化剂热分析表征方法

热分析是研究物质在受热或冷却过程中其性质和状态的变化，并将此变化作为温度或时间的函数来研究物质性质和状态变化规律的一种技术。它是在过程控制温度下，测量物质的物理性质与温度关系的一类技术。

由于它是一种以动态测量为主的方法，所以相较于静态的测量方法，具有快速、简便和连续等优点，是研究物质性质和状态变化的有力工具。在本部分所指的热分析技术（此处的热分析技术并非传统意义上的热分析，只包括以下列举中的前三种技术）主要包括热重分析（TG）、差热分析（DTA）、差示扫描量热法（DSC）、程序升温还原（TPR）、程序升温氧化（TPO）。

将样品质量变化作为温度的函数记录下来，所得到的曲线即为热重曲线，质量变化对应一个台阶，根据台阶个数和温度区间、台阶高度、斜率等来研究样品变化。通常差热分析与热重分析结合使用。

差热分析是将样品和参比物的温差作为温度函数连续测量的方法，记录温差 ΔT 随温度 T 变化的曲线称为差热曲线。伴随有吸热或放热的相变或化学反应都会对应负峰或正峰。根据峰的形状、个数，出峰时间及峰顶温度等可以鉴别物相及其变化。

差示扫描量热分析与差热分析在原理上相似，都是将样品与一种惰性参比物（常用 α-Al_2O_3）同置于加热器的两个不同位置上，按一定程序恒速加热。只是差示扫描量热分析是将温度变化用分析试样保持同一温度所必需的功率输入值来代替。

热分析用于催化剂体相性质的表征，可以获取诸如载体或催化剂易挥发组分的分解、氧化、还原，固-固、固-气以及液-气的转变，活性物种等信息，还可以用于确定催化剂组成、确定金属活性组分价态、金属活性组分与载体间的相互作用、活性组分分散阈值及金属分散度测定、活性金属离子的配位状态及分布。热分析技术的显著特点如下：

① 动态、原位测试，更能反映催化剂的实际性质。

② 设备简单、操作方便。

③ 易与其他技术联合应用，获取信息多样化。

④ 可根据需要自行设计，能很好满足各种具体测试的不同要求。

3.3.9　催化剂显微镜表征方法

该技术可以研究观测催化剂外观形貌，进行催化剂粒度的测定和晶体结构分析，同时还可研究高聚物的结构、催化剂的组成与形态以及高聚物的生产过程、齐格勒-纳塔体系的催化剂晶粒大小、晶体缺陷等。

(1) 扫描隧道显微镜法 (STM)

扫描隧道显微镜的工作原理非常简单，基于量子力学的隧道效应和三维扫描。一根非常细的钨金属探针（针尖极为尖锐，仅由一个原子组成，为 0.1~1nm）慢慢地划过被分析的样品，如同一根唱针扫过一张唱片。在正常情况下互不接触的两个电极（探针和样品）之间是绝缘的。然后当探针与样品表面距离很近，即小于 1nm 时，针尖头部的原子和样品表面原子的电子云发生重叠。

此时若在针尖和样品之间加上一个电压，电子便会穿过针尖和样品之间的绝缘势垒而形成纳安级（10^{-9}A）的隧道电流，从一个电极（探针）流向另一个电极（样品），正如不必再爬过高山却可以通过隧道而直接从山下通过一样。当其中一个电极是非常尖锐的探针时，由于尖端效应而使隧道电流加大。将得到的电流信息采集起来，再通过计算机处理，可以得到样品表面原子排列的图像。

扫描隧道显微镜的工作原理如图 3-3-6 所示。

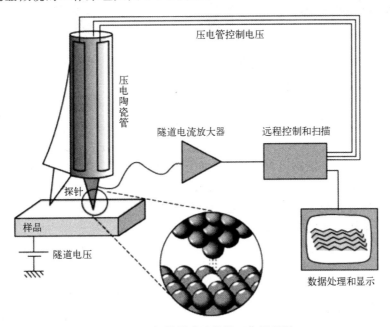

图 3-3-6　扫描隧道显微镜工作原理图

(2) 透射电子显微镜法 (TEM)

电子枪发射的电子在阳极加速电压的作用下，高速地穿过阳极孔，被聚光镜会聚成很细的电子束照明样品。因为电子束穿透能力有限，所以要求样品做得很薄，观察区域的厚度在 200nm 左右，如图 3-3-7 所示。

由于样品微区的厚度、平均原子序数、晶体结构或位向有差别，使电子束透过样品时发生部分散射，其散射结果使通过物镜光阑孔的电子束强度产生差别，经过物镜聚焦放大在其像平面上，形成一幅反映样品微观特征的电子像。然后再经中间镜和投影镜两级放大，投射到荧光屏上对荧光屏感光，即把透射电子的强度转换为人眼直接可见的光强度分布，或由照相底片感光记录，从而得到一幅具有一定衬度的高放大倍数的图像，如图 3-3-8 所示。

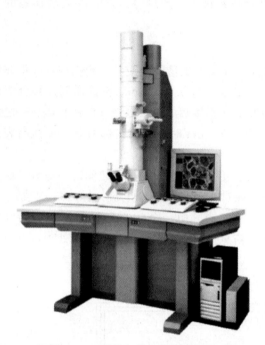

图 3-3-7　透射电子显微镜外观图

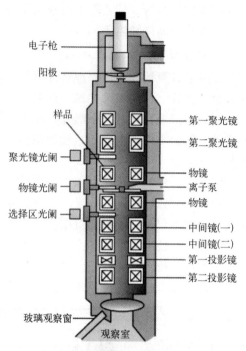

图 3-3-8　透射电子显微镜结构图

（3）扫描电子显微镜法（SEM）

扫描电子显微镜主要由电子光学系统、显示系统、真空及电源系统组成，图 3-3-9 即为扫描电子显微镜外观图，图 3-3-10 即为扫描电子显微镜电子光学系统结构图。

扫描电子显微镜的工作原理为：从电子枪灯丝发出的直径 $20\sim35\mu m$ 的电子束，受到阳极的 $1\sim40kV$ 高压的加速射向镜筒，并受到第一、第二聚光镜（或单一聚光镜）和物镜的会聚作用，缩小成直径约几纳米的狭窄电子束射到样品上。

与此同时，偏转线圈使电子束在样品上作光栅状的扫描。电子束与样品相互作用将产生多种信号，其中最重要的是二次电子。二次电子能量很低（小于 50eV），受到闪烁片上的高压（10kV）的吸引而加速射向闪烁片。闪烁片受到二次电子的冲击把电子的动能转变成可见光，光通过光导棒送到光电倍增管，在那里光被高倍放大并转换成为电流。

这个电信号经过前置放大、视频放大后，用它去调制显像管的电子束强度。由于控制镜筒入射电子束的扫描线圈的电路同时也控制显像管的电子束在屏上的扫描，因此，两者是严格同步的，并且样品上被扫描的区域与显像管屏是点点对应的。样品上任意一点的二次电子发射强度的变化都将表现为显像管屏上对应点的亮度的变化，从而组成了图像。

该图像可在观察显像管屏上观察，也可将照相显像管屏上的图像拍摄记录下来。扫描电镜二次电子像的放大倍率由屏上图像的大小与电子束在样品上扫描区域大小的比例决定：$M=$ 像的大小/扫描区域的大小。通常显像管屏的大小是固定的，例如多用 9in（1in = 2.54cm）或 12in 显像管，而电子束扫描区域大小很容易通过改变偏转线圈的交变电流的大小来控制。

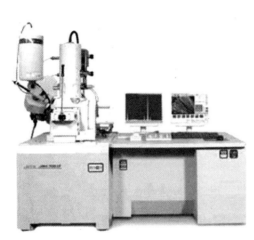

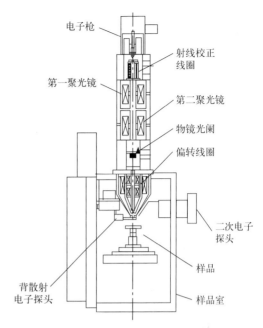

图 3-3-9　扫描电子显微镜外观图　　　图 3-3-10　扫描电子显微镜电子光学系统结构图

因此，扫描电镜的放大倍数很容易从几倍一直达到几十万倍，而且可以连续、迅速地改变，这相当于从放大镜到透射电镜的放大范围。

参考文献

[1]　陈晨晓，王雪燕.非均相 Fenton 狗毛固体催化剂在活性染料模拟废染液脱色中的应用研究 [J].印染助剂，2014，31（6）：44-47.

[2]　龙金林，顾泉，张子重，等.固体催化剂活性中心的分子设计及其 XAFS 表征 [J].化学进展，2011，23（12）：25-28.

[3]　马航，冯霄.固体催化剂常规制备方法的研究进展 [J].现代化工，2013，33（10）：32-36.

[4]　梁斌，王嘉福.用 TPR 技术研究固体催化剂的还原活化能分布 [J].催化学报，1990，11（6）：44-47.

[5]　李锋，宋华，汪淑影.微乳液法制备固体催化剂在多相催化领域中的应用 [J].化学通报，2011，74（3）：80-83.

[6]　毕丛丛，董婷婷，高保娇.在 CPS 微球表面实现 N-羟基邻苯二甲酰亚胺的同步合成与固载及固体催化剂催化氧化性能初探 [J].功能高分子学报，2015，28（3）：92-95.

[7]　李玉林.固体催化剂研究新进展 [J].化学工业，2008，10（2）：13-16.

[8]　蒋平平.固体催化剂氧化亚锡催化合成偏苯三酸三（2-乙基己）酯 [J].化学世界，1995，36（5）：253-255.

[9]　徐元值，古泽昌宏.ESR 显微成像法研究固态催化剂上顺磁粒子的分布图 [J].催化学报，1991，12（2）：54-57.

[10]　沈利华，张孝彬，宁月生，等.Co/MgO 固体催化剂 CVD 法合成单壁纳米碳管的研究 [J].浙江大学学报（工学版），2003，37（6）：56-58.

[11]　李春晶，沈健，张亮，等.固体催化剂铌酸催化合成油酸甲酯 [J].化学工业与工程，2008，25（6）：401-404.

[12]　杨春海.漆酚-路易士酸聚合物固体催化剂在合成醋酸正丁酯中的应用 [J].化工科技，2003，11（3）：17-20.

[13] 王海，徐柏庆，等.新型固体酸催化剂 Nafion/SiO$_2$ 的催化作用Ⅲ.α-甲基苯乙烯的二聚反应 [J].石油化工，2002，37（6）：56-58.

[14] 郭建平，尹笃林，郭军.溶液中固体催化剂表面酸量的紫外光谱分析 [J].矿业工程研究，2001，23（3）：65-68.

[15] 吴越，范淑蓉.固体催化剂表面的酸性及其测定法 [J].化学通报，1965（2）：3-13.

[16] 陆世雄，颜胜华，丁忠浩，等.固体催化剂宏观结构表征技术 [J].化工时刊，2010，10（4）：69-71，85.

[17] 韩秀文.固体催化剂的研究方法　第七章　原位 MAS NMR 方法（下）[J].石油化工，2000，29（12）：91-93.

[18] 吴越.均质固体催化剂 [J].应用化学，1992，9（2）：11-13.

[19] 高步良，张濂，袁渭康.反应蒸馏塔中固体催化剂的装填结构 [J].现代化工，2003，23（1）：44-47.

[20] 张娇静，宋华.固体催化剂存在下高铁酸钾氧化合成苯甲醛 [J].化学工程，2008，36（9）：40-42.

[21] 孙世刚，贡辉.固体催化剂的研究方法　第十一章　电化学催化中的原位红外反射光谱法 [J].石油化工，2001，30（10）：806-814.

[22] 吕婧，张伟，杨志强，等.固体催化剂氟改性方法及应用研究进展 [J].化学世界，2012，53（9）：55-57.

[23] 王犇，黄科林，孙果宋，等.XRD 分析在固体催化剂体相结构研究中的应用 [J].大众科技，2008，12（12）：109-111.

[24] 王日杰.成型压力对固体催化剂模压成型过程的影响 [J].石油化工，2003，32（11）：54-57.

[25] 纪红兵，王乐夫，佘远斌.固体催化剂用于二元醇分子内环化制内酯的研究 [J].化学学报，2005，63（16）：55-58.

[26] 张文郁，赵宁，魏伟，等.高选择性合成 1-甲氧基-2-丙醇固体催化剂的筛选和催化作用 [J].精细化工，2005，22（1）：47-49.

[27] 武力.一种新型催化合成 α-松油醇的固体催化剂研究 [J].西部林业科学，2007，36（1）：41-44.

[28] 孟震英，赵新强，王延吉.在固体催化剂上合成 N-环己基氨基甲酸甲酯的研究 [J].精细石油化工，2001，10（1）：3-6.

[29] 黄惠忠.固体催化剂的研究方法 [J].石油化工，2004，30（6）：486-490.

[30] 上海科学技术情报研究所.国外催化剂发展概况（5）固体催化剂制备方法的进展 [M].上海：上海科学技术情报研究所，1974.

[31] 张庆红，汤清虎，梁军，等.苯乙烯环氧化制环氧苯乙烷的固体催化剂及其制备方法 [P].CN 1557553A.2004.

[32] 盖帅.有机磺酸固体催化剂的研究 [D].北京：中国石油大学，2011.

[33] 李彦鹏，刘晓，刘晨光.环己酮自缩合反应固体催化剂的研制 [J].工业催化，2005（z1）：3.

[34] 戚蕴石.固体催化剂设计 [M].上海：华东理工大学出版社，1994.

[35] 颜芳，袁振宏，吕鹏梅，等.亚铁锌双金属氰化络合物固体催化剂催化合成生物柴油 [J].燃料化学学报，2010，38（3）：66-68.

[36] 陈文伟，高荫榆，林向阳，等.纳米磁性固体催化剂制备生物柴油 [J].太阳能学报，2007，28（3）：31-36.

[37] 陈英，陈东，谢颖，等.用于生物柴油清洁生产的磁性固体催化剂 CaO/MgO/Fe$_3$O$_4$ [J].燃料化学学报，2010，18（10）：301-306.

[38] 沈晓真，王利华，刘鹏，等.制备生物柴油固体催化剂的研究现状及前景展望 [J].安徽农业科学，2010，12（8）：44-47.

[39] 辛勤，梁长海.固体催化剂的研究方法　第八章　红外光谱法（中）[J].石油化工，2001（2）：157-167.

［40］　阎杰.几种固体催化剂催化油脂与甲醇酯交换反应性能的比较［J］.粮油加工与食品机械，2005，12（8）：34-37.

［41］　徐云鹏，田志坚，林励吾.贵金属固体催化剂的纳米结构及催化性能［J］.催化学报，2004，25（4）：89-91.

［42］　陈文伟，高荫榆，林向阳，等.磁性固体催化剂催化制备生物柴油的研究［J］.福建林业科技，2006，33（3）：10-13.

［43］　潘履让.固体催化剂的设计与制备［M］.天津：南开大学出版社，1993.

［44］　向德辉.固体催化剂［M］.北京：化学工业出版社，1983.

4 臭氧催化氧化工艺概述

4.1 臭氧催化氧化工艺原理

4.1.1 臭氧的基本特点

臭氧是氧气的一种同素异形体，化学式是 O_3，分子量 47.998，有鱼腥气味的淡蓝色气体。臭氧的分子模型如图 4-1-1 所示。

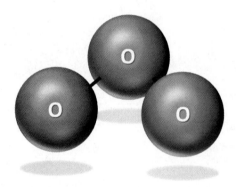

图 4-1-1 臭氧的分子模型

臭氧的相对密度为氧气的 1.5 倍，在水中的溶解度比氧气大 10 倍，比空气大 25 倍。由于实际生产中采用的多是臭氧化空气（含有臭氧的空气），其臭氧的分压很小，故臭氧在水中的溶解度也很小，例如，用空气为原料的臭氧发生器生产的臭氧化空气，臭氧只占 $0.6\% \sim 1.2\%$（体积分数），根据气态方程及道尔顿分压定律知，臭氧的分压也只有臭氧化空气压力的 $0.6\% \sim 1.2\%$。因此当水温为 25℃ 时，将这种臭氧化空气加入水中，臭氧的溶解度只有 $3 \sim 7 mg/L$。

臭氧在空气中会慢慢地连续自行分解成氧气，由于分解时放出大量热量，故当其浓度在 25% 以上时，很容易爆炸。但一般臭氧化空气中臭氧的浓度不超过 10%，因此不会发生爆炸。

浓度为 1% 以下的臭氧，在常温常压的空气中分解的半衰期在 16h 左右。随着温度升高，分解速率加快，温度超过 100℃ 时，分解非常剧烈；达到 270℃ 高温时，可立即转化为氧气。臭氧在水中的分解速率比在空气中快得多，水中臭氧浓度为 $3mg/L$ 时，其半衰期仅为 $5 \sim 30min$。所以臭氧不易储存，需边产边用。

为了提高臭氧利用率，水处理过程中要求臭氧分解得慢一些，而为了减轻臭氧对环境的污染，则要求水处理后尾气中的臭氧分解得快一些，所以对于不同环境需要不同分析。

臭氧有强氧化性，是比氧气更强的氧化剂，可在较低温度下发生氧化反应，一般常用臭氧作氧化剂对废水进行净化和消毒处理，在环境保护和化工等方面被广泛应用，臭氧具备以下特征：

① O_3 不稳定，在水中分解为 O_2，pH 值越高，分解越快。

② O_3 在水中溶解度比纯氧高 10 倍，比空气高 25 倍。

③ O_3 在酸性溶液中，$E_0 = 2.07V$，仅次于氟（2.87V）。

④ O_3 在碱性溶液中，$E_0 = 1.24V$，略低于氯（1.36V）。

4.1.2 臭氧在水处理中的氧化机理

臭氧在水中的分解行为也非常复杂，分解机理会随着水体性质的不同而不同。臭氧在水中的分解行为属于产生自由基的链反应过程。其链引发的反应物主要有两类：

① 水中 H_2O 与 O_3 反应生成 O_2 和 H_2O_2。

② 水中杂质引发臭氧分解，产生另外一些自由基，如 $O \cdot$、$HO \cdot$ 等。

Legube 等在 1999 年指出，非均相催化臭氧氧化有两条路径：

① 催化剂吸附有机物形成环状螯合物，并形成较强的亲核部位，从而提高臭氧反应能力，有机物进一步氧化后脱附，产生新的吸附空位。

② 催化剂吸附臭氧，使臭氧在催化剂表面的金属位发生分解，且产生高活性的羟基自由基（$HO \cdot$），羟基自由基能氧化臭氧很难氧化的小分子有机物质。

非均相催化臭氧氧化的羟基自由基氧化机理如图 4-1-2 所示，非均相催化臭氧氧化的络合催化氧化机理如图 4-1-3 所示。图中 Me 代表某种有机物质，MeR、MeP、MeA、$R \cdot$、$P \cdot$ 等代表与某种有机物质反应过程中产生的各种中间产物。

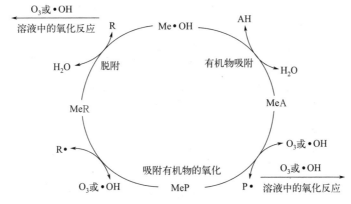

图 4-1-2 羟基自由基氧化机理

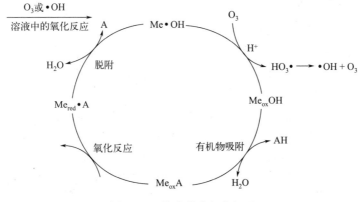

图 4-1-3 络合催化氧化机理

从以上两图中可知，臭氧催化剂不但可以吸附有机物，而且还直接与臭氧发生氧化还原反应，产生的氧化态金属化合物和 HO· 可以直接氧化有机物。也有人认为催化剂的作用仅仅是催化臭氧分解，产生活性更高的氧化剂，如 HO· 等强氧化剂，从而提高臭氧的处理效率。

普通臭氧的氧化机理可以总结如下：

① 夺取氢原子，并使链烃羰基化，生成醛酮、醇或酸；芳香化合物先被氧化为酚，再氧化为酸。

② 打开双键，发生加成反应。

③ 氧原子进入芳香环发生取代反应。

臭氧催化氧化和普通臭氧氧化是有区别的，臭氧催化氧化的效率更高，其原理如下：

① 臭氧化学吸附在催化剂表面，生成活性物质后与溶液中的有机物反应。这种活性物质可能是 HO·，也有可能是其他形态的氧。

② 有机物分子通过化学键的作用吸附在催化剂表面，进一步与气相或液相中的臭氧反应。首先有机物会迅速被吸附在催化剂载体上，载体表面的氧化物与其形成一些螯合物，随后这些螯合物被臭氧和 HO· 氧化。

③ 臭氧和有机物分子同时被吸附在催化剂表面（络合物作用），随后二者发生反应。从还原态催化剂开始，臭氧会氧化金属，臭氧在还原态金属上的反应会生成 HO·，有机物会被吸附在被氧化过的催化剂上，然后通过电子转移反应被氧化，再次产生还原态的催化剂。有机物随之会很容易从催化剂上解吸（脱附），随后进入本体溶液，或被 HO· 和臭氧氧化。

臭氧氧化去除水中 COD 时，基本投加量的规则如下：

① 普通臭氧氧化（无催化剂）O_3：COD＝3：1。

② 臭氧催化氧化（有催化剂）O_3：COD＝2：1～1：1。

臭氧催化氧化工艺处理难降解工业废水目前已被广泛应用，其工艺具备以下五点特点：

① 臭氧对除臭、脱色、杀菌、去除 COD 有显著效果。

② 不产生二次污染，并且能增加水中的溶解氧。

③ 操作管理较方便。

④ 臭氧发生器耗电量较大。

⑤ 臭氧属于有毒有害气体，因此臭氧催化氧化工艺的工作环境中，必须有良好的通风措施。

4.1.3 臭氧的制备方法

臭氧的制备有四种方式，即化学法、电解法、紫外光法、电晕放电法，其中工业上最常用的是电晕放电法，电晕放电法的原理是把干燥的含氧气体流过电晕放电区产生臭氧，用空气制成臭氧的浓度一般为 10～20mg/L，用氧气制成臭氧的浓度为 20～40mg/L，这种含有 1%～4%（质量分数）臭氧的空气或氧气就是水处理时所使用的臭氧化气。电晕放电法单台设备目前可以做到产量 500kg/h 以上。图 4-1-4 即为板式臭氧发生器的工作原理图。

臭氧发生器所产生的臭氧，通过气水接触设备扩散于待处理水中，通常是采用微孔扩散器、鼓泡塔或喷射器、涡轮混合器等。臭氧的利用率要力求达到 90% 以上，剩余臭氧随尾气外排，为避免污染空气，尾气可用活性炭或霍加拉特剂催化分解，也可用催化燃烧法使臭氧分解。

臭氧催化氧化工艺流程如图 4-1-5 所示。

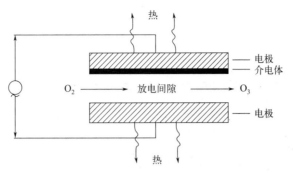

图 4-1-4 板式臭氧发生器的工作原理图

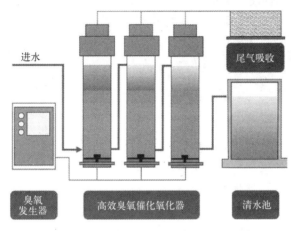

图 4-1-5 臭氧催化氧化工艺流程图

4.2 臭氧催化剂的研究现状

臭氧催化氧化的关键因素在于催化剂,臭氧催化剂分为两类:均相催化剂和非均相催化剂。催化臭氧分解的方式主要有耦合物理场、加入非均相或均相催化剂,其中物理场包括超声场、电场、微波场、光辐照等。除了物理场向臭氧分子提供能量,激发臭氧分解为自由基外,非均相或均相催化剂催化臭氧分解机理本质上通过电子转移实现。下面针对两种臭氧催化剂的作用机理和研究现状进行分析说明。

4.2.1 非均相臭氧催化剂的作用机理

非均相催化剂由于其不易流失的特性而被广为应用,非均相臭氧催化剂以具有活性的过渡金属/氧化物为主,与载体物料性质相近,附着强度高;同时通过高温烧结成型,保证了活性组分的高利用率,并且解决了均相催化系统的催化剂须定时添加、催化剂易流失的问题,且能够防止二次污染,因此目前非均相催化剂的应用较为广泛。

采用非均相负载型催化剂进行臭氧催化氧化反应,可显著提高臭氧与污染物的反应速率,有效降低处理成本。配合臭氧氧化塔设备,可以减少臭氧投加量 30% 以上,臭氧利用率可达 98％以上。以化工废水预处理、印染废水深度处理为例，可比采用常规方法需投加臭氧量减少 30％，吨水运行费用亦可降低 30％。图 4-2-1 所示即为一种负载型非均相臭氧催化剂。

图 4-2-1　某型号负载型非均相臭氧催化剂外观图

为了研究能应用于臭氧催化氧化法处理高难度工业废水的负载型非均相臭氧催化剂，可以采用浸渍法来制备和筛选合适的催化剂。

目前，所研究的非均相催化剂大致分为：金属氧化物、金属负载于金属氧化物表面、矿物质、碳基质材料、黏土、蜂窝陶瓷等。自由基介导的催化臭氧降解污染物机理包括：臭氧吸附于催化剂表面并分解为高活性自由基、自由基氧化吸附于催化剂表面的污染物或扩散至溶液体相中与污染物反应、降解产物从催化剂表面脱附。非自由基介导的催化臭氧降解污染物机理包括：臭氧和污染物同时吸附于催化剂表面，或仅污染物吸附于催化剂表面，通过配位键对电子云的诱导效应，提高臭氧对污染物的反应活性。

由于臭氧分子的共振结构，末端一个氧原子的电子云密度较高，从而使臭氧表现出强路易斯碱特征。另外，此共振结构还可使臭氧分子展现亲电性和亲核性，从而决定臭氧在催化剂表面的吸附作用力是多重作用的总和。一般来说，臭氧在催化剂表面的吸附形态分为三种：通过固体表面剩余力场作用，臭氧物理吸附于催化剂表面；通过与表面质子化羟基（—OH_2^+）之间的氢键以及静电引力，如图 4-2-2 所示，实现物理吸附；与路易斯酸位点结合生成原子氧 O^*（$E^\ominus = 2.42V$）实现化学吸附。

吸附于催化剂表面的臭氧可通过与—OH_2^+ 或具有可变价态金属之间电子交换分解为羟基自由基。有学者研究了负载金属（Fe、Ni、Zn）的蜂窝陶瓷表面—OH_2^+ 催化臭氧分解产生羟基自由基的机理，结果表明当溶液 $pH < pH_{pzc}$（零电位点）时，催化剂表面—OH 水解为—OH_2^+ 并吸附臭氧分子，进而通过多步电子转移实现羟基自由基的生成，如图 4-2-1 所示。

另外，该研究还指出在臭氧分解过程中产生的含氧自由基如 $HO_2\cdot$、$HO_3\cdot$、$HO_4\cdot$ 均可反应生成羟基自由基。然而，还有研究表明图 4-2-2 中的步骤 13 很难进行，原因是金属与氧原子之间的化学键很难断裂。因此，臭氧催化反应过程中众多反应步骤之间的动力学关系不明确，有待深入研究。

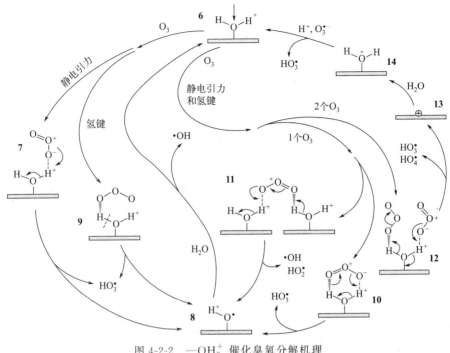

图 4-2-2 —OH_2^+ 催化臭氧分解机理

很多研究表明，活性炭（AC）除吸附水溶液中有机污染物和臭氧外，还能催化臭氧分解为氧化性更强的活性氧和羟基自由基等，强化对污染物的降解。然而，AC 作为良好的臭氧催化剂或载体这一观点值得质疑，原因是 AC 表面官能团与臭氧发生非自由基介导的反应。

在超纯水体系下使用 AC 为催化剂进行催化臭氧研究，结果发现该系统的总有机碳（TOC）反而上升，并将此归因于 AC 表面的有机官能团（如吡喃酮、内酯、羧酸酐等）一定程度额外消耗臭氧而生成短链羧酸，导致体系 TOC 反而升高。

还有学者研究了臭氧预处理 AC 对其催化活性的影响，结果表明预处理后 AC 表面酸性官能团浓度增加而碱性官能团（活性组分）浓度降低，这表明 AC 表面官能团可与臭氧发生非催化性质的化学反应，也验证了 AC 额外消耗臭氧这一观点。

目前，对 AC 吸附草酸分子的研究存在分歧，且各有论据。有学者分别从热重分析和 AC 微孔结构的角度证明了草酸分子难以通过扩散作用吸附于表面微孔结构中，并指出草酸分子的降解主要发生在溶液主体中。相反，还有人的研究却表明在特定环境下草酸易吸附于 AC 表面，原因是当 pK_a（草酸）$<$ 溶液 $pH < pH_{pzc}$（AC）时，草酸阴离子与带正电荷 AC 表面通过静电作用发生吸附，而且通过几乎不吸附于 AC 表面的叔丁醇抑制实验佐证了该观点。

另一方面，催化剂表面存在具有可变价态的金属离子时，还可通过不同价态之间的循环促进臭氧分解。例如，磁铁矿催化臭氧分解过程中，Fe 的 Ⅱ 和 Ⅲ 价态循环可促进臭氧分解为羟基自由基，如式(4-1)～式(4-4) 所示。有学者还研究了 CoO_x、负载 ZrO 催化臭氧分解活性，结果表明作为强路易斯碱的臭氧易吸附于强路易斯酸位点上，通过 Co(Ⅱ)/Co(Ⅲ) 价态循环加速界面电子转移，使 O_3 转变为 O_3^- ·进而分解产生羟基自由基。相关研究也发现，过渡金属离子的价态循环可促进氧空位的形成，通过储存和释放氧原子催化臭氧分解。

$$O_3 + Fe^{2+} \longrightarrow Fe^{3+} + O_3^- \cdot \qquad (4\text{-}1)$$

$$O_3^- \cdot + H^+ \longrightarrow HO_3 \cdot \longrightarrow \cdot OH + O_2 \qquad (4\text{-}2)$$

$$2O_3 + OH^- \longrightarrow HO_2 \cdot + O_2 + O_3^- \cdot \qquad (4\text{-}3)$$

$$Fe^{3+} + HO_2 \cdot \longrightarrow Fe^{2+} + H^+ + O_2 \qquad (4\text{-}4)$$

另外，当有机羧酸与某些过渡金属离子发生络合反应时，在配位键对电子云诱导效应的影响下，金属离子的价态循环可同时促进臭氧分解和有机酸降解，且该过程为非羟基自由介导反应。

有学者通过研究 CuO/CeO_2 催化臭氧降解草酸，结果表明含有 α-羧基或 α-羟基的羧酸盐可通过络合作用被臭氧直接氧化，即草酸分子优先与催化剂表面 $Cu(\text{II})$ 形成双齿螯合物，如式(4-5)所示，由于配位键的供电子效应使 $Cu(\text{II})$ 电子云密度较高，易于被臭氧直接抽取电子形成 $Cu(\text{III})$，如式(4-6)所示，但 $Cu(\text{III})$ 不稳定进而通过抽取络合物中的电子还原为 $Cu(\text{II})$，同时实现羧酸盐脱羧反应，如式(4-7)所示。

$$2Cu(\text{II}) + {}^-OOC{-}COO^- \longrightarrow Cu(\text{II}) \cdots {}^-OOC{-}COO^- \cdots Cu(\text{II}) \qquad (4\text{-}5)$$

$$Cu(\text{II}) \cdots {}^-OOC{-}COO^- \cdots Cu(\text{II}) + O_3 \longrightarrow Cu(\text{III}) \cdots {}^-OOC{-}COO^- \cdots Cu(\text{II}) + O_3^- \cdot \qquad (4\text{-}6)$$

$$Cu(\text{III}) \cdots {}^-OOC{-}COO^- \cdots Cu(\text{II}) \longrightarrow 2Cu(\text{II}) + {}^-OOC{-}COO^- \cdot \qquad (4\text{-}7)$$

还有，臭氧可与催化剂表面路易斯酸位点结合生成氧原子，提高有机物的降解效率。但此机理多报道于气-固相臭氧催化反应，鲜见液-固相臭氧催化反应的报道。

4.2.2 非均相臭氧催化剂的研究现状

现阶段，非均相臭氧催化剂的研究热点主要集中于金属氧化物和活性组分的载体。

混合金属氧化物是一类高活性臭氧催化剂。例如，有学者研究了 $CuFe_2O_4$ 催化臭氧降解 N,N-二甲基乙酰胺效能，结果表明在最优化条件下 $CuFe_2O_4$ 催化臭氧降解污染物效率（95.4%）显著高于非催化臭氧氧化（55.4%），而且 $CuFe_2O_4$ 的高臭氧催化活性归因于表面羟基对臭氧的催化分解。

还有学者研究了负载型 MnO_x 催化臭氧降解草酸活性，结果表明相比于非催化臭氧氧化，在最优化条件下催化臭氧降解草酸效率从 10.3% 提高至 92.2%，且发现催化剂的作用机理是表面羟基和 Mn 不同价态循环对臭氧的催化分解。

除此之外，还有学者研究了 Mn-Fe-K 共修饰型催化剂对于催化臭氧降解二苯甲酮的活性，结果表明催化臭氧对 TOC 的降解效率比非催化臭氧高 62.8%。该研究考察了 Mn-Fe-K 相应氧化物简单混合对臭氧的催化分解能力，并将较高的催化活性归因于金属氧化物丰富的表面羟基，而 Mn-Fe-K 组成的钙钛矿对臭氧催化分解活性需进一步研究。

还有一种 Fe-Cu 混合金属氧化物对于催化臭氧降解酸性红 B 也有很好的效果，相关试验研究结果表明反应 60min 后 Fe-Cu 混合金属氧化物催化臭氧降解 COD 效率比非催化臭氧高 31.4%。

而对于钙钛矿型臭氧催化剂，多集中于 La 系钙钛矿的研究。例如，采用 $LaTi_{0.15}Cu_{0.85}O_3$ 催化臭氧降解丙酮酸，通过 Langmuir-Hinselwood 模型研究了丙酮酸催化降解机理。结果表明臭氧先吸附于催化剂表面，进而分解为氧化性更强的氧原子，强化对吸附态丙酮酸的降解。

采用柠檬酸溶胶-凝胶法制备 $LaFeO_3$，在 H_2O_2 条件下催化臭氧降解苯酚，研究表明催化剂表面 Fe 的 Ⅱ、Ⅲ 价态循环促进 H_2O_2 分解为羟基自由基。

系统研究 La 系钙钛矿（$LaMnO_3$、$LaCoO_3$、$LaNiO_3$、$LaFeO_3$ 等）催化臭氧降解草酸机理，结果表明催化剂表面的可变价态过渡金属与臭氧之间电子转移促进臭氧分解为羟基自由基，强化对草酸的降解。

通常，将活性组分负载于某载体表面，一方面可稳定活性组分，另一方面充当吸附介质促进催化剂与污染物的接触。常用的载体包括蜂窝陶瓷、活性氧化铝（γ-Al_2O_3）、二氧化钛（TiO_2）、沸石分子筛、生物炭等。

形状类似填料塔中拉西环或鲍尔环的蜂窝陶瓷主要包括堇青石、莫来石、锂辉石、硅酸镁、硅酸铝盐等特征组分，具有优异的物化特征，如大比表面积、高热稳定性、质轻等。其中，堇青石蜂窝陶瓷（$2MgO$-$2Al_2O_3 \cdot 5SiO_2$）的臭氧催化活性最佳。

将 Fe、Ni、Zn 负载于蜂窝陶瓷表面，进行硝基苯的臭氧催化处理，结果表明过渡金属修饰的蜂窝陶瓷可改变其 pH_{pzc}，从而影响催化剂对臭氧的吸附，并通过静电理论和氢键作用解释了该催化剂对臭氧的催化分解机理。

将 MnO_x 负载于蜂窝陶瓷表面，考察了 HCO_3^- 对催化臭氧降解硝基苯的影响，结果表明 HCO_3^- 浓度低于 50mg/L 时，HCO_3^- 可作为臭氧催化分解反应的促进剂；当 HCO_3^- 浓度高于 100mg/L 时，HCO_3^- 可作为羟基自由基猝灭剂抑制硝基苯的降解。

此外，蜂窝陶瓷还可单独作为臭氧催化剂，采用未经修饰的蜂窝陶瓷为催化剂，通过研究初始 pH、pH_{pzc} 对催化臭氧降解硝基苯的影响，结果表明初始 pH 和 pH_{pzc} 通过影响催化剂表面羟基的电荷状态，控制臭氧分解和硝基苯的降解效率。

γ-Al_2O_3 是应用最广泛的商业化催化剂载体，具有比表面积大、吸附性能强、热稳定性良好、表面显酸性、多孔性等特点。将 Pr 负载于 γ-Al_2O_3 表面，进行丁二酸的臭氧催化降解研究，结果表明 Pr 在 γ-Al_2O_3 表面以 Pr_6O_{11}（表面含有更多的氧空位）形式存在，促进表面羟基的生成。同时，该研究还表明 Pr 可与丁二酸发生络合反应，通过配位键的富电子特性促进丁二酸降解。

以 γ-Al_2O_3 为催化剂，进行天然有机物（NOM）的臭氧催化降解研究，结果表明 γ-Al_2O_3 可强化臭氧对 NOM 的降解效率，同时抑制臭氧氧化 NOM 副产物的生成从而提高其可生化性。然而，γ-Al_2O_3 作为载体具有一个特点，即经高温煅烧，γ-Al_2O_3 中的 Al 会渗入活性组分晶体内部，干扰其晶体生长，一定程度影响负载型催化剂的臭氧催化活性。

TiO_2 不仅是高活性臭氧催化剂，还可作为某些活性组分的载体，通过光催化与臭氧催化的协同效应促进对污染物的降解。将 Ni 负载于 TiO_2 表面，进行 2,4-D 的臭氧催化降解研究，结果表明 Ni 在 TiO_2 表面以 NiO 形式存在，同时是光生电子捕获位点和催化臭氧分解活性位点，促进了羟基自由基生成。

通过研究炭黑改性 TiO_2 薄膜光催化臭氧降解邻苯二酚，结果表明邻苯二酚完全氧化过程遵循零级反应。在最优化反应条件下，$TiO_2/O_3/UV$ 降解邻苯二酚的速率常数分别是 O_3/UV、TiO_2/UV、O_3/UV 的 1.32～1.80 倍、2.56～5.36 倍、5.47～11.40 倍。

沸石分子筛是基于过渡金属的结晶硅铝酸盐水合物，化学通式为 $M_x/m[(AlO_2)_x \cdot (SiO_2)_y] \cdot H_2O$（M 为过渡金属），主要包括 ZSM-5、ZSM-11、MCM-41、SBA-15 等。

这类载体除具有常规吸附剂的一般优点外，由于表面具有高路易斯酸位点强度可作为高活性臭氧催化剂。将 Cu 或 Co 负载于介孔 MCM-41 表面，进行甲苯的臭氧催化降解研究，结果表明与原始 MCM-41 相比，过渡金属修饰后 MCM-41 的臭氧催化活性显著提高，原因是分子筛表面的金属氧化物是催化臭氧分解的活性位点。另外，相比于 MCM-41，SBA-15 的孔道壁较厚，热稳定性和机械稳定性较高，且 SBA-15 拥有较大介孔（5～30nm），有利于污染物与介孔内壁接触，从而强化了对污染物的催化降解。

生物炭是以生物质或废水生物处理产生的污泥为原料，在 N_2 保护下高温裂解产生的石墨类多孔固体材料。生物炭或负载其他活性组分已广泛用于催化臭氧降解污染物。研究表明将开心果果壳炭化成生物炭，用于活性红 198 染料的臭氧催化降解研究，结果发现生物炭表面的碱性基团（表面羟基和酚类官能团）是主要活性位点。将松针裂解制成生物炭，用于光催化臭氧降解污染物研究，结果表明羟基自由基的生成主要通过光致臭氧分解产生。

相反，有研究表明根据叔丁醇抑制试验发现，污泥基生物炭催化臭氧降解草酸的过程中，羟基自由基几乎不参与反应。上述相反的结果归因于生物炭不同的表面酸碱特性，影响对解离态污染物和溶解态臭氧的吸附行为。

另外，以污泥基生物炭负载 MnO_x 为催化剂，催化臭氧降解草酸。同样地，将污泥基生物炭负载 MnO_x 和 Fe_2O_3，用于催化臭氧降解 Lurgi 工艺煤气化废水的生物降解出水。

研究发现，负载金属氧化物的生物炭具有优异的稳定性和催化活性，原因是金属氧化物在生物炭表面均匀分布，通过提供更多的表面活性位点（表面羟基和金属位）强化对污染物的降解。

4.2.3　均相臭氧催化剂的作用机理

均相臭氧催化机理主要分为三种：金属离子与有机物络合后被臭氧氧化降解；金属离子催化臭氧分解为羟基自由基进而氧化降解有机物；废水中 OH^- 与臭氧反应生成羟基自由基。第一种机理类似非均相催化剂表面络合效应降解有机羧酸，只是反应介质不同。

有学者研究了 Fe^{2+} 均相催化臭氧分解机理，结果发现在酸性条件下，Fe^{2+} 能高效催化臭氧分解为羟基自由基，如式(4-8)～式(4-11) 所示；在碱性条件下，Fe^{2+} 以胶体形式存在，通过式(4-12) 和式(4-13) 催化臭氧分解为羟基自由基。另外，在碱性条件下，臭氧还会与溶液中 OH^- 反应生成羟基自由基，如式(4-14) 所示。

$$O_3 + Fe^{2+} \longrightarrow FeO^{2+} + O_2 \tag{4-8}$$

$$FeO^{2+} + Fe^{2+} + 2H^+ \longrightarrow 2Fe^{3+} + H_2O \tag{4-9}$$

$$FeO^{2+} + H_2O \longrightarrow Fe^{3+} + \cdot OH + OH^- \tag{4-10}$$

$$FeO^{2+} + \cdot OH \longrightarrow Fe^{3+} + HO_2^- \tag{4-11}$$

$$O_3 + (HO)_2 - Fe - OH \longrightarrow (HO)_2 - Fe - O \cdot + HO_3 \cdot \tag{4-12}$$

$$O_3^- \cdot + H^+ \longrightarrow HO_3 \cdot \longrightarrow \cdot OH + O_2 \tag{4-13}$$

$$2O_3 + OH^- \longrightarrow HO_2^- + O_2 + O_3^- \cdot \tag{4-14}$$

实际废水中普遍存在的无机阴离子（如 HCO_3^-、CO_3^{2-} 等）是羟基自由基猝灭剂，与羟基自由基的反应如式(4-15)、式(4-16) 所示，显著降低有机物的降解率。此外，实际废水中某些无机阴离子（如 PO_4^{3-}、SO_4^{2-}、F^-）是比 H_2O 更强的路易斯碱，可抑制 H_2O 在催化剂表面的吸附，或通过置换催化剂表面羟基，降低臭氧催化剂活性。

$$\cdot OH + HCO_3^- \longrightarrow CO_3^- \cdot + H_2O \quad k = 8.5 \times 10^6 \, mol/(L \cdot s) \tag{4-15}$$

$$\cdot OH + CO_3^{2-} \longrightarrow CO_3^- \cdot + OH^- \quad k = 3.9 \times 10^8 \, mol/(L \cdot s) \tag{4-16}$$

4.3　影响臭氧催化氧化的因素

通过研究发现，在臭氧催化氧化处理高难度工业废水过程中，对于其处理效果影响比较大的因素主要有初始 pH 值、催化剂投加量、臭氧投加量和停留时间 4 项。

4.3.1　初始 pH 值

废水初始 pH 值是影响催化臭氧氧化效果的主要因素之一。废水初始 pH 值会极大影响臭氧的分解速率、羟基氧化铁表面羟基的电荷形态及有机物在水溶液中的存在形态，从而影响催化臭氧氧化的效果。

有学者通过实验验证了不同初始 pH 值对于臭氧催化氧化工艺出水效果的影响，选取了 5 个不同的 pH 值，用 1mol/L 的硝酸和 NaOH 溶液调节废水 pH 值，催化剂投加量为 200g/L，臭氧投加量为 10.7mg/min，研究不同 pH 值对催化臭氧氧化效果的影响。单独臭氧氧化实验不调节 pH 值，为原水 pH 值（6.9）。实验结果如图 4-3-1 和图 4-3-2 所示。

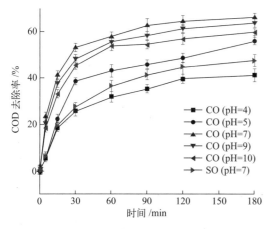

图 4-3-1　初始 pH 值对臭氧催化氧化工艺
COD 去除率的影响

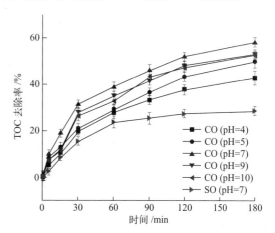

图 4-3-2　初始 pH 值对臭氧催化氧化工艺
TOC 去除率的影响

由图 4-3-1 和图 4-3-2 可知，催化臭氧氧化（catalytic ozonation，CO）的 COD 去除率可以达到（66.2±1.7）%，比单独臭氧氧化（single ozonation，SO）的（47.6±2.6）% 提高了近 20 个百分点。

而 TOC 去除率则可以达到（58.4±2.1）%，比单独臭氧氧化的（28.8±1.9）% 提高了近 1 倍。调节废水 pH 值，无论是酸性（pH=4～5）还是碱性（pH=9～10），催化臭氧氧化的效果都不如中性（pH=7）的效果好。

这可能是因为羟基氧化铁的零电荷点（pH_{pzc}）在中性附近，过酸和过碱都影响了羟基氧化铁表面羟基的电荷形态。需要注意的是，当 pH=4 时，COD 的去除率不如单独氧化，但 TOC 的去除率却比单独氧化的高。这是因为单独臭氧氧化很难降解煤化工生化出水中的难降解有机物，从而 TOC 去除率低；而 pH=4 时催化臭氧氧化一定程度上降解了这部分难降解有机物，甚至是难以测出 COD 的有机物，但效果没有中性和碱性条件下的好，依然有一部分降解不完全，反而被检测出 COD，从而 COD 的去除率反而降低。

4.3.2 催化剂投加量

催化剂为催化臭氧氧化提供了活性位点，通过吸附臭氧、水、有机物，提供三相反应界面，从而影响催化臭氧氧化的效果。有学者对于这个因素做了相关实验，实验选取了 3 个不同的催化剂投加量，不调节 pH 值（中性），臭氧投加量为 10.7mg/min，研究催化剂投加量对催化臭氧氧化效果的影响。

由图 4-3-3 和图 4-3-4 可知，适量增大催化剂的投加量，确实可以提高催化臭氧氧化的效果。但过多的催化剂提供了过多的活性位点，反而降低了单位活性位点上的臭氧和有机物浓度，从而降低了局部的反应速率，使得整体的反应速率并没有显著提高。如 200g/L 和 400g/L 的催化剂投加量差距 1 倍，但效果增幅不明显。

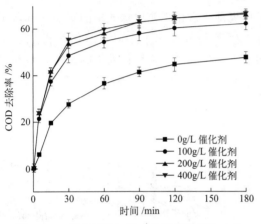

图 4-3-3　催化剂投加量对臭氧催化氧化工艺
COD 去除率的影响

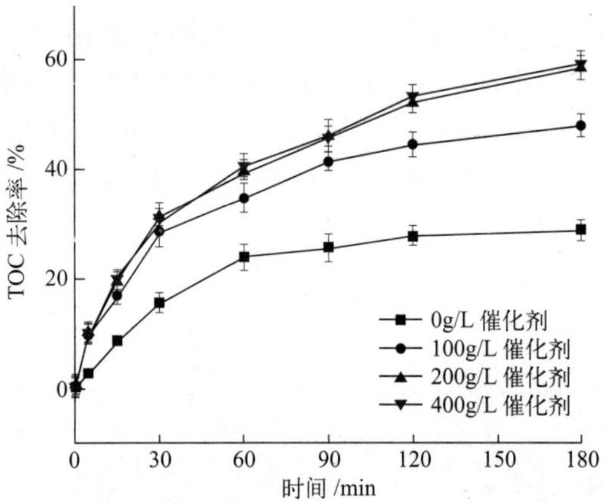

图 4-3-4　催化剂投加量对臭氧催化氧化工艺
TOC 去除率的影响

相关研究表明，使用催化剂的臭氧催化氧化工艺要比单纯使用臭氧更加有效。例如相关实验表明，废水不调节 pH 值（中性），臭氧投加量为 10.7mg/min，催化剂投加量为 200g/L，利用全波长扫描使用催化剂的臭氧催化氧化工艺出水和单独使用臭氧氧化处理的出水，结果如图 4-3-5～图 4-3-8 所示。

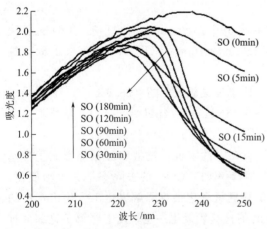

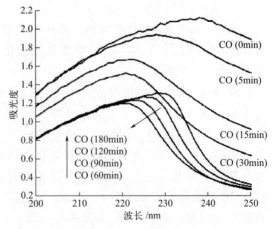

图 4-3-5　单独臭氧氧化工艺出水全波长
扫描光谱图（200～250nm）

图 4-3-6　使用催化剂的臭氧催化氧化工艺
出水全波长扫描光谱图（200～250nm）

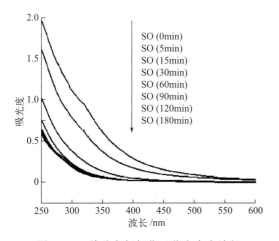

图 4-3-7　单独臭氧氧化工艺出水全波长
扫描光谱图（250～600nm）

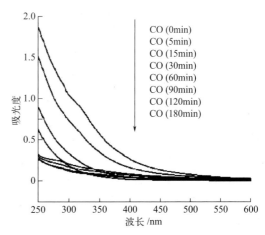

图 4-3-8　使用催化剂的臭氧催化氧化工艺
出水全波长扫描光谱图（250～600nm）

全波长扫描可以反映溶液整体对某一波长光的吸收性，适合分析含多种有机物的实际废水。其中紫外谱图提供的是常见官能团信息。若溶液在 220～250nm 波段有强烈吸收，说明该溶液化合物中存在共轭双键（共轭二烯烃、不饱和醛、不饱和酮），否则可能是饱和脂肪烃、脂环烃或其衍生物；化合物在 250～290nm 波段有强烈吸收，说明化合物分子中有苯环存在（以 UV_{254} 为代表）；化合物在 300nm 以上有强烈吸收，说明分子中有较大的共轭体系（大分子腐殖质，以 UV_{410} 为代表）。

由图 4-3-5～图 4-3-8 可知，废水在 200～300nm 波段有很强的吸收，300nm 以上波段吸收较弱，处理后各波段吸光度都有所下降，表明单独臭氧氧化和催化臭氧氧化对废水有机物都有作用。

其中随着反应的进行，单独臭氧氧化和催化臭氧氧化在 220～250nm 波段的吸收都有所增强，说明溶液中共轭双键增多，这很有可能是废水中苯环开环的结果。相对而言，催化臭氧氧化在 220～250nm 波段的吸收较单独臭氧氧化的弱，说明催化臭氧氧化对共轭双键的作用比单独臭氧氧化强，处理效果更好，这也是催化臭氧氧化的 TOC 去除率更高的原因。

由表 4-3-1 可知，单独臭氧氧化对废水 UV_{254} 的去除率为 72.1%，催化臭氧氧化对废水 UV_{254} 的去除率为 80.7%，催化臭氧氧化的处理效果优于单独臭氧氧化。因此对于臭氧催化氧化工艺来说，催化剂的使用非常重要。

表 4-3-1　废水 UV_{254} 变化

反应时间/min	单独臭氧氧化 UV_{254}/cm	使用催化剂的臭氧催化氧化 UV_{254}/cm	反应时间/min	单独臭氧氧化 UV_{254}/cm	使用催化剂的臭氧催化氧化 UV_{254}/cm
0	1.891	1.873	60	0.590	0.317
5	1.537	1.520	90	0.557	0.310
15	0.952	0.917	120	0.539	0.341
30	0.694	0.643	180	0.527	0.361

4.3.3 臭氧投加量

臭氧是有机物降解的直接动力，其投加量直接影响催化臭氧氧化的速率及效果。有学者通过实验验证了调节所用臭氧发生器电流档位改变臭氧投加量对臭氧催化氧化降解 COD 和 TOC 的影响，过程中采用碘量法测出臭氧产生量。废水不调节 pH 值（中性），催化剂投加量为 200g/L。

由图 4-3-9 和图 4-3-10 可知，不通臭氧，单纯通空气时，催化剂对废水只有吸附作用，此时 COD 和 TOC 的去除率仅有（8.6±0.3)％和（12.1±0.4)％。增大臭氧投加量对 COD 和 TOC 的去除率的提高有限，这可能与臭氧的利用率有关，有效利用的臭氧较少，但增大臭氧投加量，有利于三相界面的传质，反应速率更快，特别是在短时间内效果显著。

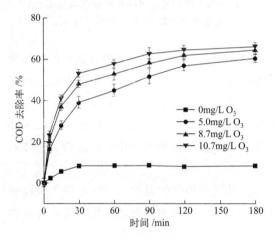

图 4-3-9　臭氧投加量对臭氧催化氧化工艺
COD 去除率的影响

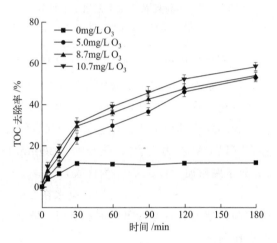

图 4-3-10　臭氧投加量对臭氧催化氧化工艺
TOC 去除率的影响

4.4　臭氧和其他技术的耦合应用

臭氧作为一种常见的氧化剂，在与其他技术联合应用时往往会有不错的效果，例如臭氧-活性炭技术、光催化-臭氧氧化耦合技术、臭氧-BAF 工艺等，下面对这三种工艺组合进行简要叙述。

4.4.1 臭氧-活性炭技术

活性炭在反应中，可能如同碱性溶液中 HO· 的作用一样，能引发臭氧基型链反应，加速臭氧分解生成 HO· 等自由基。作为催化剂，活性炭与臭氧共同作用降解微量有机污染物的反应与其他涉及臭氧生成 HO· 的反应（如提高 pH 值、投加 H_2O_2、UV 辐射）一样，属于高级氧化技术。此外，活性炭具有巨大比表面积及方便使用的特点，是一种很有实际应用潜力的催化剂。

4.4.2 光催化-臭氧氧化耦合技术

光催化臭氧氧化（O_3/UV）是光催化的一种。即在投加臭氧的同时，伴以光（一般为紫外光）照射。这一方法不是利用臭氧直接与有机物反应，而是利用臭氧在紫外光的照射下分解产生活泼的次生氧化剂来氧化有机物。臭氧能氧化水中许多有机物，但臭氧与有机物的反应是选择性的，而且不能将有机物彻底分解为 CO_2 和 H_2O，臭氧化产物常常为羧酸类有机物。要提高臭氧的氧化速率和效率，必须采用其他措施促进臭氧的分解而产生活泼的 HO·。

4.4.3 臭氧-BAF 工艺

臭氧-BAF 工艺主要适用于高浓度、难降解工业废水的深度处理，将化学氧化和生物氧化技术有机结合起来，充分利用了 BAF 与臭氧氧化各自的优势，从而达到相互补充的效果。

臭氧氧化是以 HO· 为主要氧化剂与有机物反应，生成的有机自由基可以继续参加 HO· 的链式反应，或通过生成有机过氧化物自由基后进一步发生氧化分解反应，将大分子有机物氧化成小分子的中间产物，能够进一步提高水中有机污染物的可生化性，进而提高污染物的去除效率。臭氧成本相对低廉，被认为是目前最有前景的工业水处理工艺之一。

生物滤池是一种成熟的生物膜法处理工艺，它是由滴滤池发展而来并借鉴了快滤池形式，在一个单元反应器内同时完成了生物降解和固液分离的功能。当污水流经时，利用滤料上所附生物膜中高浓度的活性微生物的作用以及滤料粒径较小的特点，充分发挥微生物的生物代谢、生物絮凝、生物膜和填料的物理吸附和截留以及反应器内沿水流方向食物链的分级捕食作用，实现污染物的高效清除。

臭氧-BAF 组合工艺由于其对高浓度、难降解工业废水较好的处理效果，近些年在全国工业污水处理领域迅速发展，极大地缓解了各企业面临的压力，在国内具有十分广阔的应用前景。臭氧-BAF 工艺流程如图 4-4-1 所示。

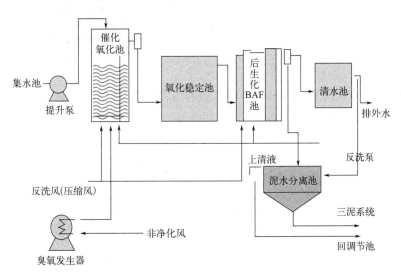

图 4-4-1　臭氧-BAF 工艺流程图

4.5 臭氧催化氧化小试试验工艺研究

4.5.1 项目背景

本项目中所处理的高难度废水来源于某农药生产企业，该企业产生的这股废水中，最主要的污染物为 BTA 类物质。

BTA 是一种化学物质，分子式是 $C_6H_5N_3$，学名苯并三氮唑，主要作为水处理剂、金属防锈剂和缓蚀剂，广泛用于循环水处理剂，防锈油、脂类产品中，也应用于铜及铜合金的气相缓蚀剂、润滑油添加剂，在电镀中用以表面钝化银、铜、锌，有防变色作用。

BTA 是极低毒的生物杀虫剂，田间害虫防治效果大于 $85\% \sim 95\%$，杀虫速率提高了 3 倍，且能杀死 50 余种害虫，解决了生物农药杀虫谱窄和杀虫速率低的难题，且检验无化学残留，农药残留检验合格率达 98%，对蔬菜、果树、水稻等作物的百余种主要害虫具有很好的防治效果，与化学农药相比防治效果提高 5%，使用成本下降 5%。

BTA 呈现白色至浅褐色针状结晶，可加工成片状、颗粒状、粉状。在空气中氧化而逐渐变红。本品味苦、无臭。在真空中蒸馏时能发生爆炸。溶于乙醇、苯、甲苯、氯仿和 N，N-二甲基甲酰胺，微溶于水，实物如图 4-5-1 所示。

图 4-5-1　纯 BTA 实物图

苯并三氮唑（BTA）主要是采用邻苯二胺与亚硝酸钠通过一步加压反应合成，但在生产过程中会生成结构复杂、色泽深、不易生物降解、生物毒性大、可生化性差的高含盐有机污染物。

目前针对 BTA 高盐废水的处理多采用机械式蒸汽再压缩 MVR 或三效蒸发结晶除盐，由于废水中有机物大量富集，出现蒸发温度逐步升高，使设备在原有的温度条件下出现蒸发效率下降直至无法正常工作。

因此，开发能够降解有机物、改善废水的蒸发状态的高盐废水优化处理工艺是非常有必要的。

本项目中的 BTA 废水属于典型的高盐废水，该厂在满负荷生产时，废水水量约 $50\text{m}^3/\text{d}$，按照厂方提供的数据显示，废水的主要成分如表 4-5-1 所示。

表 4-5-1 BTA 废水水质指标分析

名称	指标	名称	指标	名称	指标
苯并三氮唑	1.0%～1.3%	COD	65900mg/L	氨氮	5870mg/L
亚硝酸钠	0.05%	外观	棕黄色液体	总氮	12340mg/L
硝酸钠	0.005%	pH	7.84	总磷	340mg/L
氯化钠	4%～10%	电导率	168.2mS/cm	水量	50m³/d

针对该厂苯并三氮唑（BTA）废水的处理目标是达到《污水排入城镇下水道水质标准》（GB/T 31962—2015），如表 4-5-2 所示。

表 4-5-2 污水排入城镇下水道水质控制项目限值

序号	控制项目名称	单位	A 级	B 级	C 级
1	水温	℃	40	40	40
2	色度	倍	64	64	64
3	易沉固体	mL/(L·15min)	10	10	10
4	悬浮物	mg/L	400	400	250
5	溶解性总固体	mg/L	2000	2000	2000
6	动植物油	mg/L	100	100	100
7	石油类	mg/L	15	15	10
8	pH	—	6.5～9.5	6.5～9.5	6.5～9.5
9	五日生化需氧量（BOD$_5$）	mg/L	350	350	150
10	化学需氧量（COD）	mg/L	500	500	300
11	氨氮（以 N 计）	mg/L	45	45	25
12	总氮（以 N 计）	mg/L	70	70	45
13	总磷（以 P 计）	mg/L	8	8	5
14	阴离子表面活性剂（LAS）	mg/L	20	20	10
15	总氰化物	mg/L	0.5	0.5	0.5
16	总余氯（以 Cl$_2$ 计）	mg/L	8	8	8
17	硫化物	mg/L	1	1	1
18	氟化物	mg/L	20	20	20
19	氯化物	mg/L	800	800	800
20	硫酸盐	mg/L	600	600	600
21	总汞	mg/L	0.005	0.005	0.005
22	总镉	mg/L	0.05	0.05	0.05
23	总铬	mg/L	1.5	1.5	1.5
24	六价铬	mg/L	0.5	0.5	0.5
25	总砷	mg/L	0.3	0.3	0.3
26	总铅	mg/L	0.5	0.5	0.5
27	总镍	mg/L	1	1	1

序号	控制项目名称	单位	A 级	B 级	C 级
28	总铍	mg/L	0.005	0.005	0.005
29	总银	mg/L	0.5	0.5	0.5
30	总硒	mg/L	0.5	0.5	0.5
31	总铜	mg/L	2	2	2
32	总锌	mg/L	5	5	5
33	总锰	mg/L	5	5	5
34	总铁	mg/L	10	10	10
35	挥发酚	mg/L	1	1	0.5
36	苯系物	mg/L	2.5	2.5	1
37	苯胺类	mg/L	5	5	2
38	硝基苯类	mg/L	5	5	3
39	甲醛	mg/L	5	5	2
40	三氯甲烷	mg/L	1	1	0.6
41	四氯化碳	mg/L	0.5	0.5	0.06
42	三氯乙烯	mg/L	1	1	0.6
43	四氯乙烯	mg/L	0.5	0.5	0.2
44	可吸附有机卤化物(AOX,以 Cl 计)	mg/L	8	8	5
45	有机磷农药(以 P 计)	mg/L	0.5	0.5	0.5
46	五氯酚	mg/L	5	5	5

4.5.2　试验前水质测量

为了准确评估苯并三氮唑（BTA）废水的处理难度，寻找最经济合适的处理工艺，在接收相关水样后，需要首先开展水质指标的测试工作，分析测试的结果汇总如表 4-5-3 所示。

表 4-5-3　BTA 废水水质主要指标测试（3 批次废水样）

批次	电导率 /(mS/cm)	pH	COD /(mg/L)	TOC /(mg/L)	氨氮 /(mg/L)	总氮 /(mg/L)	总磷 /(mg/L)
1	123.32	7.8	9800	3180	5870	12340	340
2	87.21	6.9	12400	4960	6730	9670	49
3	24.73	7.1	39300	12280	550	1450	88

通过以上分析可以知道，所采取的水样的 COD 数值波动较大，通过和厂家沟通，得到的反馈是进水波动较大，所以在设计试验时，需要根据最不利的水样情况进行试验开展工作。

4.5.3　试验方案拟定

为了系统性评价各工艺处理 BTA 废水的实际效果，结合各常见污水处理工艺特点，首先进行分析，结果如下：

① BTA 废水的含盐量超过 10％，这种情况下使用生化工艺的可行性基本为零，所以首先摒弃了生化工艺。

② BTA 废水含盐量高、COD 高，此种不适合采用生化工艺的废水只能尝试使用高级催化氧化工艺进行处理，针对水质分析，拟安排实验室开展臭氧催化氧化试验。

4.5.4 测试方法及药品准备

（1）试验药品

试验中用到的药品及试剂如表 4-5-4 所示。

表 4-5-4　本试验所需主要原料和试剂

药品名称	药品规格	药品产地
NaOH	分析纯	天津市化学试剂三厂
H_2SO_4	分析纯	天津市化学试剂三厂
苯并三氮唑	工业品	中北精细化工有限公司
纳米 TiO_2 粉末	工业品	天津市澳大化工商贸有限公司
重铬酸钾	分析纯	天津市化学试剂三厂
邻苯二甲酸氢钾	分析纯	天津市光复科技发展有限公司
硫酸汞	分析纯	贵州省铜仁化学试剂厂
硫酸银	分析纯	天津市风船化学试剂科技有限公司
硫酸亚铁	分析纯	上海试剂一厂
硝酸钠	分析纯	上海试剂三厂
亚硝酸钠	分析纯	天津市光复科技发展有限公司
氯化钠	分析纯	天津市化学试剂三厂

（2）试验仪器

试验中主要仪器如表 4-5-5 所示。

表 4-5-5　主要试验仪器设备及型号

仪器名称	仪器型号	仪器产地
COD 消解仪	DRB200	美国 HACH
分光光度计	DR/2800	美国 HACH
紫外灯	365nm	天津市蓝水晶净化设备技术有限公司
电子天平	AL204	梅特勒-托利多仪器（上海）有限公司
TOC 分析仪	TOC-VCPN	日本岛津
真空干燥箱	DHG-9123A	上海一恒科学仪器有限公司
超声波清洗器	QT08	天津市瑞普电子仪器公司
pH 计	FE20	梅特勒-托利多
臭氧催化氧化反应器	CY-1L	天津市环境保护技术开发中心设计所
电催化氧化反应器	ECO-1L	天津市环境保护技术开发中心设计所

仪器名称	仪器型号	仪器产地
光催化氧化反应器	LCO-1L	天津市环境保护技术开发中心设计所
多相催化氧化反应器	DX-1L	天津市环境保护技术开发中心设计所
芬顿催化氧化反应器	Fenton-1L	天津市环境保护技术开发中心设计所
直流电源	AC50	中山鸿业电子
鼓风机	SB-988	松宝电子
电芬顿催化氧化反应器	EFenton-1L	天津市环境保护技术开发中心设计所

4.5.5 常用指标及分析方法

（1）化学需氧量（COD）分析测试方法

采用哈希重铬酸钾消解-分光光度法，图 4-5-2 为哈希水质测定多功能消解仪，图 4-5-3 为哈希水质测定多功能分光光度计，图 4-5-4 为哈希快速 COD 消解试剂管（20～1500mg/L 量程）。

图 4-5-2　哈希水质测定多功能消解仪　　　图 4-5-3　哈希水质测定多功能分光光度计

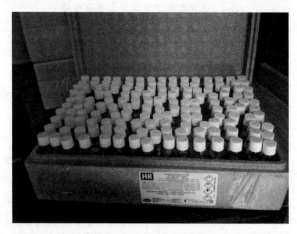

图 4-5-4　哈希水质测定 20～1500mg/L 量程 COD 消解试剂管

COD_{Cr} 去除率 DE_{COD} 如式（4-17）所示：

$$DE_{COD} = \frac{COD_0 - COD_t}{COD_0} \times 100\%$$ (4-17)

（2）总有机碳（TOC）分析测试方法

总碳（TC）含量是指单位体积水溶液中碳的含量，其中包括总有机碳（TOC）和总无机碳（TIC），在理论上总碳含量等于以上两者的加和，即 $TC = TOC + TIC$，常用的单位是 mg/L。它是评价水中有机物含量的一个重要指标。

其原理是利用 TOC 分析仪将溶液中的有机物在氧气中完全燃烧生成 CO_2 和 H_2O，然后通过红外分析装置测定有机物燃烧后产生的 CO_2 含量，从而计算出溶液中总有机碳含量，图 4-5-5 即为水质 TOC 分析仪。

由于碳是有机物的基本元素，所以此方法是一种掌握有机物绝对量的好方法。有机物质的矿化程度采用 TOC 去除率 DE_{TOC} 表示，如式（4-18）所示：

图 4-5-5　TOC 分析仪

$$DE_{TOC} = \frac{TOC_0 - TOC_t}{TOC_0} \times 100\%$$ (4-18)

4.5.6　试验条件和结果

本次试验原水采取的是第二批次的废水样，由于水量有限，因此拟计划首先用废水样验证工艺可能性，然后采取自配水样的形式来重复验证该工艺的运行稳定性分析。

臭氧催化氧化试验所采用的小试反应器为天津市环境保护技术开发中心设计所自制，型号 CY-1L，配套催化剂牌号为 HY-CYCHJ-001，填充量为 1L，填充比为 2（催化剂）：1（水量）。

配套催化剂采取高温烧结的技术，以硅铝材料为载体，填料无消耗，负载多种贵金属及过渡金属，辅以稀有金属为分散剂，经高温烧结一体化工艺生产而成，具有强度大、寿命久、效率高等特点，可以有效地提高臭氧利用率及对有机物的矿化能力，大大节约运行成本，是一种理想的臭氧催化剂。技术参数如表 4-5-6 所示。

表 4-5-6　臭氧催化剂技术参数

型号	粒径/mm	堆积密度/(t/m³)	抗压强度/(N/颗)	比表面积/(m²/g)
HY-CYCHJ-001	3～5	0.75	≥100	≥200

牌号为 HY-CYCHJ-001 配套臭氧催化剂实物照片如图 4-5-6 所示。

针对 BTA 废水的实验室臭氧催化氧化的小试试验的试验参数和条件如表 4-5-7 所示。

臭氧催化氧化小试试验阶段性出水数据汇总如表 4-5-8 所示。

图 4-5-6　牌号 HY-CYCHJ-001 臭氧催化剂

表 4-5-7　臭氧催化氧化小试试验参数

参数	处理水量 /L	停留时间 /h	臭氧浓度 /(mg/L)	气体流量 /(L/min)	取样间隔时间 /min	原水 COD /(mg/L)	原水 TOC /(mg/L)
数值	0.5	2.5	40	6	15	12400	4960

表 4-5-8　每隔 15min 臭氧催化氧化取样 COD 和 TOC 分析数据

序号	取样间隔时间/min	出水 COD/(mg/L)	出水 TOC/(mg/L)	臭氧投加量/(mg/L)
1	0	12400	4962	0
2	15	9700	4364	7200
3	30	8800	3666	14400
4	45	7900	3127	21600
5	60	7100	2711	28800
6	75	6500	2323	36000
7	90	6000	2138	43200
8	105	5700	1981	50400
9	120	5300	1630	57600
10	135	5000	1448	64800
11	150	4900	1138	72000

注：由于本水样盐含量高，所以测试 COD 时采取稀释 100 倍，保证水样中 Cl^- 含量≤1000mg/L；为保证 TOC 设备的稳定运行，所以测试 TOC 时采取稀释 200 倍，保证水样盐含量≤0.05%。

　　由图 4-5-7 和图 4-5-8 试验数据分析可以得知，当第 105min 开始，出水 COD 和 TOC 随臭氧投加量的增加，其下降的趋势开始变得平缓，从经济技术角度分析，此时若再加大投加量，其降低 COD 的效果将不再明显，因此最终确定的试验数据为：处理时间 2.5h，臭氧投加量 72000mg/L。

　　根据以上步骤确定的最终试验参数条件，针对 BTA 废水原水样开展多次间歇式臭氧催化氧化处理小试试验，处理的试验结果汇总如表 4-5-9 所示。

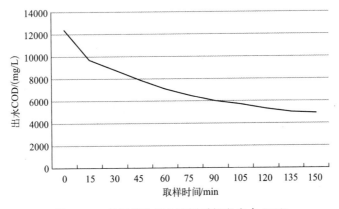

图 4-5-7　臭氧催化氧化不同时间段出水 COD

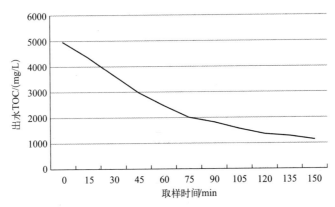

图 4-5-8　臭氧催化氧化不同时间段出水 TOC

表 4-5-9　BTA 废水间歇式臭氧催化氧化试验数据汇总

试验批次	出水电导率/(mS/cm)	出水 pH	出水 COD/(mg/L)	出水 TOC/(mg/L)
1	88.11	6.91	4800	1233
2	86.32	6.92	3900	1321
3	87.20	6.94	5600	1587
4	87.45	6.90	6700	1492
5	86.95	6.82	3300	1311
6	87.31	6.89	4500	1098
7	87.52	7.02	4200	979
8	88.23	7.32	4200	1230
9	87.91	7.01	4900	1324
10	86.93	6.82	5900	1563
11	87.98	7.32	6200	1492
12	88.23	7.12	5400	1441
13	87.65	7.03	4100	1345
14	89.32	6.91	5200	1421
15	88.21	7.01	5100	1356

续表

试验批次	出水电导率/(mS/cm)	出水 pH	出水 COD/(mg/L)	出水 TOC/(mg/L)
16	85.98	6.91	4200	1478
17	89.02	7.32	5100	1356
18	88.34	7.21	5600	1091
19	87.92	7.02	4300	1451
20	87.03	7.33	4100	962
21	88.92	7.25	4900	1092
22	89.32	6.98	5500	1459

注：由于本水样盐含量高，所以测试 COD 时采取稀释 100 倍，保证水样中 Cl⁻ 含量≤1000mg/L；为保证 TOC 设备的稳定运行，所以测试 TOC 时采取稀释 200 倍，保证水样盐含量≤0.05%。

臭氧催化氧化处理 BTA 第 2 批次废水间歇性出水 COD 数据曲线如图 4-5-9 所示，出水 TOC 数据曲线如图 4-5-10 所示，出水外观如图 4-5-11 所示。

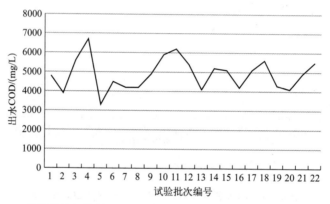

图 4-5-9　臭氧催化氧化处理 BTA 第 2 批次废水间歇性出水 COD 试验结果

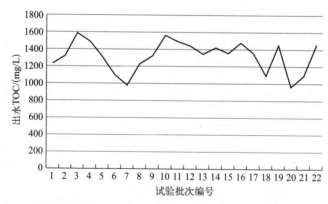

图 4-5-10　臭氧催化氧化处理 BTA 第 2 批次废水间歇性出水 TOC 试验结果

4.5.7　试验结果分析

首先臭氧催化氧化工艺对于该类废水的脱色效果较好，几近于透明色，如图 4-5-11 所示，从外观脱色角度评价，臭氧催化氧化工艺具备可行性。

图 4-5-11　臭氧催化氧化处理 BTA 出水外观图（略微带淡黄色）

以臭氧催化氧化法处理该废水，投加臭氧量折合 72000mg/L，原水 COD 为 12400mg/L，重复试验 22 批次，合计处理水样 11L，出水 COD 取平均值，为 4895mg/L，合计去除 7505mg/L，折合投加臭氧量 9.6mg/L 时去除 1mg/L COD，按照臭氧产量的电耗分析，臭氧电耗是指产生 1kg 臭氧消耗的电能，臭氧电耗＝有功功率÷臭氧产量。

目前经济电耗一般为：氧气源 7～11kW·h/kg，空气源 13～18kW·h/kg。按照本试验结果分析，臭氧耗电量 504～792kW·h（氧气源），936～1296kW·h（空气源），且未能达到 TOC＜500mg/L 的指标，因此综合考虑，评定臭氧催化氧化工艺并不适合类似 BTA 废水这种含盐量较高且初始 COD 较高的废水的预处理。

参考文献

[1]　王争，尹军，何李健.污泥臭氧催化氧化处理技术研究进展 [J].中国资源综合利用，2014，32（4）：33-36.

[2]　郭军.臭氧催化氧化-超滤-反渗透深度处理焦化废水的工程实例 [J].工业用水与废水，2015，46（4）：39-42.

[3]　谭万春，谢鹏，孙士权，等.臭氧催化氧化去除水中聚乙烯醇 [J].环境工程学报，2016，10（4）：59-61.

[4]　卫学玲，李超，孟庆波，等.Al_2O_3 负载 Cu_2O-臭氧催化氧化芴酮生产废水 [J].环境科学与管理，2010，35（11）：33-35.

[5]　张国涛，万新华，李伟，等.微量臭氧催化氧化深度处理煤气化废水 [J].环境工程学报，2013，35（11）：39-42.

[6]　夏鹏，刘建广，祁峰，等.臭氧催化氧化技术在饮用水处理中的应用 [J].水科学与工程技术，2010，35（5）：35-38.

[7]　罗东升.臭氧催化氧化法处理高浓度有机工业废水 [J].工业水处理，1987，12（1）：35-36.

[8]　金鑫，许建军，解明媛，等.五氯酚的臭氧催化氧化特性 [J].环境化学，2013，32（4）：56-58.

[9]　肖春景，吴延忠，万维光，等.石化废水深度处理用臭氧催化氧化体系的研究 [J].油气田环境保护，2011，21（6）：47-51.

[10]　邹东雷，卢查根，隋振英，等.臭氧催化氧化降解硝基苯的实验研究 [J].环境科学与技术，2010，13（1）：38-41.

[11] 金鹏康，贺栋，刘岚，等.压裂废水粘度对二氧化锰臭氧催化氧化处理特性的影响［J］.环境工程学报，2013，7（10）：62-65.

[12] 王群，叶琳嫣，宋宏艺，等.臭氧催化氧化深度处理造纸废水研究［J］.哈尔滨商业大学学报（自然科学版），2012，28（2）：44-47.

[13] 张国涛，万新华，李伟，等.微量臭氧催化氧化深度处理煤气化废水［J］.环境工程学报，2013，7（1）：263-267.

[14] 石枫华，马军.臭氧化和臭氧催化氧化工艺的除污效能［J］.中国给水排水，2004，20（3）：45-48.

[15] 韩帮军，马军，陈忠林，等.臭氧催化氧化改善水质安全性指标中试与生产性研究［J］.给水排水，2007，33（6）：66-69.

[16] 宁军，陈立伟，蔡天明.臭氧催化氧化降解苯胺的机理［J］.环境工程学报，2013，7（2）：62-67.

[17] 黎兆中，汪晓军.臭氧催化氧化深度处理印染废水的效能与成本［J］.净水技术，2014，12（6）：89-92.

[18] 陈志伟，汪晓军，许金花.臭氧催化氧化-曝气生物滤池工艺深度处理食品添加剂废水［J］.净水技术，2008，13（5）：62-67.

[19] 刘永，曹广斌，蒋树义，等.冷水性鱼类工厂化养殖中臭氧催化氧化降解氨氮［J］.中国水产科学，2005，12（6）：61-65.

[20] 韩帮军，马军，陈忠林，等.臭氧催化氧化与 BAC 联用控制氯化消毒副产物［J］.中国给水排水，2006，22（17）：50-53.

[21] 洪浩峰，潘湛昌，徐阁，等.活性炭负载催化剂臭氧催化氧化处理印染废水研究［J］.工业用水与废水，2010，41（3）：502-505.

[22] 刘璞，王丽娜，张垒，等.臭氧催化氧化深度处理焦化废水的实验研究［J］.资源节约与环保，2022，12（6）：61-65.

[23] 贾蕾.一种臭氧催化氧化结合膜曝气生物反应废水处理装置［P］.CN212864482U.2021.

[24] 韩帮军.臭氧催化氧化除污染特性及其生产应用研究［M］.哈尔滨：黑龙江大学出版社，2012.

[25] 林雪冰.臭氧催化氧化去除水中聚乙烯醇的研究［D］.长沙：长沙理工大学，2013.

[26] 朱斌，李小松，孙鹏，等.臭氧催化氧化脱除低浓度甲醛的新方法［J］.催化学报，2017，38（10）：1759-1769.

[27] 阚小康，颜家保，刘学东，等.臭氧催化氧化处理炼油生化尾水的研究［J］.应用化工，2018，47（4）：44-46.

[28] 朱秋实，陈进富，姜海洋，等.臭氧催化氧化机理及其技术研究进展［J］.化工进展，2014，38（10）：179-179.

[29] 陆洪宇，马文成，张梁，等.臭氧催化氧化工艺深度处理印染废水［J］.环境工程学报，2013，7（8）：49-52.

[30] 周秀峰，邓志毅，吴超飞，等.精细化工有机废水的臭氧催化氧化［J］.环境科学与技术，2007，30（5）：302-304.

[31] 董俊明.臭氧催化氧化处理活性蓝染料废水及催化剂的研究［J］.环境工程学报，2008，2（11）：55-57.

[32] 李亮，阮晓磊，滕厚开，等.臭氧催化氧化处理炼油废水反渗透浓水的研究［J］.工业水处理，2011，31（4）：34-36.

5 光催化氧化工艺概述

5.1 光催化氧化工艺原理

5.1.1 光催化在水处理中的氧化机理

光催化反应，是指在光的作用下进行的化学反应。光催化反应需要分子吸收特定波长的电磁辐射，受激产生分子激发态，然后会发生化学反应生成新的物质，或者变成引发热反应的中间化学产物。光催化反应的活化能来源于光子的能量，在太阳能的利用中光电转化以及光化学转化一直是十分活跃的研究领域。

光催化氧化技术利用光激发氧化催化剂，将 O_2、H_2O_2 等氧化剂与光辐射相结合。所用光主要为紫外光（下述用 UV 代替），联用工艺包括 UV-H_2O_2、UV-O_2 等，可以用于处理污水中 CCl_4、多氯联苯等难降解物质。另外，在有紫外光的芬顿体系中，紫外光与铁离子之间存在着协同效应，使 H_2O_2 分解产生羟基自由基的速率大大加快，促进有机物的氧化去除。光催化氧化的原理如图 5-1-1 所示。

根据图 5-1-1 可知，在光催化过程中，当能量高于半导体禁带宽度的光子照射半导体时，半导体的价带电子发生带间跃迁，从价带跃迁到导带，从而产生带正电荷的光致空穴和带负电荷的光生电子。光致空穴的强氧化能力和光生电子的还原能力就会导致半导体光催化剂引发一系列光催化反应。

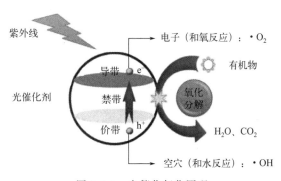

图 5-1-1 光催化氧化原理

根据光催化氧化剂使用的不同，可以分为均相光催化氧化和非均相光催化氧化。均相光催化降解是以 Fe^{2+} 及 H_2O_2 为介质，通过光-芬顿反应产生羟基自由基使污染物得到降解。紫外光线可以提高氧化反应的效果，是一种有效的催化剂。紫外/臭氧（UV/O_3）组合是通过加速臭氧分解速率，提高羟基自由基的生成速率，并促使有机物形成大量活化分子，来提高难降解有机污染物的处理效率。

非均相光催化降解是利用光照射某些具有能带结构的半导体光催化剂如 TiO_2、ZnO、CdS、WO_3、$SrTiO_3$、Fe_2O_3 等，可诱发产生羟基自由基。在水溶液中，水分子在半导体光催化剂的作用下，产生氧化能力极强的羟基自由基，可以氧化分解各种有机物。把这项技术应用于 POPs 的处理，可以取得良好的效果，但是并不是所有的半导体材料都可以用作这项技术的催化剂，比如 CdS 是一种高活性的半导体光催化剂，但是它容易发生光阳极腐蚀，在实际处理技术中不太实用。而 TiO_2 可使用的波长最高可达 387.5nm，价格便宜，多数条件下不溶解，耐光，无毒性，因此 TiO_2 得到了广泛的应用。

5.1.2 负载型非均相光催化剂的催化过程

目前常用的负载型非均相光催化剂为纳米 TiO_2 材料，通过 TiO_2 负载型非均相光催化剂激发的半导体光催化氧化的羟基自由基反应机理，已经得到大多数学者的认同。即当 TiO_2 等半导体粒子与水接触时，半导体表面产生高密度的羟基，由于羟基的氧化电位在半导体的价带位置以上，而且又是表面高密度的物种，因此光照射半导体表面产生的空穴首先被表面羟基捕获，产生强氧化性的羟基自由基，这个过程如式(5-1)～式(5-3) 所示。

$$TiO_2 + h\nu \longrightarrow e^- + TiO_2(h^+) \tag{5-1}$$

$$TiO_2(h^+) + H_2O \longrightarrow TiO_2 + H^+ + \cdot OH \tag{5-2}$$

$$TiO_2(h^+) + OH^- \longrightarrow TiO_2 + \cdot OH \tag{5-3}$$

当有氧分子存在时，吸附在负载型非均相光催化剂表面的氧捕获光生电子，也可以产生羟基自由基，这个过程如式(5-4)～式(5-6) 所示。

$$O_2 + nTiO_2(e^-) \longrightarrow nTiO_2 + \cdot O_2^- \tag{5-4}$$

$$O_2 + TiO_2(e^-) + 2H_2O \longrightarrow TiO_2 + H_2O_2 + 2OH^- \tag{5-5}$$

$$H_2O_2 + TiO_2(e^-) \longrightarrow TiO_2 + OH^- + \cdot OH \tag{5-6}$$

光生电子具有很强的还原能力，还可以还原金属离子，如式(5-7) 所示。

$$M^{n+} + nTiO_2(e^-) \longrightarrow M + nTiO_2 \tag{5-7}$$

5.1.3 负载型非均相光催化的工艺流程

负载型非均相光催化氧化技术是在光化学氧化技术的基础上发展起来的。光化学氧化技术是在可见光或紫外光作用下使有机污染物氧化降解的反应过程。但由于反应条件所限，光化学氧化降解往往不够彻底，易产生多种芳香族有机中间体，成为光化学氧化需要克服的问题，而通过和光催化氧化剂的结合，可以大大提高光化学氧的效率。废水经过过滤器去除悬浮物后进入光氧化池。

废水在反应池内的停留时间随水质而异，一般为 0.5～2.0h，光催化工艺流程如图 5-1-2 所示。

5.1.4 负载型非均相光催化和其他技术的耦合应用

单纯利用负载型非均相光催化氧化技术来处理高难度工业废水，存在处理效率低、设备投资大、运行管理费用高的缺点，为了加速高难度工业废水中有机物的光解速率和提高氧化剂量子的产率，常加入氧化剂或者和其他工艺联用，下面将针对最常用的耦合工艺形式，例如 $UV-O_3$ 工艺、$UV-H_2O_2$ 工艺以及 $UV-O_3-H_2O_2$ 工艺进行分析。

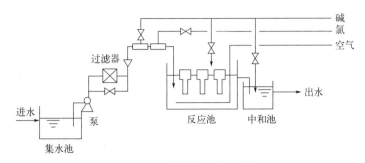

图 5-1-2 光催化工艺流程图

(1) 光-臭氧耦合工艺

光-臭氧工艺是将臭氧和紫外光辐射相结合的一种高级氧化过程，它的降解效果比单独使用光催化或臭氧催化氧化都要高，不仅能对有毒难降解的有机物、细菌、病毒进行有效的氧化和降解，而且还可以用于造纸工业漂白废水的脱色。

光-臭氧工艺的强大效果得益于紫外光的照射会加速臭氧的分解，从而提高羟基自由基的产率，而羟基自由基是比臭氧更强的氧化剂，因此使水处理效率明显提高，并且能氧化一些臭氧不能直接氧化的有机物。

同时，已有的研究表明，光-臭氧工艺对饮用水中的三氯甲烷、四氯化碳、芳香族化合物、氯苯类化合物、五氯苯酚等有机污染物也有良好的去除效果，当紫外光与臭氧协同作用时，存在额外的高能量输入，当紫外光波长为 $180 \sim 400 \mathrm{nm}$ 时，能提供 $300 \sim 648 \mathrm{kJ/mol}$ 的能量，这些能量足够使臭氧产生更多的羟基自由基，同时能从反应物和一系列中间产物中产生活化态物质和自由基。

光-臭氧催化氧化过程涉及臭氧的直接氧化和羟基自由基的氧化作用，臭氧在紫外光照射条件下分解产生羟基自由基的机理如式(5-8)~式(5-10) 所示。

$$O_3 + UV(\text{或 } h\nu, \lambda < 310 \mathrm{nm}) \longrightarrow O_2 + O(^1D) \tag{5-8}$$

$$O(^1D) + H_2O \longrightarrow \cdot OH + \cdot OH(\text{湿空气中}) \tag{5-9}$$

$$O(^1D) + H_2O \longrightarrow \cdot OH + \cdot OH \longrightarrow H_2O_2(\text{水中}) \tag{5-10}$$

尽管现在还不能完全确定光-臭氧催化氧化过程的反应机理，但大多数学者认为 H_2O_2 实际是光-臭氧催化氧化的首要产物，过程产生的羟基自由基与水中的有机物发生反应，逐渐将有机物降解。按照这一理论计算，1mol 的臭氧在紫外光照射下可产生 2mol 的羟基自由基。

臭氧在水中的低溶解度及其相应的传质限制是光-臭氧催化氧化技术发展的主要问题，现有研究大多采用搅拌式的光-臭氧催化氧化反应器来提高传质速率，效果往往不太理想，另外影响光-臭氧催化氧化反应效果的因素还有以下 4 点：

① 光照　臭氧对波长为 253.7nm 的光的吸收系数最大，随着光强的提高，能极大提高反应速率并减少反应时间。

② pH　在 pH>6.0 时，臭氧主要以间接反应为主，即以产生的羟基自由基作为主要氧化剂，能具有更快的反应速率。

③ 无机物　碳酸盐是羟基自由基的捕获剂，大量存在会严重阻碍氧化反应的进行。

④ 臭氧投加量　对于不同水质的废水，选择适当的 O_3 投加量，既可避免 O_3 受紫外光

辐射分解而降低 O_3 利用率，还可以取得较好的处理效果，降低成本。

（2）光-芬顿耦合工艺

光-芬顿催化氧化法是一种均相光化学催化氧化法，组成芬顿试剂的是亚铁离子与过氧化氢，其中过氧化氢是强氧化剂。芬顿试剂法是一种高级化学氧化法，常用于废水深度处理，其主要原理是利用亚铁离子作为 H_2O_2 的催化剂，以产生·OH，而后者可以氧化大部分有机物。

为使·OH 生成速率最大，芬顿催化氧化过程一般在 pH3.5 以下进行。而光-芬顿催化氧化法就是利用芬顿试剂的强氧化性，并辅以紫外光或可见光照射，即光-芬顿催化氧化法，能极大提高传统芬顿氧化过程的效率，也被称为光助芬顿法（photochemically enhanced Fenton，PEF）。

水处理化学品影响光-芬顿催化氧化反应的因素主要有亚铁离子浓度、H_2O_2 浓度、pH、温度、反应时间和有机物浓度等。

（3）光-臭氧-芬顿耦合工艺

在光-臭氧催化氧化系统中引入 H_2O_2 对羟基自由基的产生有协同作用，能够高速产生羟基自由基，从而表现出对有机污染物更高的反应效率，该系统对有机物的降解利用了氧化和光解作用，包括 O_3 的直接氧化、O_3 和 H_2O_2 分解产生的羟基自由基的氧化以及 O_3 和 H_2O_2 光解和离解作用。与单纯的光-臭氧催化氧化相比较，加入 H_2O_2 对羟基自由基的产生有协同作用，从而表现出对有机物的高效去除。

在光-臭氧-芬顿反应过程中，羟基自由基的产生机理可以归纳为如式(5-11)～式(5-15)所示：

$$H_2O_2 + H_2O \longrightarrow H_3O^+ + HO_2^- \tag{5-11}$$

$$O_2 + H_2O_2 \longrightarrow \cdot O + \cdot OH + HO_2^- \tag{5-12}$$

$$O_3 + HO_2^- \longrightarrow \cdot O_2 + \cdot OH + O_2 \cdot \tag{5-13}$$

$$O_3 + O_2 \cdot \longrightarrow O_3 \cdot + O_2 \tag{5-14}$$

$$O_3 \cdot + H_2O \longrightarrow \cdot OH + OH^- + O_2 \tag{5-15}$$

光-臭氧-芬顿催化氧化工艺在处理多种工业废水或者受污染的地下水方面已经有诸多的报道，可用于多种农药（如 PCP、DDT 等）和其他化合物的处理，在成分复杂的难降解废水中，光-臭氧催化氧化或光-芬顿催化氧化可能会受到抑制，在这种情况下，光-臭氧-芬顿催化氧化工艺就成了不错的选择，显示出其优越性，因为它能够通过多种反应机理产生羟基自由基，从而受水中色度和浊度的影响较低，适用于更广泛的 pH 范围。

5.2　负载型非均相光催化剂的制备

根据文献资料可以得知，许多半导体材料都可用于光电催化剂，如 TiO_2、WO_3、ZnO、CdS 等。下面将介绍这些光电催化剂的特征以及它们的合成、表征方法和性能。

5.2.1　TiO_2 型非均相光催化剂

在光催化工艺中，目前制备纳米 TiO_2 的方法有很多，主要可分为物理制备法和化学合成法两大类。

物理制备法是指借助于物理加工方法得到纳米尺度结构的二氧化钛的方法。物理方法中常用的技术有离子溅射法、射频磁控溅射法、机械研磨法等。但物理制备法有其局限性，在制备过程中很容易引入杂质，很难制得 $1\mu m$ 以下的超微粒子。

化学合成法是由离子、原子形成核，然后再生长，分两步过程制备超微粒子的方法，这种方法可以很容易地制得粒径为 $1\mu m$ 以下的超微粒子。化学合成法可归纳为气相法和液相法两大类。气相法包括气相氧化法、气相水解法、化学气相沉积法以及蒸发-凝聚法等，气相法制备的 TiO_2 纳米粉体具有纯度高、粒径小、单分散性好等优点，但其制备设备复杂、能耗大、成本高。下面主要针对气相法和液相法的几种工艺进行阐述。

5.2.1.1 气相法

（1）气相氧化法

气相氧化法是通过将 $TiCl_4$ 在高温下氧化来制备 TiO_2 的。反应温度、停留时间以及冷却速度等都将影响气相氧化法得到的 TiO_2 的粒子形态。根据文献记载，利用 N_2 携带 $TiCl_4$ 气体，经预热到 $435℃$ 后，经套管喷嘴的内管进入高温管式反应器，O_2 经预热后经套管喷嘴的外管也进入高温管式反应器，$TiCl_4$ 和 O_2 在 $900\sim1400℃$ 下反应。

其中氧气预热温度、反应器尾部氮气流量、反应温度、停留时间和掺铝量对 TiO_2 颗粒大小、形貌和晶型都有一定的影响，结果表明提高氧气预热温度和加大反应器尾部氮气流量对控制产物粒径有利，纳米 TiO_2 颗粒的粒径随反应温度的升高和停留时间的延长而增大，当反应温度为 $1373K$、$AlCl_3$ 与 $TiCl_4$ 物质的量比为 0.25、停留时间为 $1.739s$ 时，纯金红石型纳米 TiO_2 颗粒的粒径分布为 $30\sim50nm$。

（2）气相水解法

气相水解法又叫气溶胶法。既可以使用 $TiCl_4$ 为原料，也可以使用 $Ti(OR)_4$ 为原料。Degussa P-25 TiO_2 就是用气相氧化法制备的，其约含锐钛矿型（anatase）70%、金红石型（rutile）30%，平均粒径在 $30nm$ 左右，比表面积为 $50m^2/g$。

气相水解法不直接采用水蒸气水解，而是靠氢氧焰燃烧产生的水蒸气水解，反应温度高达 $1800℃$ 左右。反应过程中可以通过调节温度、料比、流量、反应时间等参数控制 TiO_2 的粒径大小和晶型。

（3）化学气相沉积法

采用氮气或氩气为载气，将一定浓度的 $Ti(OR)_4$ 带入流动反应室，反应室一般采用管式结构。经过相当时间后，在反应室的表面沉积了一定量的 $Ti(OR)_4$，此时通入载有水蒸气的氮气，使反应室表面的 $Ti(OR)_4$ 水解，便可得到 TiO_2 纳米粒子。

利用化学气相沉积法水解 $Ti(O—C_3H_7)_4$ 得到了具有超大比表面积的介孔 TiO_2，其比表面积可以达到 $1200m^2/g$。

（4）蒸发-凝聚法

利用高频等离子技术对工业 TiO_2 粗品进行加热，使其气化蒸发，再急速冷却可得到纳米级的 TiO_2。

5.2.1.2 液相法

液相法制备纳米 TiO_2 主要有液相沉淀法、溶胶-凝胶法、醇盐水解沉淀法、微乳液法以及水热法等。可采用 $TiCl_4$、钛的醇盐、$Ti(SO_4)_2$ 或 $TiOSO_4$ 等为原料。研究中有时还采用超声技术、紫外光照射、微波技术等手段辅助制备。

液相法具有合成温度低、设备简单、易操作、成本低等优点，是目前实验室和工业上广泛采用的制备纳米粉体的方法。

（1）液相沉淀法

液相沉淀法合成纳米 TiO_2 粉体，一般以 $TiCl_4$ 或 $Ti(SO_4)_2$ 等无机钛盐为原料，原料便宜易得，是最经济的制备方法。通常采用的工艺路线是将氨水、$(NH_4)_2CO_3$ 或 $NaOH$ 等碱类物质加入钛盐溶液中，形成无定形的 $Ti(OH)_4$；将生成的沉淀过滤、洗涤、干燥后，控制温度不同，经燃烧得到锐钛矿型或金红石型纳米 TiO_2 粉体。

（2）溶胶-凝胶法

纳米 TiO_2 粉体的合成一般以钛醇盐 $Ti(OR)_4$（R＝—C_2H_5，—C_3H_7，—C_4H_9）为原料，其主要步骤是：钛醇盐溶于溶剂中形成均相溶液，以保证钛醇盐的水解反应在分子均匀的水平上进行，由于钛醇盐在水中的溶解度不大，一般选用小分子醇（乙醇、丙醇、丁醇等）作为溶剂。钛醇盐与水发生水解反应，同时发生失水和失醇缩聚反应，生成物聚集形成溶胶；经陈化，溶胶形成三维网络而形成凝胶；干燥凝胶以除去残余水分、有机基团和有机溶剂，得到干凝胶；干凝胶研磨后煅烧，除去化学吸附的羧基和烷基，以及物理吸附的有机溶剂和水，得到纳米 TiO_2 粉体。通常还需要向溶液中加入盐酸、氨水、硝酸等抑制 TiO_2 溶胶发生团聚而产生沉淀。

采用溶胶-凝胶工艺合成 TiO_2 纳米粉体，具有反应温度低（通常在常温下进行）、设备简单、工艺可控可调、过程重复性好等特点，与沉淀法相比，不需过滤洗涤，不产生大量废液。同时，因凝胶的生成，凝胶中颗粒间结构的固定化，还可有效抑制颗粒的生长和团聚过程，因而粉体粒度细且单分散性好。

（3）醇盐水解沉淀法

醇盐水解沉淀法与上述的溶胶-凝胶法一样，也是利用钛醇盐的水解和缩聚反应，但设计的工艺过程不同，此法是通过醇盐水解、均相成核与生长等过程在液相中生成沉淀产物，再经过液固分离、干燥和煅烧等工序，制备 TiO_2 粉体。

醇盐水解沉淀法的反应对象主要是水，不会引入杂质，所以能制备纯度高的 TiO_2 粉体；水解反应一般在常温下进行，设备简单、能耗低。然而，因为需要大量的有机溶剂来控制水解速率，致使成本较高，若能实现有机溶剂的回收和循环使用，则可有效地降低成本。

（4）微乳液法

微乳液法是近十几年来制备纳米粒子的新方法，其操作简单、微粒可控。微乳液体系一般是由有机溶剂、水溶液、表面活性剂、助表面活性剂四个组分组成的透明或半透明的、各向同性的热力学稳定体系。

根据体系中油水比例及其微观结构，将微乳液分为正相微乳液（O/W）、反相微乳液（W/O）及中间态的双连续相微乳液，而 W/O 型微乳液对制备纳米粒子显示了广阔的应用前景。

在 W/O 型微乳液体系中，水核被表面活性剂和助表面活性剂所组成的单分子层界面所包围，这种特殊的微环境可看作一个"微反应器"，其大小可控制在几纳米到几十纳米之间，是理想的反应介质。

研究表明，以非离子表面活性剂 Triton X100、环己烷、正己醇、$TiCl_4$、氨水为原料，采用微乳液法制备 TiO_2 超细粒子，在 650℃ 煅烧得到平均粒径为 25nm 的锐钛矿型 TiO_2 粉体。

将钛醇盐的水解反应移至琥珀酸二异辛酯磺酸钠（AOT）/环己烷介质中，以正钛酸四异丙酯为原料，制备 TiO_2 超细粒子，并研究不同的助表面活性剂异丙醇、正丁醇、正戊醇、正己醇等对 TiO_2 粒子大小的影响，发现以正己醇作助表面活性剂时，得到的 TiO_2 具有最佳的分散性能。

（5）水热法

水热法是在特制的密闭反应容器（高压釜）里，采用水溶液作为反应介质，通过对反应容器加热，创造一个高温、高压反应环境，使得通常难溶或不溶的物质溶解并且重结晶。水热法制备粉体常采用固体粉末或新配制的凝胶作为前驱体。利用水热法可以在温度远低于燃烧温度（400～1000℃）的条件下得到结晶良好的 TiO_2。

水热法制备纳米 TiO_2 粉体，第一步是制备钛的氢氧化物凝胶或沉淀，反应体系有四氯化钛＋氨水和钛醇盐＋水。第二步是将凝胶转入高压釜内，升温（通常的温度为 120～250℃），形成高温、高压的环境，使钛的氢氧化物或者无定形 TiO_2 在 120～250℃ 的温度下，完成向锐钛矿型（少数情况下为金红石型）TiO_2 的转晶过程。

水热法能直接制得结晶良好的粉体，不需做高温灼烧处理，避免了在此过程中可能形成的粉体硬团聚，而且通过改变工艺条件，可实现对粉体粒径、晶型等特性的控制。同时，因经过重结晶，所以制得的粉体纯度高。然而，水热法毕竟是高温、高压下的反应，对设备要求高，操作复杂，能耗较大，因而成本偏高。

5.2.2　WO_3 型非均相光催化剂

三氧化钨（WO_3）具有半导体特性，是一种很有潜力的敏感材料，对多种气体有敏感性。纳米三氧化钨则因具有较大的比表面积，表面效应显著，其对电磁波有很强的吸收能力，可做优良的太阳能吸收材料和隐形材料，并有着特殊的催化性能。作为催化剂三氧化钨在化工和石油化工中有着广泛的应用，其粒径大多在微米和亚微米级。WO_3 粉体的制备方法有固相法、液相法、气相法等。

（1）固相法

固相法是一种传统的粉化工艺，基础的固相法是金属盐或金属氧化物按一定比例充分混合、研磨后进行煅烧，通过发生固相反应直接制得超微粉，或者是再次粉碎得到超微粉。

研究表明，将一定量的钨酸铵放在马弗炉中，600℃ 下煅烧 3h，可得到平均粒径为 72nm 的三氧化钨粉体，通过 XRD 分析 WO_3 粉体存在两种晶相：单斜晶相（JCPDS71-2141）和三斜晶相（JCPDS83-0949），从谱线强度看两种晶相比较接近，都是以 ReO_3 为基础稍微扭曲后形成的。

以仲钨酸铵为原料，高温煅烧，并将得到的三氧化钨粉体烧结成气敏元件，研究其在不同温度下的气敏特性，得出最佳工作温度为 300℃。

固相分解法制备超微粉虽工艺简单，但分解过程中易产生某些有毒气体，造成环境污染。同时生成的粉末易团聚，须再次粉碎，使成本增加。

（2）液相法

液相法是合成单分散陶瓷超微粉的最好方法，可精确控制产物组分和粒子的大小。特别是近几年发展的溶胶-凝胶法、微乳液法等制备纳米粒子的新方法,有着固相法不可比拟的优势。液相法主要有沉淀法、溶胶-凝胶法、微乳液法、水热法、水解法。

① 沉淀法　沉淀法有化学沉淀法和共沉淀法。化学沉淀法是在金属盐溶液中加入适当的沉淀剂来得到陶瓷前驱体沉淀物。再将此沉淀物脱水、煅烧形成纳米陶瓷粉体。

以钨酸铵 $(NH_4)_{10}W_{12}O_{41} \cdot xH_2O$ 为原料,制得钨酸 H_2WO_4,再经脱水、煅烧制得 WO_3 陶瓷粉体。在不同温度下(300~600℃)处理,得到的粒径范围为 16~57nm,该方法制得的纳米粒径比单纯的仲钨酸铵直接分解制得的粉体粒径更均匀。

共沉淀法是制备含有两种以上金属元素的复合氧化物超微粉的重要方法。溶胶共沉淀法以 WCl_6 和 $TiCl_4$(4%)混合物为原料,加入氨水和表面活性剂,使之形成 $W(OH)_6$ 和 $Ti(OH)_4$ 的混合物,然后离心分离、煅烧,得到 3~9nm 的三氧化钨粉体。并且发现材料的颗粒度越小,粒度越均匀,颗粒团聚越小,则相应的气体灵敏度就越高,响应及恢复时间短。

② 溶胶-凝胶法　溶胶-凝胶法是近些年来发展的制备陶瓷材料的方法,其通过控制成胶温度、产物组分及产物粒径,得到粒度小、分布窄、纯度高的粉体。采用溶胶-凝胶法制备主要物质为 $WO_3 + SiO_2$(质量分数分别为 0、5%、10%、20%)的粉体材料,通过 XRD 分析表明,通过此法可制得单斜晶系结构的 WO_3 多晶材料,并发现晶粒尺寸随 SiO_2 含量的增加而减小,掺 5%(质量分数)SiO_2 粉体对 NH_3 测量有很好的敏感特性,在 350℃ 以上优于纯 WO_3 粉体材料。

③ 微乳液法　以最佳质量比 6:4 的聚乙烯醇和 N,N-二乙醇十二酰胺作为混合型乳化剂,溶于二甲苯/水体系中,可以制备出球形纳米 WO_3 粉体,在 400℃、600℃、800℃ 不同温度分别对所制得的前驱体处理 8h 得到 15nm、25nm、85nm 分散性好的规则球形 WO_3 粉体,通过相关研究表明,随着处理温度的升高粒径明显长大,在 400℃ 处理时所得粒子粒径最小。

(3)气相法

纳米三氧化钨气相合成早有报道,用激光使纯金属钨在氧气气氛中进行气化和反应生成纳米 WO_3。

通过研究表明,采用脉冲准分子激光大面积扫描沉积技术,在透明导电衬底钢锡氧化物及 $Si(111)$ 单晶衬底上沉积了非晶 WO_3 薄膜,在不同条件下沉积及不同温度退火处理样品。

结果表明,氧气气氛和衬底温度是决定薄膜结构和成分的主要参数。当采用 SnO_2/In_2O_3 基片,氧压 20Pa,经 300℃ 热处理的薄膜呈晶态,晶粒尺寸为 20~30nm;经 400℃ 处理,呈多晶态,晶粒分布呈开放型多孔结构,晶粒尺寸为 30~50nm,这一典型结构有利于离子的注入和抽出。

5.2.3　CdS型非均相光催化剂

硫化镉本身是本征半导体,属ⅡB和ⅥA族化合物,是一种重要的半导体材料。作为一种过渡金属硫化物,由于其禁带范围较宽,具有直接跃迁型能带结构及发光色彩比较丰富等特点,在太阳能转化、非线性光学、光电子化学电池和光催化方面具有广泛的应用。CdS粉体的制备方法有固相法、液相法、沉淀法、前驱体法等。

（1）固相法

① 机械粉碎法　由固体物质直接制备纳米粉体材料的方法通常称为机械粉碎法，即通过机械力将硫化镉粉末进一步细化。但机械粉碎法难以得到粒径小于100nm的纳米粒子，粉碎过程还易混入杂质，且粒子形态难以控制，很难达到工业生产的要求。

② 固相化学反应法　近年来室温固相合成法成为一种合成纳米材料的新方法。该法是将固体反应物研磨后直接混合，在机械作用下发生化学反应，进而制得纳米颗粒，具有工艺简单、产率高、反应条件易控制、颗粒粒子稳定性好等优点。

相关研究表明，以巯基乙酸和氯化镉为原料，先采用固相法制备得到巯基乙酸镉，再以巯基乙酸镉和 Na_2S 为原料，通过研磨得到黄色固体。将黄色固体转移到水中，通过搅拌、抽滤除去过量的巯基乙酸镉。最后在滤液中加入丙酮，得到黄色沉淀，过滤，反复洗涤，得到粒径为3～5nm、水相分散的CdS粉体。

（2）液相法

① 微乳液法或反胶束法　相关研究表明，采用超临界系统，通过混合含有硫离子的水/二氧化碳和包含镉离子的水核体系，加入表面活性剂AOT（二磺基琥珀酸钠），即可制得粒径为5～10nm的硫化镉粉体。

采用AOT、异辛烷、水组成反胶束体系，把两个分别含有硝酸镉、硫化钠的反胶束体系溶液混合并剧烈搅拌后，加入巯基三氧化二铝，再搅拌、离心分离，制备得到纳米 Al_2O_3-CdS复合材料，经表征该复合材料中纳米硫化镉粒径为4.2nm。

② 水热法　水热合成可以制备出细小的CdS微晶，并且水热晶化过程能有效地防止纳米硫化物氧化。但通常的加热方式使反应溶液中存在严重的温度不均匀，使液体中不同区域产物"成核"时间不同，从而易使先期成核的微晶聚集长大，难以保证反应产物粒径的集中分布。

相关研究表明，以硬脂酸镉为镉源，添加硫、四氢化萘、硫醇、甲苯配成溶液，通过水热合成，再加入异丙醇离心分离，即可得到粒径在4nm左右的硫化镉纳米晶。以硫化钠和硝酸镉为原料通过水热处理，同样可以制备粒径为20～30nm的硫化镉。

（3）沉淀法

目前，借助于γ射线辐射、超声、微波辐射等手段制备纳米硫化镉取得了一定的进展。相关研究表明，混合二硫化碳、异丙醇和氯化镉的无水乙醇溶液，再采用钴60 γ射线照射该混合溶液，收集沉淀并用无水乙醇和去离子水交替洗涤，最后真空干燥即可制得粒径为2.3nm的产品。

以氯化镉和硫代硫酸钠为原料，加入异丙醇和去离子水配成溶液，将反应溶液超声处理，采用氩气消除瓶中的氧气，并用水冷却反应容器，反应结束后收集沉淀，并用去离子水和乙醇交替洗涤，最后真空干燥即可得到粒径为3nm的硫化镉粒子。

（4）前驱体法

相关研究表明，以氯化镉与二硫代氨基甲酸钠盐为原料，先制备二硫代氨基甲酸镉，再用二硫代氨基甲酸镉与二甲基镉在甲苯中室温下反应2h，制备得到 $[CH_3CdS_2CN(C_2H_6)_2]_2$，然后把 $[CH_3CdS_2CN(C_2H_6)_2]_2$ 加入热的氧化三辛基膦（TOPO）溶液中，在氮气气氛下，采用标准的无水无氧操作技术（Schlenk技术）制备，最终即可得到分布较窄的、粒径为5nm的硫化镉粉体。

5.2.4　ZnO 型非均相光催化剂

ZnO 体相材料的禁带宽度为 3.2eV，对应于波长 387nm 的紫外光，是极少数几个可以实现量子尺寸效应的氧化物半导体材料。因此纳米 ZnO 具有光催化性能，可以以太阳光为光源降解有机污染物。

ZnO 光电催化剂的制备方法有沉淀法、溶胶-凝胶法、水热法、低温固相反应、流变相反应等。

（1）沉淀法

沉淀法有直接沉淀法和均匀沉淀法两大类。直接沉淀法是在包含一种或多种离子的可溶性盐溶液中加入沉淀剂后，在一定的条件下生成沉淀从溶液中析出，再将阴离子除去，沉淀经热分解得到纳米 ZnO。

常见的沉淀剂有氨水（$NH_3 \cdot H_2O$）、碳酸铵 $[(NH_4)_2CO_3]$、草酸铵 $[(NH_4)_2C_2O_4]$、碳酸氢铵（NH_4HCO_3）、碳酸钠（Na_2CO_3）等。选用不同的沉淀剂，反应机理不同，得到的先驱物不同，故热分解的温度也不同。

该法操作简便易行，对设备、技术要求不高，成本较低。但粒子粒径分布较宽，分散性较差，洗除原溶液中的阴离子较困难。

目前的研究主要集中于沉淀条件及干燥方式的改进等几个方面。采取的措施：一是加入表面活性剂，减少团聚现象；二是洗涤剂由水洗改为碱液洗。另外，在分解的热源上引用微波等现代技术，可缩短加热时间，提高产品质量。

均匀沉淀法是利用某一化学反应使溶液中的构晶离子由溶液中缓慢、均匀地释放出来。所加入的沉淀剂不直接与被沉淀组分发生反应，而是通过化学反应使沉淀剂在整个溶液中均匀、缓慢地析出。

目前，常用的均匀沉淀剂有尿素 $[CO(NH_2)_2]$ 和六亚甲基四胺（$C_6H_{12}N_{14}$）。使用该法得到的纳米粒子粒径分布较窄，分散性也好，工业化放大被看好，但同样也存在原溶液中的阴离子洗涤较困难的问题。研究表明利用均匀沉淀法可以制备出粒径小于 80nm 的 ZnO，现已实现工业化生产。

（2）溶胶-凝胶法

溶胶-凝胶法的优点是产物的纯度高、分散性好、粒径分布均匀、化学活性好，且反应在低温下进行，工艺操作简单，反应过程易控制，不需要贵重的设备，有工业化生产的潜力。除原料成本高，在高温下做热处理时有团聚是它唯一的缺点。

（3）水热法

上海硅酸盐研究所对水热法制备纳米 ZnO 进行了研究，提出了先驱物分置水热法制备方式，其实质是：将可溶性锌盐和碱溶液混合形成 $Zn(OH)_2$ 的沉淀反应与 $Zn(OH)_2$ 脱水生成 ZnO 的脱水反应融合在同一反应器内完成，从而得到结晶完好的 ZnO 晶粒。

水热法反应机理和化学沉淀法基本相同，只是生产工艺不同而已。此法能直接制得结晶完好、原始粒度小、分布均匀、团聚少的纳米 ZnO，制备工艺相对简单，无须煅烧处理。因此潜力极大，前景广阔。

但是高温高压下的合成设备较贵，投资较大。

（4）低温固相反应

低温固相反应有四个阶段，即扩散—反应—成核—生长，每步都有可能是反应速率的决定步骤。也就是说，在固相反应过程中，反应物的形貌取决于反应过程中产物成核与生长的速率，当成核的速率大于生长的速率时，得到的产物为纳米微粒，反之则得到块状材料。

研究表明，以价廉的 $ZnSO_4 \cdot 7H_2O$ 和碳酸钠为原料，在常温常压下无溶剂合成了纳米 ZnO。该法的突出优点是：操作简单、转化率高、污染少、粒径分布窄并可调控。克服了传统湿法存在粒子团聚现象的缺点，是一种价廉而又简易的全新方法。

（5）流变相反应

流变学（rheology）是 1922 年美国化学家 G. Bingham 提出的名称，直到最近才得到迅速发展。我国孙聚堂及其研究小组把流变学与化学反应紧密结合起来，首先提出了"流变相反应"的概念，使流变学技术在合成化学方面的应用引起了人们的关注。

所谓流变相反应是指在反应体系中有流变相参与的化学反应。一般是将反应物通过适当方法混合均匀，加入适量的水或其他溶剂调成固体粒子和液体物质分布均匀的流变体，然后在适当条件下反应得到所需的产物。

这是一种"节能、高效、减污"的绿色合成路线。研究表明用流变相反应可以制备纳米 ZnO，该法以 ZnO 为起始原料，只需与尿素和水反应，不引入杂质离子，无须洗涤，产物纯度高。反应器为聚四氟乙烯内胆的不锈钢反应釜，结构简单、成本低，反应温度在 120℃ 左右，工艺操作更为简便，是制备纳米 ZnO 的一个经济、洁净、高效可行的方法。

5.3　光催化氧化工艺影响因素

5.3.1　催化剂类型以及用量

半导体催化剂的光催化活性主要由自身的能带结构决定，催化剂的禁带宽度决定了吸收光的波长范围，而光催化剂的 CB 和 VB 位置决定了光生电子-空穴对向吸附物转移的能力，并最终决定光催化效率。从理论上讲，催化剂对光的吸收能力越强，产生的载流子数目越多，越有利于提高光催化活性。

光催化剂 VB 顶越正，光生空穴氧化能力越强，CB 底越负，光生电子的还原能力越强。因此，催化剂的选择不仅仅要求具有合理的禁带宽度，而且要有合适的 VB 和 CB 的氧化还原电位。

通常，催化剂的用量对于催化反应速率有着直接影响，当催化剂用量过多，容易引起光反射而影响透光率，减慢光催化反应速率；当催化剂用量过少，光子不能充分被利用，同样会使光催化反应速率减慢。因此，选择适当的光催化剂用量能更合理地评价光催化反应体系。

5.3.2　催化剂晶相、晶面和晶格缺陷

电子在半导体光催化剂晶格中的迁移与晶型关系密切，这主要是由于不同的晶型结构具有不同的能带结构、晶格结构和物化性质。

TiO_2 主要有锐钛矿、金红石和板钛矿三种晶型，通常锐钛矿相的光催化活性最高，主要是由于锐钛矿的电子扩散系数较高，产生的电子-空穴对具有更正（更负）的电位，对 H_2O、O_2 和 ·OH 的吸附能力较强，颗粒尺寸较小等原因。

相关研究表明，金红石型 TiO_2 对 O_2 吸附能力较弱，电子-空穴对复合概率增加而导致光催化活性低于锐钛矿 TiO_2。

对于锐钛矿型 TiO_2，晶面稳定性顺序为 （101）＞（100）＞（001）＞（110），最稳定的 （101）面平均表面能为 $0.44J/m^2$，而催化活性通常与晶面稳定性具有反比例关系，研究已经证实（101）面虽然稳定但光催化活性并不高。因此，如何制备高比率暴露晶面晶体得到越来越多研究者注意，它是提高光催化效率中一个非常有效的策略。

相关研究表明，2008 年科研人员成功地制备了比例高达 47％的 （001）面锐钛矿相 TiO_2 单晶，并预测这种单晶体在太阳能电池、光电器件和光催化等领域中具有巨大的应用前景。

随后，研究人员还通过选取不同的原料以及制备方法成功制备出 （001）暴露晶面 TiO_2，相关研究表明，用钛粉、过氧化氢和氢氟酸为原料可以制备出具有高能面 （001） 和 （110） 共同暴露的锐钛矿相单晶，然而，究竟 （001）暴露面的单晶是不是引起光催化活性提高的原因存在很大争议。

后续又有科研人员制备了 （001）、（010） 和 （101）暴露晶面的 TiO_2 并确定了三种暴露面的光催化活性顺序 （001）＜（101）＜（010），（001）暴露的单晶带隙在 3.2eV 左右，故其只能在紫外光区具有光催化活性，所以为了提高 （001）面的太阳光的利用效率，需要对其能带结构进行相应的调节。

氧空穴和 Ti^{3+} 的存在是常见的 n^- 型 TiO_2 本征缺陷，这将给晶体带来一些物理和化学活性，光催化反应活性中心常常与晶格缺陷有密切的关系。在光催化过程中，TiO_2 粒子的表面缺陷是电子供体和电子受体比较集中的区域，由于表面缺陷的存在导致表面成为活性中心，所以存在适度的表面缺陷有利于提高纳米 TiO_2 粒子的光催化活性。而体缺陷是电子-空穴对复合的主要场所，体缺陷增加会导致光催化活性降低。

5.3.3 催化剂粒径大小

普通粉体半导体催化剂的催化效率较低，而纳米级半导体催化剂在光学、催化性能等方面性能较优。

以 TiO_2 为例，当粒径不断减小时，CB 和 VB 出现分裂，带隙变宽，CB 电位更负，VB 电位更正，空间的限域作用相应减小，从而出现量子尺寸效应。量子尺寸效应对半导体的光学和电学等性质影响很大。

当半导体的粒子尺寸同电荷载体的德布罗意波长相当 （1～10nm） 时，激发能级变大，禁带宽度变宽，从而吸收阈值蓝移。

随着 TiO_2 粒径不断减小，有效的带隙增大，其光生电子比粉体具有更强的还原性，相应的光生空穴氧化性也更强。当半导体的粒径小于空间电荷层 （约 100nm） 时，光催化反应的量子产率会相应提高，这主要是光生载流子的扩散速率加快，有利于光生电子和空穴从粒子的内部通过简单的扩散直接迁移到催化剂表面，从而达到光生电子-空穴对的分离；催化剂的粒径越小，光吸收效率越高，光的漫反射会相应减小，有利于光的吸收；纳米粒子比表面积越大，反应溶液中分散的粒子数目就越多，参加反应的接触面积就越大，有助于更多的污染物分子吸附在催化剂的表面，从而提高效率。

研究表明，当 TiO_2 粒径小于 10nm 时，其光催化活性明显提高。

5.3.4 反应溶液的 pH 值

在非均相光催化体系中，溶液的 pH 是一个非常重要的参数，直接影响到催化剂颗粒的表面电荷、催化剂团聚的尺寸以及 CB 和 VB 的位置。

目前，很多研究者使用 TiO_2 零电位点（point of zero charge，PZC）来研究溶液 pH 对光催化反应的影响。通常来说，pH 对反应速率的影响与很多因素关系密切，在水溶液中 TiO_2 的零电点大约为 pH＝6.25，当 pH＜6.25 时，TiO_2 表面为正电荷；当溶液 pH＞6.25 时，TiO_2 表面带负电荷，而表面电荷直接影响了有机分子的吸附，从而影响光催化效率。

TiO_2 薄膜光催化降解有机污染物，当 pH 从 2.5 到 6.8，其光催化降解率依次增大；当 pH 从 6.8 继续增大时，光催化降解率反而略有降低，这说明光催化效率还与被降解的有机物结构有关。光照强度对 pH 有着很大影响：光照强度较小时，反应速率随体系的 pH 增大而加快；当光照强度较大时，反应速率随体系 pH 增大而无明显变化。目前研究认为，pH 对光催化降解污染物体系的影响比较复杂，绝大多数认同溶液中 pH 的变化会改变 TiO_2 界面电荷性质，从而影响催化剂对污染物的吸附性能。

5.3.5 光强

通常，增强光强会产生更多的光生电子-空穴对，但研究表明光强的过度增加有可能会适得其反。相关研究表明，在较低的光强下，反应速率与光强呈线性正比例关系；在中等光强下，反应速率与光强平方根呈线性正相关；在高光强下，反应速率与光强呈负相关。因此，选择合适的光照强度有利于光催化效率的提高。

5.4 光催化氧化技术在水处理领域的研究进展

5.4.1 光催化氧化的应用前景分析

有机物是所有含碳化合物或烃类化合物的总称，它是所有生命产生的物质基础，广泛地存在于自然环境中。随着现代化学工业的飞速发展，越来越多的人工合成化合物进入人类生活，在带来诸多便利的同时也为环境带来了巨大的负面影响。

由于有机物种类众多且存在于人类社会的各个环节，所以在城镇居民生活废水和工农业废水中普遍含有大量的有机污染物。随着医疗卫生技术的逐渐进步，人们对有机污染物危害的严重性已经在世界范围内达成了共识。

美国规定的 65 类、129 种优先控制污染物中，人工合成的有机物就占到 114 种；按照相关规定，于 2012 年 7 月 1 日起全面执行的《生活饮用水卫生标准》（GB 5749—2006）的 106 项水质指标中，毒理性的有机化合物指标就有 53 项，占到所有指标的 1/2。

在这些有机污染物指标中，几乎均为分子量相对较大、分子结构复杂、稳定性好且难以被微生物降解的有机物。这些难降解有机物在环境中不断累积、富集，甚至通过食物链进入人体内，对人体健康产生巨大危害。

多数的难降解有机物对于人体均有急性或慢性的毒副作用，有些还对人体产生致癌、致畸、致突变的"三致"效应。面对难降解有机物自有的顽固特性，传统处理工艺逐渐无法满足高效、彻底的处理要求，而采用新工艺处理难降解有机物一直都是水处理研究领域的热点。从光催化技术进入水污染控制领域伊始，众多的研究学者就开始采用光催化氧化技术处理难降解有机物废水。

难降解有机物废水的处理主要是利用光催化水处理技术的氧化作用。光催化作用产生的羟基自由基具有良好的氧化性，可以破坏难降解有机物的特殊化学结构，从而将其由大分子有机物变为小分子有机物，增加其可生化性，甚至彻底矿化至无毒产物。

相关研究表明，利用 Degussa P25 二氧化钛粉体作为光催化剂，以典型难降解目标有机物苯酚水溶液，进行光催化处理时，可以获得良好的苯酚降解及矿化效果的同时，对苯酚的光催化降解路径、光催化与光氧化的区别也进行了深入研究，最终实现在碳物料平衡的基础上揭示光催化氧化技术降解苯酚的反应机理。

研究表明，在光催化条件中，羟基自由基的攻击使得苯环羟基化，然后开环成羧酸，最后彻底矿化成无机物，这是苯酚光催化降解的一般规律。还有学者以 TiO_2 为光催化剂对 5 种特定的多环芳烃（萘、苊、菲、蒽及苯并芘）进行光催化降解研究，通过检测 10mg/L 多环芳烃溶液的毒性，表明其在催化剂 TiO_2 投加量为 100mg/L、$3.9mW/cm^2$ 紫外照射 24h 后彻底消失。研究还发现，为了提高疏水性多环芳烃的溶解度而添加的有机溶剂丙酮对于光催化降解效率有明显的影响，一定程度提高丙酮含量，增大了 PAHs 的降解反应速率常数，但降解路径没有变化。

目前，光催化氧化技术已经成功被应用于高浓度有机废水的处理中。实践表明，COD 约为 800mg/L 的废水经过光催化氧化 4h 的处理后，去除率达到 95%，远高于常规生物法的去除率。

20 世纪末，美国环保署（EPA）根据相关研究报道对光催化可降解的 800 多种有机污染物进行了具体的统计，部分物质详见表 5-4-1。

表 5-4-1　EPA 统计的光催化可降解部分物质

物质分类	具体物质名称
烷烃	异丁烷、戊烷、庚烷、环己烷、石蜡等
芳香族羧酸	苯甲酸、4-氨基苯甲酸、邻苯二甲酸、水杨酸、间羟基苯甲酸和对羟基苯甲酸等
含氯有机物	氯仿、四氯化碳、三氯乙烯、氯苯、氯酚等
杀虫剂	艾氏剂、敌敌畏、林丹、柏拉息昂、久效磷等
除草剂	阿特拉津、灭草隆等
表面活性剂	十二烷基硫酸钠、聚乙二醇、十二烷基苯磺酸钠、磷酸三甲酯等

根据表 5-4-1 所示，这些物质几乎包括了市面上常见的表面活性剂、医疗药物、农药、除草剂、油类等物质，而且随着研究的进行名单还在不断地扩大。难降解有机物由于具有高稳定性，对许多其他氧化方法都有抑制作用，而光催化技术则可以迅速降解并使其矿化。但并非所有有机污染物最终都能完全矿化。

相关学者研究光催化降解 s-三嗪类物质发现，降解产物为毒性较小的、具有稳定六元环结构的三聚氰酸，且最终矿化率较低。在处理酿酒厂废水（COD 为 750～3000mg/L）和番茄加工厂废水（COD 为 250～960mg/L）时，以 H_2O_2 为光生电子捕获剂使得光催化降解效率大大提升，但是仍没有获得理想的处理结果。所以在通过掺杂改性、添加电子捕获剂、增大催化剂比表面积等手段提高光催化氧化效率的同时，也需要在处理前对目标水体的主要组分加以甄别。

需要注意的是，对于有机物的彻底矿化，必须要利用光催化技术的氧化性，但是光催化技术的还原过程也包含了一系列电子转移、质子化作用和脱氢作用。一些研究表明，由于光催化过程还原性较弱，具有较好的选择性，可能更利于某些物质本身的分解或转化。光催化还原有机物的研究主要集中在有机合成领域，在污水处理中还比较少。目前现有报道中，可光催化还原的物质包括卤代烷烃、氯乙烯以及一些含氮有机化合物。

(1) 光催化氧化技术处理印染废水研究进展

印染废水是高污染工业废水的典型代表，是污染物控制计划中重点关注的环境污染源。它主要来自纺织工业、染料生产企业以及其他一些使用染料作为生产原料的工业。

据不完全统计，1%～15%的染料在染色的过程中流失，全世界印染工业中每年有约50000t染料被排放至自然环境中。在众多染料中，芳香族的偶氮染料占到了染料总量的2/3。染料分子以及它的合成前驱物质很多都具有强致癌性；采用还原方法处理偶氮染料过程中，也可能产生许多具有强致癌性的芳香胺类物质。由此引发的人类环境健康风险早已得到世界健康组织（WHO）的高度重视。

通常情况下，印染废水水量大，有机物含量极高，具有令人产生强烈不良视觉感受的高色度，pH值变化大，另外还常含有着色工艺所需要的大量无机盐类。而且为了保证染色的稳定性，染料分子结构的设计原则就是耐化学、生化以及光化学，所以这些废水排入到自然环境中，对生态环境造成的破坏是非常严重和持久的。相比较其他难降解有机废水而言，印染废水的显著特点更使其成为最难处理的工业废水之一。

传统生物法对于色度去除效率较低，而物理吸附等工艺存在着明显的二次污染隐患。所以以光催化为代表的高级氧化技术为印染废水的处理提供了一条新的途径。

印染废水中的染料分子大都具有复杂的化学结构，众多的研究表明，这些具有高键能的不饱和键可以有效地被羟基自由基破坏，从而脱色甚至彻底矿化。以 TiO_2 悬浆体系进行甲基橙染料褪色实验发现，500W 中压汞灯照射下甲基橙褪色速率是 300W 时的 2.4 倍，光强对于染料降解速率的影响大于其他因素。采用负载 Ag 的 TiO_2 光催化降解 3B 艳红和活性艳蓝染料溶液取得很好的效果，沉积有贵金属的催化剂有利于光生电子向催化表面迁移，从而提高催化剂活性。而一些研究人员采用 SnO_2 等禁带宽度较小的半导体与 TiO_2 复合制备新型光催化剂降解染料废水，使催化剂的吸收光谱范围延展，从而在透光率较低的溶液中获得更多的激发光子，这些新型催化剂也表现出更好的降解染料废水的活性。但是由于光催化反应动力的起源在于催化剂表面的激发光照射，而印染废水的高色度严重干扰了光线到达催化剂表面的传播路径，从而使得光催化的强矿化能力无从发挥，这一直是光催化技术在印染废水处理中应用的瓶颈问题。

另外，由于印染工艺的需要，印染废水中一般都含有大量的无机盐类，如硫酸盐和氯化物等。自然水体中常见的 CO_3^{2-}、HCO_3^-、Cl^- 以及 SO_4^{2-} 都会对光催化氧化作用产生不同程度的抑制，从而使得染料废水的光催化降解速率严重下降，处理成本显著上升。所以，减少激发光辐射在到达催化剂表面前的衰减程度，弱化溶液共存离子对于光催化氧化作用的负面影响，将极大程度地提升光催化技术降解染料废水的成本优势，使其距离实际应用更近一步。

(2) 光催化氧化技术处理高含氮废水研究进展

无机氮污染是最常见水体污染源之一，其主要存在形式为氨氮和硝酸盐氮两种形式。其中氨氮废水主要来自焦炭、炼油、铁合金、煤气化、无机化工、玻璃制造、化肥、人造纤维、肉类加工、饲料生产等工业企业的生产过程，其最突出的危害是使水体富营养化。"十五"以来的环境质量公报显示，氨氮已成为我国水体的首要污染物之一，治理氨氮污染刻不容缓。

与氨氮不同，硝酸盐本身是一种普遍存在于自然环境中的物质，但农业生产过程中氮肥的过量使用、工业生产及生活废水的随意排放、固废渗滤液的下渗等现象增多，使地下水的硝酸盐氮污染也成为世界范围内普遍存在的一个环境问题。大面积区域性的地下水污染使得以浅层地下水为主要水源的农村饮水安全受到极大的威胁。

过量摄入硝酸盐会导致细胞和组织的呼吸被破坏，进而导致血液中蛋白质大量减少，白细胞、胆固醇、乳酸明显增加，从而引发多种疾病。硝酸盐进入人体后，也可能在脏器内被还原为亚硝酸盐，使血液中血红蛋白丧失携氧能力，从而造成缺氧中毒，轻则呕吐、心悸，重则危及生命。同时亚硝氮在体内还可与仲胺类物质反应生成具有"三致"特性的亚硝胺类物质，对人体具有巨大的潜在威胁。

我国《生活饮用水卫生标准》（GB 5749）中对于饮用水中的硝酸盐氮做出明确的规定：不得高于 10mg/L，水源限制时也不得高于 20mg/L。

无论是氨氮还是硝酸盐氮的超标都是困扰水污染控制领域研究人员的棘手问题。在采用生物和物理化学等方法脱除氮污染的同时，光催化技术也常被用来脱除水中的氮污染。

对于去除氮元素最低价态污染物氨氮来说，光催化氧化过程中产生的羟基自由基可以使其有效地转化为其他高价态的产物，如氮气、亚硝酸盐氮和硝酸盐氮等，国内外相关的研究报道很多。

有学者利用浅池反应器进行了氨氮光催化降解试验，分析了催化剂负载工艺、pH 值、反应温度、曝气量、催化剂添加量等因素对于氨氮降解率的影响。还有学者深入考察了催化剂添加量、pH 值以及多种共存无机离子对于氮元素由氨氮到亚硝态氮再到硝态氮分步反应速率的影响，发现以 Pt/TiO_2 为催化剂氧化氨氮时，主要的产物是硝态氮和亚硝态氮，直接转化为氮气的比例很小。羟基自由基无选择性的氧化虽然降低了氨氮含量，但依然没有从根本上消除水中的氮污染。

对氨水光催化氧化过程中不同催化剂种类对于产物中氮气产量的选择性进行分析，发现以 Pt/TiO_2 为催化剂且溶液中 N_2O（笑气）饱和时，生成氮气的选择性达到 80% 以上。Pt 的掺杂利于 2 个氮原子合成氮气分子且 N_2O 增加了光催化反应中羟基自由基的产率。

一些研究学者也尝试着利用光催化还原作用去除水中硝酸根和亚硝酸根等高价态的氮污染物。20 世纪 90 年代中期，印度学者考察了硝酸根在掺杂 Ru 的 TiO_2 光催化体系中的还原情况，提出了贵金属掺杂下 TiO_2 光催化还原硝酸根的反应机理，但由于低量子产率的限制，还原作用还比较弱。随后，他们考察了甲醇、乙醇和 EDTA 等空穴清除剂存在下不同贵金属掺杂的 TiO_2 体系光催化还原硝酸盐的效率，结果发现掺杂使 TiO_2 吸收峰发生了红移并改变了催化剂表面的吸附平衡，从而提高了光催化的还原活性。

后续又有学者分别成功制备了 Ag/TiO_2 和 Cu/TiO_2 催化剂，并均以草酸为空穴清除剂取得了很高的硝酸盐还原率以及氮气产率。但是相对于光催化氧化氨氮技术的成熟应用，光催化还原技术的研究相对较少且均仅限于实验室阶段，距离实际应用还有待进一步的研究和发展。

（3）光催化技术处理其他废水研究进展

除了深度去除有机物污染物、脱除水中氮污染外，光催化技术还被用于处理其他种类的水中污染物。其中，光催化还原重金属的研究也受到广大研究学者的关注，表 5-4-2 列出了其中几种研究案例。

表 5-4-2 金属离子光催化还原研究案例

光催化剂	反应体系	研究对象
TiO_2、WO_3	敞口体系,酸性介质	$Cr(Ⅵ) \longrightarrow Cr^{3+}$
Pt/TiO_2	Fe^{3+}、CN^- 存在	$Cr(Ⅵ) \longrightarrow Cr^+$
Ag/TiO_2	石英夹套反应器,N_2 存在	$Cr(Ⅵ) \longrightarrow Cr^{3+}$
CdS/TiO_2	敞口体系	$Hg^{2+} \longrightarrow Hg$
Pt/TiO_2	敞口体系	$Pb^{2+} \longrightarrow Pb$
$TiO_2(P25)$	AgF 和 $AgNO_3$ 盐的 Ag 光沉积	$Ag^+ \longrightarrow Ag$
TiO_2	敞口体系,CN^- 存在	$Au^{3+} \longrightarrow Au$
$TiO_2/bead$	Ag^+、Cu^{2+} 混合溶液	$Ag^+ \longrightarrow Ag$,$Cu^{2+} \longrightarrow Cu$

1979 年，日本学者首次利用 n 型半导体 TiO_2、$SrTiO_3$ 等在酸性条件下对 $Cr(Ⅵ)$ 进行光催化还原研究，验证了光催化还原金属离子的可能性。从此，镉、镍、铅、汞等传统方法较难处理的污染物开始进入光催化研究领域。

广泛存在于废水中的重金属离子在光催化的还原作用下可以与液相分离，从而达到无害化处理的最终目的。而且，在有机污染物共存情况下，光催化还原重金属与光催化氧化有机物形成的耦合协同效应，更是引起了科研人员的研发热情。虽然光催化还原重金属污染物的研究大多仍停留在实验室阶段，但其未来的应用前景还是受到专家学者的共同认可。

5.4.2 光催化氧化大规模应用的制约因素分析

综合光催化技术的研究进展可以看出，光催化技术具有极强的氧化能力和较强的还原能力，可用以处理多种典型水质的废水；尤其是研究相对成熟的光催化氧化工艺，可以无选择地将有机污染物彻底矿化以及消毒灭菌。同时，激发催化反应所需的低能耗、较为温和的反应条件以及稳定性好且低廉、无毒的催化剂都使得光催化技术成为公认的极具应用前景的水处理技术。但是，该项技术距离大规模的工业化应用还存在着许多有待解决的关键问题，主要集中在以下方面：

① 由于光催化过程中光生电子-空穴对复合速率高、羟基自由基产率较低，导致光催化氧化深度处理有机物时无法获得理想的去除效果。

② 悬浮型催化剂比表面积大，光催化效果较好，但存在着难以回收利用的问题；而负载型催化剂虽然易于重复利用，但受制于固定后比表面积的严重下降，光催化的净化效率较低。

③ 非均相光催化反应所需的激发光子在传播过程中受废水的色度、悬浮物影响衰减很快，使得光催化降解高色度废水时效率降低。而为了增大到达光催化剂表面的光子总量，采用大功率光源势必将降低光催化工艺的成本优势。

④ 处理实际废水时，水体中常常还有许多共存的无机盐类，它们可能扮演自由基清除

剂的作用，这对于单独运行的光催化工艺的降解往往会产生抑制作用，从而使整个工艺的综合处理效果无法达到最佳。

⑤ 为了追求更强的深度处理能力以及氧化还原耦合作用，研究学者都把注意力过于集中于开发改性催化剂，这无形中增大了催化剂的制作成本，延缓了光催化技术的应用推广。

⑥ 如何扩展催化剂激发光谱的波长范围，使利用自然光线进行光催化变为可能，这一难题的无法攻克使得光催化技术的节能优势无法充分体现。

从以上这些光催化技术应用中存在的瓶颈问题可以看出，由于诸多难题尚未得以真正解决，光催化技术在实际应用时净化效率相对偏低。因此面对目前研究领域最新成果还无法真正工业化应用的现实，现阶段有必要在应用相对成熟的光催化氧化技术的基础上，针对不同水体的水质特点开发一些组合工艺，结合光催化氧化与其他技术各自的优点，以充分满足该种水体高效净化的需要。

5.5 光催化氧化法工艺试验研究

5.5.1 研究背景

十二烷基二甲基苄基氯化铵是迄今工业循环水处理中最常用的杀菌灭藻剂之一，广泛应用于石油、化工、电力、冶金等行业的循环冷却水系统中，用以控制循环冷却水系统菌藻滋生，对杀灭硫酸盐还原菌有特效。十二烷基二甲基苄基氯化铵是一种阳离子表面活性剂，属非氧化性杀菌剂，能有效地控制水中菌藻繁殖和黏泥生长，并具有良好的黏泥剥离作用和一定的分散、渗透作用，同时具有一定的去油、除臭和缓蚀作用。分子式如图 5-5-1 所示。

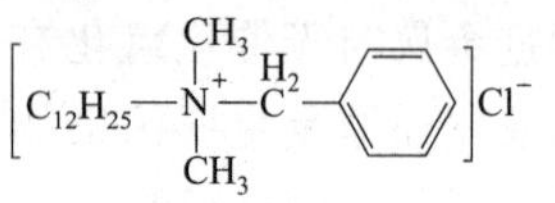

$$\left[C_{12}H_{25} - \overset{\overset{\displaystyle CH_3}{|}}{\underset{\underset{\displaystyle CH_3}{|}}{N^+}} - \overset{H_2}{C} - \bigcirc \right] Cl^-$$

图 5-5-1 十二烷基二甲基苄基氯化铵分子结构

非氧化性杀菌剂多有一定的毒性，虽微生物对杀菌剂有微生物降解作用，能使毒性降低，但在循环冷却水系统中使用之后，仍有一定的余毒，这些残余杀菌剂通过排污进入江河后，会对自然水体造成污染。为保护环境，排污水中的含毒量需要符合国家标准的规定。同时含有杀菌剂十二烷基二甲基苄基氯化铵的废水不宜采用传统生化处理工艺处理，因为该类药剂对生化处理细菌有强抑制和毒害作用，所以必须经过预处理消除毒性后才能进行生化处理。本高难度杀菌剂废水主要所含成分即为十二烷基二甲基苄基氯化铵。

针对此种高难度杀菌剂废水，拟采用光催化、电催化和光电催化氧化三种高级氧化技术进行处理对比。

本次试验所采用的废水样为含有十二烷基二甲基苄基氯化铵的杀菌剂废水，废水水质指标如表 5-5-1 所示。

表 5-5-1 本次工艺试验所用水样水质指标

序号	指标名称	数值	序号	指标名称	数值
1	电导率/(mS/cm)	4.58	4	氨氮/(mg/L)	0.5
2	pH	7.28	5	总氮/(mg/L)	7
3	COD/(mg/L)	351	6	总磷/(mg/L)	0.13

5.5.2 工艺设计试验药品及仪器

（1）工艺设计试验药品

工艺设计试验中用到的药品及试剂如表 5-5-2 所示。

表 5-5-2 主要原料和试剂

药品名称	药品规格	药品产地
NaOH	分析纯	天津市化学试剂三厂
H_2SO_4	分析纯	天津市化学试剂三厂
HCl	分析纯	天津市化学试剂三厂
纳米 TiO_2 粉末	工业品	天津市澳大化工商贸有限公司
十二烷基二甲基苄基氯化铵	工业品	天津市澳大化工商贸有限公司
甲酸	色谱纯	天津市科密欧化学试剂有限公司
甲酸铵	色谱纯	天津市光复科技发展有限公司
36%乙酸	色谱纯	天津市科密欧化学试剂有限公司
乙腈	色谱纯	天津市科密欧化学试剂有限公司
四硼酸钠	分析纯	天津市科密欧化学试剂有限公司
磷酸二氢钠	分析纯	天津市科密欧化学试剂有限公司
次氯酸钠	分析纯	天津市光复科技发展有限公司
碘化钾	分析纯	天津市科密欧化学试剂有限公司
磷酸二氢钾	分析纯	天津市科密欧化学试剂有限公司
N,N-二乙基-1,4-苯二胺硫酸盐	分析纯	天津市风船化学试剂科技有限公司
乙二胺四乙酸二钠	分析纯	天津市光复科技发展有限公司
磷酸二氢钾	分析纯	天津市化学试剂三厂
磷酸氢二钠	分析纯	天津市化学试剂三厂
碘酸钾	优级纯	天津市科密欧化学试剂有限公司
硫代乙酰胺	分析纯	天津市化学试剂三厂

（2）工艺设计试验仪器

工艺设计试验主要仪器如表 5-5-3 所示。

表 5-5-3 主要试验仪器设备及型号

仪器名称	仪器型号	仪器产地
COD 消解仪	DRB200	美国 HACH
分光光度计	DR/2800	美国 HACH
电子天平	AL204	梅特勒-托利多仪器(上海)有限公司
UV-VIS 分光光度计	UV-3600	日本岛津
傅里叶红外分光光度计	TENSOR 27	德国 BRUKER
TOC 分析仪	TOC-VCPN	日本岛津
液相色谱仪		安捷伦

仪器名称	仪器型号	仪器产地
pH 计	FE20	梅特勒-托利多仪器(上海)有限公司
超声波清洗器	SB25-12DTD	宁波新芝生物科技股份有限公司
低速离心机	KDC-40	科大创新股份有限公司中佳分公司
鼓风式干燥箱	DHG-9123A	上海一恒科学仪器有限公司
真空干燥箱	DZF-6050	上海一恒科学仪器有限公司
蠕动泵	YZ1515	天津市协达电子有限责任公司
纯水机		MILLIPORE
紫外灯	365nm	天津市蓝水晶净化设备技术有限公司

（3）工艺设计试验装置

试验中所用到的光催化氧化反应装置原理如图 5-5-2 所示。

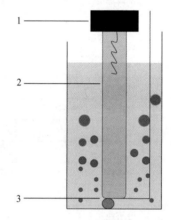

图 5-5-2　光催化氧化反应装置原理图

1—电子镇流器；2—紫外灯；3—曝气装置

5.5.3　试验水质分析方法

试验中所用到的水质指标名称和测试方法如表 5-5-4 所示。

表 5-5-4　水质指标名称和测试方法

序号	指标名称	测试方法
1	COD	采用重铬酸钾分光光度法测定
2	TOC	在 TOC 分析仪上测定
3	十二烷基二甲基苄基氯化铵降解产物活性组分测定	采用四苯硼钠滴定法测定季铵盐结构
4	红外光谱分析(IR)	降解前后的样品进行减压蒸馏后,浓缩至有少量液体时于 50℃真空干燥箱中干燥至恒重进行红外检测
5	紫外-可见光谱分析（UV-VIS）	对处理后出水用 0.45μm 滤膜过滤后,用 UV3600 紫外-可见分光光度计在 190～350nm 范围内进行扫描,分析降解过程中的产物结构

序号	指标名称	测试方法
6	液相色谱分析（HPLC）	对处理后出水用 0.45μm 滤膜过滤后，采用液相色谱法进行分析。中间产物的降解情况通过安捷伦液相色谱仪按照如下条件进行分析：C18 反相柱（安捷伦），柱温 25℃，紫外检测器（检测波长为 262nm），流动相 A 为乙腈，B 为甲酸铵（甲酸调节 100mmol/L 的甲酸铵至 pH 为 3.7），其中 A 与 B 的体积比为 55：45，流速为 1mL/min，进样量为 50μL
7	游离氯及总氯分析	当 pH 值为 6.2~6.5 时，试样中的游离氯与 N,N-二乙基-1,4-苯二胺（DPD）直接反应，生成红色化合物，于 510nm 波长处，用分光光度法测定其吸光度，求得游离氯含量。当 pH 值为 6.2~6.5 时，在过量碘化钾存在下，试样中总氯与 DPD 反应，生成红色化合物，于 510nm 波长处，用分光光度法测其吸光度，求得总氯含量
8	氯离子的测定	以铬酸钾为指示剂，在 pH 值为 5~9 的范围内用硝酸银标准溶液直接滴定。硝酸银与氯化物作用生成白色氯化银沉淀，当有过量的硝酸根存在时，则与铬酸钾指示剂反应，生成砖红色铬酸银，表示反应达到终点

5.5.4　光催化处理工艺试验方法与过程

（1）验证光催化氧化效果试验

验证光催化氧化效果的对照试验按照表 5-5-5 内容所示。

表 5-5-5　光催化氧化效果的对照试验

试验序号	试验名称	具体试验内容
1	光催化剂的吸附试验	初始 COD 约为 350mg/L 的十二烷基二甲基苄基氯化铵水溶液 1.5L，加入 0.2g/L 的 TiO$_2$ 粉末，避光吸附 4h。每隔 1h 取样，经离心机（转速 3500r/min，时间 20min）离心后过滤，测定废水的 COD
2	光解试验	将紫外灯放入初始 COD 约为 350mg/L 的十二烷基二甲基苄基氯化铵水溶液中，打开光源及曝气装置，紫外光解 4h。每隔 1h 取样，测定水样的 COD
3	光催化氧化试验	初始 COD 约为 350mg/L 的十二烷基二甲基苄基氯化铵水溶液 1.5L，加入 0.2g/L 的 TiO$_2$ 粉末，充分混合 10min，插入紫外灯，打开光源及曝气装置。光催化氧化 4h，每隔 1h 取样，经离心分离后测定水样 COD

（2）反应时间对光催化氧化效果的影响

验证反应时间对光催化氧化效果影响试验按照表 5-5-6 内容进行。

表 5-5-6　反应时间对光催化氧化效果影响试验

操作步骤	操作内容
步骤 1	取初始 COD 约为 350mg/L 的十二烷基二甲基苄基氯化铵水溶液 1.5L，加入反应器
步骤 2	加入 0.2g/L 的 TiO$_2$ 粉末作为催化剂
步骤 3	充分搅拌混合 10min
步骤 4	搅拌均匀后插入紫外灯
步骤 5	打开紫外灯光源
步骤 6	打开配套曝气装置
步骤 7	于反应 0.25h、0.5h、1h、2h、3h、4h、5h 及 6h 时分别取样
步骤 8	离心分离去除催化剂粉末后，测定水样 COD 并记录

（3）光催化剂用量对降解效果的影响

验证光催化剂用量对光催化氧化效果影响试验按照表 5-5-7 内容进行。

表 5-5-7　光催化剂用量对光催化氧化效果影响试验

操作步骤	操作内容
步骤 1	取初始 COD 约为 350mg/L 的十二烷基二甲基苄基氯化铵水溶液 1.5L,加入反应器
步骤 2	分别称取 0.05g/L、0.1 g/L、0.2 g/L、0.3 g/L 及 0.4 g/L 的 TiO$_2$ 粉末溶于反应器中
步骤 3	充分搅拌混合 10min
步骤 4	搅拌均匀后插入紫外灯
步骤 5	打开紫外灯光源
步骤 6	打开配套曝气装置
步骤 7	于反应 0.5h、1h、2h、3h 分别取样
步骤 8	离心分离去除催化剂粉末后,测定水样 COD 并记录

（4）初始 pH 对降解效果的影响

验证初始 pH 对光催化氧化降解效果影响试验按照表 5-5-8 内容进行。

表 5-5-8　初始 pH 对光催化氧化降解效果影响试验

操作步骤	操作内容
步骤 1	取初始 COD 约为 350mg/L 的十二烷基二甲基苄基氯化铵水溶液 1.5L,加入反应器
步骤 2	用 H$_2$SO$_4$(1+35)和 NaOH(1mol/L)调节原水初始 pH 值为 2、4、7、9 及 11
步骤 3	称取 0.2 g/L 的 TiO$_2$ 粉末溶于反应器中
步骤 4	充分搅拌混合 10min
步骤 5	搅拌均匀后插入紫外灯
步骤 6	打开紫外灯光源
步骤 7	打开配套曝气装置
步骤 8	于反应 3h 分别取样
步骤 9	离心分离去除催化剂粉末后,测定水样 COD 并记录

（5）光催化氧化过程中十二烷基二甲基苄基氯化铵降解机理研究

在最佳降解条件的基础上,当反应进行 0.5h、1h、1.5h、2h、3h 时取样分析水样的 COD、TOC 及活性组分（含有季铵盐结构物质）含量。

5.5.5　光催化处理工艺分析

（1）验证光催化氧化效果的对照试验

光催化剂吸附试验、单纯光解试验和光催化氧化试验出水 COD 和相应去除率结果详见表 5-5-9～表 5-5-11。

表 5-5-9   光催化剂吸附试验出水 COD 及去除率数据汇总

取样时间/h	吸附出水 COD /(mg/L)	出水 COD 去除率/%	取样时间/h	吸附出水 COD /(mg/L)	出水 COD 去除率/%
0	387.9	0	3	383.9	1.03
1	387.1	0.21	4	377.4	2.71
2	380.3	1.96			

表 5-5-10   单纯光解试验出水 COD 及去除率数据汇总

时间/h	光解出水 COD /(mg/L)	出水 COD 去除率/%	时间/h	光解出水 COD /(mg/L)	出水 COD 去除率/%
0	387.9	0	3	372.1	4.07
1	386.9	0.26	4	374.8	3.38
2	384.9	0.77			

表 5-5-11   光催化氧化试验出水 COD 及去除率数据汇总

时间/h	光催化出水 COD /(mg/L)	出水 COD 去除率/%	时间/h	光催化出水 COD /(mg/L)	出水 COD 去除率/%
0	456.1	0	3	209.1	54.15
1	289.4	36.55	4	190.8	58.17
2	237.3	47.97			

光催化剂吸附试验、单纯光解试验和光催化氧化试验出水 COD 去除率对比折线图如图 5-5-3 所示。

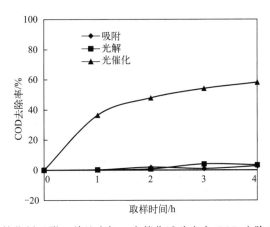

图 5-5-3   光催化剂吸附、单纯光解、光催化试验出水 COD 去除率对比折线图

如图 5-5-3 所示,吸附、光解、光催化氧化法降解十二烷基二甲基苄基氯化铵反应进行 4h 后,光催化氧化法的 COD 去除率达到了 58%,而单纯的紫外光照及光催化剂的吸附试验在整个反应过程中均没有明显的降解反应发生。说明水中的有机物质只有在紫外光照及光催化剂同时存在的情况下才会发生降解。

(2) 反应时间对光催化氧化效果的影响

光催化氧化不同反应时间出水 COD 和相应去除率结果详见表 5-5-12。

表 5-5-12　光催化氧化不同反应时间出水 COD 及去除率数据汇总

取样时间/h	出水 COD/(mg/L)	出水 COD 去除率/%	取样时间/h	出水 COD/(mg/L)	出水 COD 去除率/%
0	418.9	0	3	184.7	55.91
0.25	317.4	24.23	4	172.1	58.92
0.5	250.3	40.24	5	170.4	59.32
1	241.3	42.39	6	169.1	59.63
2	215.9	48.46			

光催化氧化不同反应时间出水 COD 去除率折线图如图 5-5-4 所示。

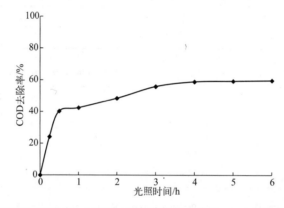

图 5-5-4　光催化氧化法降解十二烷基二甲基苄基氯化铵的 COD 去除率随时间的变化图

由图 5-5-4 可见，光催化反应的前半小时内有机物发生了显著的降解，去除率达到了 40%，反应继续到 3h 时，COD 去除率缓慢增加，达到 56%。但是当反应延长至 4h 时 COD 去除率为 58%，继续延长反应时间 COD 去除率都没有相应增大。

这可能是由于光催化反应进行到 3h 时，生成了较难被继续降解的物质，此时的反应体系不足以促使此类降解中间产物继续发生氧化降解，所以 3h 以后的 COD 去除率变化效果并不显著。因此确定最佳的降解时间为 3h。

（3）光催化剂用量对降解效果的影响

催化剂的投加量会影响污染物的降解效果。表 5-5-13～表 5-5-18 为固定光照时间为 3h，催化剂投加量分别为 0g/L、0.05g/L、0.1g/L、0.2g/L、0.3g/L 及 0.4g/L 时十二烷基二甲基苄基氯化铵水溶液的 COD 及相应的 COD 去除率。

表 5-5-13　投加 0g/L 催化剂时不同反应时间出水 COD 及去除率数据汇总

取样时间/h	出水 COD/(mg/L)	出水 COD 去除率/%	取样时间/h	出水 COD/(mg/L)	出水 COD 去除率/%
0	387.9	0	3	383.7	1.08
0.5	387.1	0.21	4	377.1	2.78
1	387.6	0.08	6	379.2	2.24
2	378.7	2.37			

表 5-5-14 投加 0.05g/L 催化剂时不同反应时间出水 COD 及去除率数据汇总

取样时间/h	出水 COD/(mg/L)	出水 COD 去除率/%	取样时间/h	出水 COD/(mg/L)	出水 COD 去除率/%
0	400.5	0	2	250	37.58
0.5	347.6	13.21	3	234.9	41.35
1	312.7	21.92	4	227.9	43.10

表 5-5-15 投加 0.1g/L 催化剂时不同反应时间出水 COD 及去除率数据汇总

取样时间/h	出水 COD/(mg/L)	出水 COD 去除率/%	取样时间/h	出水 COD/(mg/L)	出水 COD 去除率/%
0	428	0	2	250.4	41.50
0.5	352.9	17.55	3	227.9	46.75
1	297.3	30.54	4	216.9	49.32

表 5-5-16 投加 0.2g/L 催化剂时不同反应时间出水 COD 及去除率数据汇总

取样时间/h	出水 COD/(mg/L)	出水 COD 去除率/%	取样时间/h	出水 COD/(mg/L)	出水 COD 去除率/%
0	456.1	0	2	237.3	47.97
0.5	336.9	26.13	3	209.1	54.15
1	289.4	36.55	4	192.8	57.73

表 5-5-17 投加 0.3g/L 催化剂时不同反应时间出水 COD 及去除率数据汇总

取样时间/h	出水 COD/(mg/L)	出水 COD 去除率/%	取样时间/h	出水 COD/(mg/L)	出水 COD 去除率/%
0	399.7	0	2	216.9	45.73
0.5	299.6	25.04	3	190.4	52.36
1	258.4	35.35	4	174.6	56.32

表 5-5-18 投加 0.4g/L 催化剂时不同反应时间出水 COD 及去除率数据汇总

取样时间/h	出水 COD/(mg/L)	出水 COD 去除率/%	取样时间/h	出水 COD/(mg/L)	出水 COD 去除率/%
0	379.7	0	2	207.6	45.33
0.5	300.8	20.79	3	196.9	48.14
1	257.1	32.29	4	188.3	50.41

图 5-5-5 为固定光照时间为 3h，催化剂投加量分别为 0g/L、0.05g/L、0.1g/L、0.2g/L、0.3g/L 及 0.4g/L 时十二烷基二甲基苄基氯化铵水溶液的 COD 去除率随时间的变化曲线图。光催化反应 3h 后不同催化剂用量下的 COD 去除率如图 5-5-6 所示。

由这两图可见，少量的催化剂投入就可以促使光催化氧化反应发生，并且有机物的 COD 去除率随着催化剂用量的增加而增加，当催化剂的加入量为 0.2g/L 时，COD 去除率达到最大值 58%，继续增加催化剂的用量反而会抑制光催化氧化反应的进行。

这是因为催化剂的量太少时，光源产生的光子能量不能被充分利用，反应速率较慢，而催化剂用量过多时，反应液中的悬浮颗粒增加到了一定的程度，TiO_2 颗粒对光的遮蔽作用影响了溶液的透光率，也将减慢反应速率。因此，反应速率最接近最高值时的最小催化剂用量为 0.2g/L。

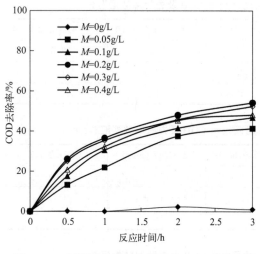

图 5-5-5　不同催化剂加入量下的 COD 去除率
随时间的变化曲线图

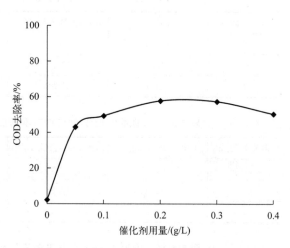

图 5-5-6　光催化反应 3h 时不同催化剂用量下的
COD 去除率

（4）初始 pH 对降解效果的影响

固定光照时间为 3h，催化剂加入量为 0.2g/L，通过 H_2SO_4（1+35）和 NaOH（1mol/L）改变溶液的初始 pH 值，出水 COD 及其去除率数据如表 5-5-19 所示。

表 5-5-19　不同初始 pH 值时光催化氧化出水 COD 及去除率数据汇总

进水 pH	出水 COD/(mg/L)	出水 COD 去除率/%	进水 pH	出水 COD/(mg/L)	出水 COD 去除率/%
2.56	337.5	14.01	9.06	173.5	55.80
4.9	327.9	16.46	10.96	139.4	64.48
7.09	202.7	48.36			

图 5-5-7 为不同起始 pH 值对十二烷基二甲基苄基氯化铵水溶液的 COD 去除率的曲线图。由图可见，随着初始 pH 值的增加，十二烷基二甲基苄基氯化铵的降解率相应增大。碱性条件有利于降解反应的进行。当 pH=10.96 时，COD 去除率达到了 64%。

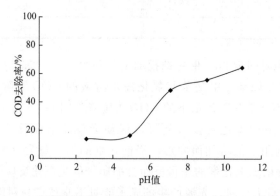

图 5-5-7　光催化反应 3h 后不同起始 pH 值下的 COD 去除率

光催化反应在碱性条件下处理效果较好。主要原因是：

① TiO_2 颗粒的等电点是 6.8。在不同的 pH 条件下，TiO_2 上的 OH 基团存在着如下所

示的 Lewis 酸碱平衡反应：

$$pH < pH_{pzc} \qquad\qquad TiOH + H^+ \Longleftrightarrow TiOH_2^+ \qquad\qquad (5\text{-}16)$$

$$pH > pH_{pzc} \qquad\qquad TiOH + OH^- \Longleftrightarrow TiO^- + H_2O \qquad\qquad (5\text{-}17)$$

TiO_2 在酸性溶液（$pH < 6.8$）中带正电荷，如式（5-16）所示；在碱性溶液（$pH > 6.8$）中带负电荷，如式（5-17）所示。而十二烷基二甲基苄基氯化铵是一种阳离子表面活性剂，溶于水后为阳离子基团，与半导体 TiO_2 表面的 H^+ 排斥；而在碱性条件下，十二烷基二甲基苄基氯化铵易与荷负电的 TiO_2 结合，从而更易扩散到催化剂的表面而被吸附及降解。

② 由光催化氧化反应机理可知，在碱性条件下，过量的 OH^- 可捕获 TiO_2 中的空穴，有利于生成·OH，因此碱性越强降解率也越高。因此选取 $pH = 10.96$ 作为最佳的起始 pH 值。

（5）光催化氧化过程中十二烷基二甲基苄基氯化铵降解机理研究

根据以上确定条件，进行最终光催化氧化试验，并针对出水 COD、TOC 和十二烷基二甲基苄基氯化铵活性组分进行分析，数据汇总详见表 5-5-20。

表 5-5-20 不同初始 pH 值时光催化氧化出水 COD 及去除率数据汇总

反应时间/h	出水 COD/(mg/L)	COD 去除率/%	出水 TOC/(mg/L)	TOC 去除率/%	活性组分/(mg/L)
0	392.5	0	141.1	0	0.69
0.5	244.6	37.68	92.3	34.59	0.4
1	215.9	44.99	67.1	52.45	0
1.5	197.5	49.68	62.1	55.99	0
2	179.3	54.32	57.6	59.18	0
3	120.4	69.32	40.2	71.51	0

最终光催化氧化试验出水 COD、TOC 以及活性组分的去除率折线图如图 5-5-8 所示。

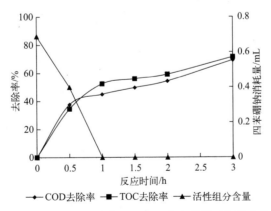

图 5-5-8 COD、TOC 去除率及活性组分含量随时间的变化曲线图

由图 5-5-8 可见，随着光催化氧化反应的进行，TOC 逐渐下降，在 0～1h 内降解效果明显。TOC 由 141.1mg/L 降至 67.1mg/L，反应 3h 后 TOC 去除率达到 67%。

TOC 去除率逐渐增加说明经过光催化反应后，部分有机物被矿化为无机小分子和 CO_2。采用四苯硼钠滴定的方法来检测各阶段水溶液中的活性组分季铵盐成分的含量，当光催化反应进行 1h 后，不再发生显色反应，说明十二烷基二甲基苄基氯化铵中的季铵盐结构全部被破坏。由此推测，在十二烷基二甲基苄基氯化铵的降解过程中，以季铵盐结构消失为标志的降解反应最容易进行。

通过以上试验，在光催化氧化过程中紫外光照引发半导体光催化剂产生了电子-空穴对，具有强氧化能力的光生空穴可以对催化剂表面上所吸附的有机物实现氧化降解，如式(5-18)、式(5-19) 所示：

$$TiO_2 + h\nu \longrightarrow TiO_2(e^- + h^+) \tag{5-18}$$

$$h^+ + RH \longrightarrow RH \cdot ^+ \longrightarrow 降解产物 \tag{5-19}$$

同时，在降解过程中还可能通过 H_2O 及 OH^- 的参与而生成高活性的羟基自由基（$\cdot OH$），实现了对有机物质的氧化降解。如式(5-20)~式(5-22) 所示：

$$h^+ + H_2O \longrightarrow H^+ + \cdot OH \tag{5-20}$$

$$h^+ + OH^- \longrightarrow \cdot OH \tag{5-21}$$

$$\cdot OH + RH \longrightarrow 降解产物 \tag{5-22}$$

5.5.6 光催化处理工艺试验结论

试验以含有十二烷基二甲基苄基氯化铵的水样为处理目标，采用光催化氧化法，探索了最佳的降解条件，并且对十二烷基二甲基苄基氯化铵的降解机理进行了研究。

① 使用光催化氧化的降解方法对十二烷基二甲基苄基氯化铵进行降解试验，对于初始 COD 为 350mg/L 的十二烷基二甲基苄基氯化铵水溶液而言，通过改变试验条件得出最佳的光催化降解试验条件为：TiO_2 的最佳投入量为 0.2g/L，初始 pH 值为 10.96，经 3h 反应后，十二烷基二甲基苄基氯化铵的 COD 去除率可以达到 64%。

② 随着光催化反应的进行，TOC 逐渐下降，在 0~1h 内降解效果明显。TOC 由 141.1mg/L 降至 67.1mg/L，反应 3h 后 TOC 去除率达到 67%。

③ 光催化反应进行 1h 后，十二烷基二甲基苄基氯化铵全部消失。

参考文献

[1] 李晓平，吴凤清.纳米 TiO_2 光催化降解水中有机污染物的研究与发展 [J].功能材料，1999，30 (3)：242-245.

[2] 邱健斌，曹亚安，马颖，等.担载材料对 TiO_2 薄膜光催化活性的影响 [J].物理化学学报，2000，12 (1)：1-4.

[3] 冯良荣，吕绍洁，邱发礼.过渡元素掺杂对纳米 TiO_2 光催化剂性能的影响 [J].化学学报，2002，60 (3)：463-467.

[4] 李芳柏，古国榜，李新军，等.WO_3/TiO_2 纳米材料的制备及光催化性能 [J].物理化学学报，2000，16 (11)：997-1002.

[5] 余家国，赵修建.光催化多孔 TiO_2 薄膜的表面形貌对亲水性的影响 [J].硅酸盐学报，2000，28 (3)：245-250.

[6] 井立强，孙晓君，蔡伟民，等.掺杂 Ce 的 TiO_2 纳米粒子的光致发光及其光催化活性 [J].化学学报，2003，61 (8)：1241-1245.

[7] 方世杰，徐明霞，黄卫友，等.纳米 TiO_2 光催化降解甲基橙 [J].硅酸盐学报，2001，29 (5)：45-48.

[8] 张峰，李庆霖，杨建军，等.TiO_2 光催化剂的可见光敏化研究 [J].催化学报，1999，20 (3)：

329-332.

[9] 井立强，徐自力，孙晓君，等.ZnO 和 TiO$_2$ 粒子的光催化活性及其失活与再生 [J].催化学报，2003，24（3）：66-69.

[10] 郑红，汤鸿霄.有机污染物半导体多相光催化氧化机理及动力学研究进展 [J].环境工程学报，1996，4（3）：1-18.

[11] 沈伟韧，赵文宽，贺飞，等.TiO$_2$ 光催化反应及其在废水处理中的应用 [J].化学进展，1998，10（4）：349.

[12] 方佑龄，赵文宽.用浸涂法制备飘浮负载型 TiO$_2$ 薄膜光催化降解辛烷 [J].环境化学，1997，16（5）：5-7.

[13] 余家国，赵修建.多孔 TiO$_2$ 薄膜自洁净玻璃的亲水性和光催化活性 [J].高等学校化学学报，2000，21（9）：1437-1440.

[14] 王怡中，陈梅雪，胡春，等.光催化氧化与生物氧化组合技术对染料化合物降解研究 [J].环境科学学报，2000，24（3）：66-69.

[15] 韩兆慧，赵化侨.半导体多相光催化应用研究进展 [J].化学进展，1999，11（1）：101-104.

[16] 井立强，蔡伟民，孙晓君，等.Pd/ZnO 和 Ag/ZnO 复合纳米粒子的制备、表征及光催化活性 [J].催化学报，2002，23（4）：55-58.

[17] 盛国栋，李家星，王所伟，等.提高 TiO$_2$ 可见光催化性能的改性方法 [J].化学进展，2009，21（12）：135-139.

[18] 王怡中，陈梅雪.光催化氧化与生物氧化组合技术对染料化合物降解研究 [J].环境科学学报，2000（6）：772-775.

[19] 施利毅，古宏晨，李春忠，等.SnO$_2$-TiO$_2$ 复合光催化剂的制备和性能 [J].催化学报，1999，12（3）：338-342.

[20] 刘平，周廷云，林华香，等.TiO$_2$/SnO$_2$ 复合光催化剂的耦合效应 [J].物理化学学报，2001，17（3）：265-270.

[21] 朱永法，张利，姚文清，等.溶胶-凝胶法制备薄膜型 TiO$_2$ 光催化剂 [J].催化学报，1999，20（3）：34-36.

[22] 张彭义.半导体光催化剂及其改性技术进展 [J].环境科学进展，1997，5（3）：1-10.

[23] 王艳芹，张莉，程虎民，等.掺杂过渡金属离子的 TiO$_2$ 复合纳米粒子光催化剂——罗丹明 B 的光催化降解 [J].高等学校化学学报，2000，21（6）：958-960.

[24] 王怡中，符雁，汤鸿霄.二氧化钛悬浆体系太阳光催化降解甲基橙研究 [J].环境科学学报，1999，19（1）：63-67.

[25] 范崇政，肖建平，丁延伟.纳米 TiO$_2$ 的制备与光催化反应研究进展 [J].科学通报，2001，46（4）：9.

[26] 沈伟韧，赵文宽，贺飞，等.TiO$_2$ 光催化反应及其在废水处理中的应用 [J].化学进展，1998，10（4）：349-361.

[27] Ouyang S，Tong H，Umezawa N，et al. Surface-alkalinization-induced enhancement of photocatalytic H-2 evolution over SrTiO$_3$-based photocatalysts [J]. Journal of the American Chemical Society，2012，134（4）：1974-1977.

[28] Jackson N B. Attachment of TiO$_2$ powders to hollow glass microbeads. Activity of the TiO$_2$-coated beads in the photoassisted oxidation of ethanol to acetaldehyde [J]. J electrochem Soc，1991，138（12）：3660-3664.

[29] 何坤荣.有多孔 SiO$_2$ 涂层的 TiO$_2$ 光催化剂面世 [J].粗细与专用化学品，2000，19（1）：63-67.

[30] 庞欣，薛世翔，周彤，等.二维黑磷基纳米材料在光催化中的应用 [J].化学进展，2021，34（3）：630-642.

[31] 刘守新，刘鸿.光催化及光电催化基础与应用 [M].北京：化学工业出版社，2006.

[32] 张梅，杨绪杰，陆路德，等.纳米 TiO_2——一种性能优良的光催化剂 [J].化工新型材料，2000，28（4）：44-46.

[33] 李芳柏，古国榜，李新军，等.WO_3/TiO_2 纳米材料的制备及光催化性能 [J].物理化学学报，2000，48（21）：66-69.

[34] 高濂.纳米氧化钛光催化材料及应用 [M].北京：化学工业出版社，2002.

[35] 王传义，刘春艳，沈涛.半导体光催化剂的表面修饰 [J].高等学校化学学报，1998，19（12）：2013-2019.

[36] 籍宏伟，马万红，黄应平，等.可见光诱导 TiO_2 光催化的研究进展 [J].科学通报，2003，48（21）：65-67.

[37] 高伟，吴凤清，罗臻，等.TiO_2 晶型与光催化活性关系的研究 [J].高等学校化学学报，2001，22（4）：36-39.

[38] 唐玉朝，胡春，王怡中.TiO_2 光催化反应机理及动力学研究进展 [J].化学进展，2002，14（3）：89-92.

[39] 孙晓君，蔡伟民，井立强，等.二氧化钛半导体光催化技术研究进展 [J].哈尔滨工业大学学报，2001，33（4）：85-87.

[40] 刘畅，暴宁钟，杨祝红，等.过渡金属离子掺杂改性 TiO_2 的光催化性能研究进展 [J].催化学报，2001，22（2）：402-405.

6 电催化水处理工艺概述

6.1 电催化水处理工艺原理

6.1.1 电催化水处理技术反应过程

电催化氧化法是利用直流电进行氧化还原反应的方法，原理是电流通过物质而引起化学变化，该化学变化是物质失去或获得电子（氧化或还原）的过程，如图 6-1-1 所示。电催化氧化过程中，把电能转变为化学能的装置为电解槽，电催化氧化过程是在电解槽中进行的。

以 $CuCl_2$ 电解为例来说明电解的得失电子过程。如图 6-1-2 所示，$CuCl_2$ 是强电解质且易溶于水，在水溶液中首先会电离生成 Cu^{2+} 和 Cl^-。当水溶液通电后，Cu^{2+} 和 Cl^- 会在电场作用下，改作定向移动，其中溶液中带正电的 Cu^{2+} 向阴极移动，带负电的 Cl^- 向阳极移动。在阴极，Cu^{2+} 获得电子而被还原成铜原子覆盖在阴极上；在阳极，Cl^- 失去电子而被氧化成氯原子，并两两结合成氯分子，从阳极放出，进而溶于水中形成 Cl^- 和 ClO^-。

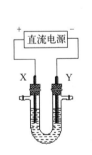

图 6-1-1 电解原理图
（X 为阳极，发生氧化反应；
Y 为阴极，发生还原反应）

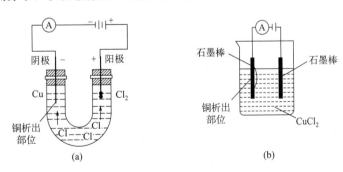

图 6-1-2 电解 $CuCl_2$ 原理图
（阳极产生 Cl_2，阴极产生 Cu）

在上面叙述氯化铜电解的过程中，没有提到溶液里的 H^+ 和 OH^-，其实 H^+ 和 OH^- 虽少，但的确是存在的，只是它们没有参加电极反应。也就是说在氯化铜溶液中，除 Cu^{2+} 和 Cl^- 外，还有 H^+ 和 OH^-，电解时，移向阴极的离子有 Cu^{2+} 和 H^+，因为在这样的试验条件下 Cu^{2+} 比 H^+ 容易得到电子，所以 Cu^{2+} 在阴极上得到电子析出金属铜。移向阳极的离子

有 OH^- 和 Cl^-，因为在这样的试验条件下，Cl^- 比 OH^- 更容易失去电子，所以 Cl^- 在阳极上失去电子，生成氯气。

电化学法可以依靠强氧化性和强还原性来去除有机污染物，两种作用的原理如下所示。

（1）电化学还原法

电化学还原法即通过电化学反应体系的阴极发生还原反应而去除污染物，可分为两类，一类是直接还原，即污染物直接在阴极上得到电子而发生还原，基本反应式为：

$$M^{2+} + 2e^- \longrightarrow M \tag{6-1}$$

电化学还原法最常应用的领域是金属回收，尤其是贵重金属回收，同时该法也可使多种"三致"含氯有机物（如氯代烃物质）转变成低毒性物质，因此可以提高产物的生物可降解性，例如以下反应：

$$R + Cl + H^+ + 2e^- \longrightarrow R-H + Cl^- \tag{6-2}$$

除直接还原外，电化学还有一类间接还原，间接还原指利用电化学过程中生成的一些氧化还原媒质如 Ti^{3+}、V^{2+} 或者 Cr^{2+} 将污染物还原去除，如二氧化硫间接电化学还原可转化成单质硫的反应：

$$SO_2 + 4Cr^{2+} + 4H^+ \longrightarrow S + 4Cr^{3+} + 2H_2O \tag{6-3}$$

（2）电化学氧化法

电化学氧化法是在电化学反应体系中的阳极区域发生氧化的过程，也可分为两种：一种是直接氧化即污染物直接在阳极失去电子而发生氧化，另一种是间接氧化即通过阳极反应生成具有强氧化作用的中间产物或发生阳极反应之外的中间反应，有机物最终被氧化处理降解，达到净化污废水的目的。

对于直接电化学氧化作用有两种形式：电化学转换和电化学燃烧。其中电化学转换是把有毒物质转变为无毒物质，或把非生物兼容的有机物转化为生物兼容的物质（如芳香物开环氧化为脂肪酸），以便进一步实施生物处理；而电化学燃烧是直接将有机物深度氧化为 CO_2 和 H_2O。

6.1.2 电催化水处理技术反应特征

关于电解反应中阴阳两极的电子得失和反应，有人总结了十六字要诀，可以用来辅助理解物质变化。

（1）阴得阳失

电解时，阴极得电子，发生还原反应，阳极失电子，发生氧化反应。

（2）阴粗阳细

在处理重金属废水过程中，假如阴阳两极均采用活泼金属棒作为电极，那么阴极会析出金属变粗，阳极逐渐溶解变细，且产生阳极泥。

（3）阴碱阳酸

在电解反应之后，不活泼金属的含氧酸盐会在阳极处生成酸，而活泼金属的无氧酸盐会在阴极处生成碱。

（4）阴固阳气

电解反应之后，阴极产生固体及还原性气体，而阳极则生成氧化性强的气体。

电解法处理废水技术就是采用了电解的原理，该工艺具有氧化还原、凝聚、气浮、杀菌消毒和吸附等多种功能，并具有设备体积小、占地面积少、操作简单灵活，可以去除多种污染物，同时还可以回收废水中的贵重金属等优点。近年已广泛应用于处理电镀废水、化工废水、印染废水、制药废水、制革废水、造纸黑液等场合。

6.1.3 电催化水处理技术特点

和其他类型化学氧化法相比较，电解法具备以下优点：

① 具有多种功能，便于综合治理。除可用电化学氧化和还原使毒物转化外，尚可用于悬浮或胶体体系的相分离。电化学方法还可与生物方法结合形成生物电化学方法，与纳米技术结合形成纳米-光电化学方法。

② 电化学反应以电子作为反应剂，一般不添加化学试剂，可避免产生二次污染。

③ 设备相对较为简单，易于自动控制。

④ 后处理简单，占地面积少，管理方便，污泥量很少。

6.2 电催化水处理工艺分类

电催化氧化反应属于电解工艺的一个分支，按照应用场景和目的的不同，电解工艺可以有 5 大分支，如图 6-2-1 所示。

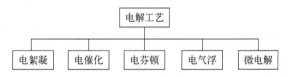

图 6-2-1　电解工艺的详细分类示意图

其中用于工业难降解废水的高级催化氧化处理工艺中，最常见的工艺是电催化、电芬顿和微电解，下面对于这三类工艺进行简要叙述。

6.2.1 电催化氧化工艺

电催化氧化是指在电场作用下，存在于电极表面或溶液相中的修饰物能促进或抑制在电极上发生的电子转移反应，而电极表面或溶液相中的修饰物本身并不发生变化的一类化学作用。电催化氧化工艺的核心是贵金属涂层电极，电催化氧化处理有机污染物的原理就是在贵金属涂层电极表面发生直接或间接氧化反应，最终生成 H_2O 和 CO_2 而从体系中除去。

一般认为电催化氧化去除废水中难降解有机污染物有以下两种方式。

① 电化学燃烧　有机物在贵金属催化阳极上直接被氧化降解。

② 氧化剂氧化　电催化过程中在贵金属催化极板上同时生成的氧化剂，包括 Cl_2、·OH、过硫酸根等，这部分氧化剂氧化废水中的有机物，同时利用强还原性阴极将水溶液中的卤代烃等处理掉，至少降低了该类物质的毒性。

电催化氧化工艺中有机物的降解途径为：首先有机物会吸附在催化阳极的表面，然后在直流电场的作用下有机污染物发生催化氧化反应，使之降解为无害的物质，或降解成容易进行生物降解的物质，再进行进一步的生物降解处理。

电催化氧化过程中，会在阴阳两极区域伴随有放出 H_2 和 O_2 的副反应，这会使电流效率降低，一般的解决方法就是通过筛选合适的电极材料，使产氢和产氧的过电位提高，可防止氢氧气体的产生，把更多的电流用于产生羟基自由基，提升处理效率。

影响电催化氧化工艺处理效果的主要因素可分为四个方面，即电极材料、电解质溶液、废水的理化性质和工艺因素（电化学反应器的结构、电流密度、通电量等）。其中，电极材料是近年研究的重点。

电催化工艺常用的活性电极材料如图 6-2-2 所示，主要是以钛材质为载体，涂覆以钌铱钽锡为主的贵金属氧化物涂层，电极对催化剂的要求必须满足以下几点要求：

① 反应表面积要大。

② 有较好的导电能力。

③ 吸附选择性强。

④ 在使用环境下的长期稳定性。

⑤ 尽量避免气泡的产生。

⑥ 机械性能好。

⑦ 资源丰富且成本低。

⑧ 环境友好。

图 6-2-2　电催化活性阳极实物图

电催化电极的表面微观结构和状态也是影响电催化性能的重要因素之一，图 6-2-3 即为某种型号电催化活性阳极不同放大倍数的电镜扫描图，而电极的制备方法直接影响到电极的表面结构。在电催化过程中，催化反应是发生在催化电极和污水的接触界面，即反应物分子必须与电催化电极发生相互作用，而相互作用的强弱则主要取决于催化电极表面的结构和组成。

目前，电催化活性电极的主要制备方法有热解喷涂法、浸渍法（或涂刷法）、物理气相沉积法、化学气相沉积法、电沉积法、电化学阳极氧化法以及溶胶-凝胶法等。

对于电催化氧化工艺的影响因素值，电解质溶液也即污水性质也有很大的作用，电解质性质对有机物的电化学催化氧化的影响主要体现在两个方面：其一是电解质溶液的浓度低，电流就小，降解速率就不高；其二是电解质的种类，对于像 Na_2SO_4 这类的惰性电解质，电解过程中不参与反应，只起导电作用，而像 NaCl 在电解过程中参与电极反应，Cl^- 在阳极氧化，进而转变成 HClO 参与反应。

另外，对于同一电极对不同有机物也可能表现出不同的电催化氧化效率。甚至就连废水体系的 pH 值也会经常影响电极的电催化氧化效率，而这种影响不仅与电极的组成有关，也

图 6-2-3　电催化活性阳极电镜扫描图

[（a）～（d）依次为制备的催化剂的 5000 倍、10000 倍、20000 倍和 50000 倍的电镜扫描照片]

与被氧化物质的种类有关。一般添加支持电解质（如 NaCl）增加废水的电导率，可减少电能消耗，提高处理效率。

　　有机废水属于复杂污水体系，该类废水的大部分毒物含量小，电导率低，为强化处理能力，需要设计时空效率高、能耗低的电化学反应器，反应器一般根据电极材料性质和处理对象的特点来设计。早期的反应器多采用平板二维结构，面体比比较小，单位槽处理量小，电流效率比较低，针对此缺陷，采用三维电极来代替二维电极，如图 6-2-4 所示，大大增加了单元槽体积的电极面积，而且由于每个微电解池的阴极和阳极距离很近，液相传质非常容易。因此，大大提高了电解效率和处理量。

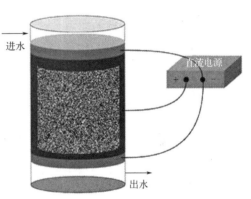

图 6-2-4　三维电极反应器结构简图

6.2.2　微电解工艺

　　微电解是指无须外加直流电源的电解，其依靠的是以铁碳为主的复合填料的电势差形成的原电池体系，可以有效除去水中的钙、镁离子从而降低水的硬度，同时微电解过程中也可以产生灭菌消毒的活性氢氧自由基和活性氯，且电极表面的吸附作用也能杀死细菌。特别适用于高盐、高 COD、难降解废水的预处理。图 6-2-5 即为工业上的铁碳微电解反应装置。

　　铁碳复合微电解填料中存在着的电位差形成了无数个细微原电池。这些细微电池以电位低的铁为阳极，电位高的碳作阴极，在含有酸性电解质水（待处理污水）中发生电化学反应。

　　铁碳微电解的反应结果是铁受到腐蚀变成二价的铁离子进入溶液，在曝气条件下被氧化成三价铁离子，对出水调节 pH 值到 9 左右时，由于铁离子与氢氧根作用形成了具有混凝作用的氢氧化铁，它与污染物中带微弱负电荷的微粒异性相吸，形成比较稳定的絮凝物（也叫铁泥）而去除。为了增加电位差，促进铁离子的释放，在铁碳复合填料中也会选择加入一定比例铜粉或铅粉。图 6-2-6 即为某型号铁碳微电解填料。

图 6-2-5　铁碳微电解反应装置

图 6-2-6　铁碳微电解填料

经微电解处理后的难降解废水，BOD/COD 可以有一个较大幅度的提高，原因是一些难降解的大分子被碳粒所吸附或经铁离子的絮凝而减少。不少人认为微电解可有分解大分子的能力，可使难生化降解的物质转化为易生化的物质，但用甲基橙和酚做试验并没有证实微电解有分解破坏大分子结构的能力。

如果要让铁碳微电解工艺有分解有机大分子的能力，一般需要加入过氧化氢，并且在酸性条件下进行，首先铁碳微电解填料中的铁会以二价的形式析出，生成亚铁离子，亚铁离子与过氧化氢形成芬顿试剂，生成的羟基自由基具有极强的氧化性能，将大部分的难降解的大分子有机物降解形成小分子有机物等。原理和芬顿试剂相同。图 6-2-7、图 6-2-8 分别为单独铁碳微电解工艺和铁碳微电解＋芬顿工艺组合。

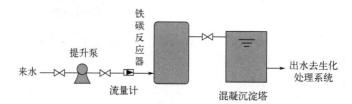

图 6-2-7　单独铁碳微电解工艺

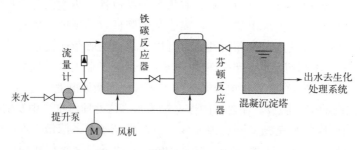

图 6-2-8　铁碳微电解＋芬顿工艺

新型铁碳微电解填料一般都采用高温微孔活化技术冶炼生产而成，具有铁碳一体化、熔合催化剂、微孔架构式合金结构、比表面积大、密度低、活性强、电流密度大、作用效率高等特点。作用于废水,可避免运行过程中的填料钝化、板结等现象。

相关技术参数:密度一般为 $1.0t/m^3$,比表面积一般为 $1.2m^2/g$,空隙率为 65%,抗压强度≥98.0665MPa,填料的化学成分中,铁占 75%~85%,碳占 10%~20%,催化剂占 5%,填料规格常见的为 1cm×3cm。

铁碳微电解工艺在运行时,一般会采用装填进入催化氧化塔的方式,对于催化氧化塔来说,分为布水布气部分、承托层部分、填料层部分和排水部分,如图 6-2-9 所示,对于催化氧化塔的设计来说,一般废水的上流速度多采用 1~2m/h,气水比为 10∶1,曝气管主管风速为 10~20m/s,填料装填比例为 50%。铁碳微电解反应塔的结构如图 6-2-9 所示。

铁碳微电解工艺在运行过程中,需要注意以下五个方面:

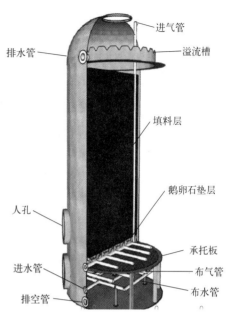

图 6-2-9 铁碳微电解反应塔的结构示意图

① 微电解填料在使用前注意防水防腐蚀,运行一旦通水后应始终有水进行保护,不可长时间曝露在空气中,以免在空气中被氧化,影响使用。

② 微电解系统运行过程中应注意合适的曝气量,不可长时间反复曝气。

③ 微电解系统不可长时间在碱性条件下运行。

④ 为使该工艺顺畅运行,应对进水主要条件做适当的电气化控制,以规避人控制的不足。

⑤ 微电解填料应属直接投加式填料,无须全部取出更换,直接投入设备即可。

6.2.3 三维电解工艺

三维电解是在传统微电解工艺基础上,在极板之间添加微电解填料,克服微电解现有技术的缺点。三维电解设备结构简单,电解效率高,功耗小,电极不易钝化,对电导率低的废水有良好的适应性。

三维电解设备由电源控制柜、预催化反应器、催化氧化反应器、加药装置四大部分组成,并配有水泵进行提升,如图 6-2-10 所示。电解催化氧化设备借助于外加工频电流,进行整流后变成直流电,然后再通过脉冲电路变为连续可调频的高压矩形脉冲电流输入。对废水进行电催化氧化,在反应器内发生电化学反应。

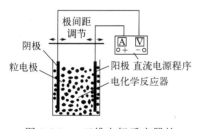

图 6-2-10 三维电解反应器的结构示意简图

三维电解设备反应室内设有隔水板、布水板,隔水板上设有溢流堰、引流管,布水板与反应室底部形成布水区,布水区内设有曝气管,布水板上设有相间排列且平行相对的阴极板和阳极板,阴极板和阳极板之间填充有粒子电极,形成三维电极反应区,反应室侧面设有出水口,出水口侧面设有远程监控装置,进水系统包括进水管、出水管,进水管与布水区连通，出水管与废水区连通，电极反应区的上方依次为缓冲区、浮渣收集区。

三维电解具备较高效率的原因在于其阴、阳极间充填了负载有多种催化材料的导电粒子和不导电粒子，形成复极性粒子电极，提高了液相传质效率和电流效率。与传统二维电极相比，电极的面体比大大增加，且粒子间距小，因而液相传质效率高，大大提高了电流效率、单位时空效率、污水处理效率和有机物降解效果，同时对电导率低的废水也有良好的适应性。三维电解工艺降解高浓度有机废水、难降解有毒有机污染物有相当的效果，在外加电场的作用下，有机物在粒子复合电极表面发生氧化反应，将有机物氧化分解为 CO_2、H_2O 以及小分子有机物。

除此之外，三维电解工艺还可以去除氨氮，当废水进入电解系统以后，在不同条件下，在阳极上可能以不同途径发生氨的氧化反应，氨既可以直接被电氧化成氮气，还可以被间接电氧化，即通过极板反应生成氧化性物质，该物质再与氨反应使氨降解、脱除。

三维电解在工程设计时需要确定的参数一般有电流、电压、反应时间等。影响处理效果的因素则包括废水 pH 值、废水电导率、废水种类等。三维电解工艺具备以下六个特点：

① 可有效去除废水中高浓度有机物，降低废水 COD，提高污水可生化性，去除色度，破环断链。

② 三维填料材质有铁、碳、活化剂、金属催化元素，基于电化学技术原理，高效催化物质，传质效果好，有机污染物去除率高（COD 去除率 30%～90%），可无选择地将废水中难降解的有毒有机物降解为二氧化碳、水和矿物质，将不可生化的高分子有机物转化为可生化处理的小分子化合物，提高 B/C。

③ 处理过程中电子转移只在电极与废水组分间进行，氧化反应依靠体系自己产生的羟基自由基进行，不需要添加药液，无二次污染。

④ 进水污染物浓度无限制，COD 浓度可高达数十万毫克每升，脱色、去毒效果显著，脱色率 50%～80% 以上，有机污染物降解处理的反应过程迅速，废水停留时间仅需要 30～60min，因此所需的设备体积小。

⑤ 可同时高效去除废水中的氨氮、总磷及色度。

⑥ 反应条件温和，常温常压下进行，操作简单、灵活，可通过改变电压、电流随时调节反应条件，可控性好。

6.3 电催化氧化 DSA 阳极概述

电解法生产 Cl_2 从开始直到 1913 年，工业上一直采用铂和磁性氧化铁作为阳极材料。然而 Pt 太昂贵，磁性氧化铁太脆，且只能在平均为 $400A/m^2$ 的阳极电流密度下工作。从1913 年至 1970 年的近 60 年中，氯碱工业广泛采用石墨为阳极材料。

石墨阳极采用优质焦炭为骨料、沥青为黏结剂，经混捏、成型、焙烧与石墨化而成，一般要求原料中的灰分含量较低。原料经混捏得到的糊料经压制成型，而后在 1100℃ 左右焙烧，2600～2800℃ 下石墨化。所得到的石墨坯块经过机械加工成为最终形状的石墨阳极。用于氯碱电解槽作水平悬挂的石墨阳极，其面积一般为 $0.1～0.2m^2$，初始厚度为 7～12cm。

石墨阳极的缺点主要是析氯过电位高，以及石墨阳极因氧化损耗引起形状不稳定，增大了极距等而引起能耗高。石墨阳极上 Cl_2 析出的过电位高达 500mV，生产 1t 的 Cl_2 引起的阳极碳剥蚀量大于 2kg。

电解过程中，随着阳极上析出氯气的同时也有少量氧气析出，氧气与石墨作用生成 CO 和 CO$_2$，使石墨阳极遭到电化学氧化而腐蚀剥落严重，每生产 1t 氯气的石墨消耗量达到 1.8～2.0kg（由 NaCl 电解制氯）和 3～4kg（由 KCl 电解制氯）。

因此，石墨阳极的寿命仅有 6～24 个月不等。降低石墨阳极使用寿命的因素主要有电解温度高、阳极液的 pH 高、盐水中活性氯浓度高、盐水中存在 SO$_4^{2-}$ 杂质等。石墨阳极的剥落使得生产过程中需要不断调整电极位置，生产中通常每天降低一次阳极，以维持稳定的极距，并减少电耗。当石墨阳极的厚度减薄至 2～3cm 时就需要换新阳极，这使得电解槽结构和生产操作复杂化。

由于上述问题，自 20 世纪 60 年代发明钛基涂层电催化阳极后，石墨阳极逐渐被钛基涂层电催化阳极所取代。

6.3.1　DSA 涂层阳极的设计思路

自 1957 年起，人们曾试图以活化的钛电极（一般在 Ti 基体上镀贵金属及其合金）替代石墨材料作为阳极，因为钛在含氯的盐水中有极好的耐腐蚀性。当时活化试验多用铂，少数试验用了 Pt/Ir。

然而，大多数试验的阳极尽管具有活化效果，但因贵金属活化层的寿命短而且成本高，从而未获成功。这些尝试尽管未获成功，但是在以下两方面为"钛基涂层电催化阳极"的提出奠定了基础：

① 金属 Ti 是良好的电极基体材料。

② 采用少量贵金属可达到"电极活化"的作用，"电极活化"这一思路在电化学领域（特别是针对各类气体散电极）仍被普遍运用。

H. B. Beer 分别于 1958 年和 1964 年申请了两项专利，这两项专利使得此后的氯碱工业发生了革命性变化。他的第一项专利描述了一种钛基涂层阳极，涂层为由热分解形成的贵金属涂层，涂层中起作用的物质是一种或数种铂族金属氧化物，也可能加有若干非金属氧化物。

第二项专利介绍的涂层由阀型金属氧化物和铂族金属氧化物的混合晶体组成。阀型金属（包括钛、钽、铌、锆等）氧化物的含量通常在 50%（摩尔分数）以上。此后，O. DeNora 和 V. DeNora 对这种阳极的涂层和钛基体做了进一步的改进，并发展成工业生产用的钛基涂层阳极，形成商业化产品，商标名称为 DSA（dimensionally stable anodes），即为通常所说的形稳阳极。

这种阳极在氯碱电解的环境中呈惰性，具有很高的化学与电化学稳定性，使用寿命可达数年，特别是它的电催化活性极佳，析 Cl$_2$ 过电位由原来石墨阳极的 500mV 以上降低到 50mV 以下。

在此同期，其他阳极制造商也开发了各种钛基涂层电催化阳极，申请的钛基涂层阳极专利有 1000 余项之多。与石墨阳极比较，DSA 可在更高的电流密度和更低的槽电压下工作，而且阳极寿命长，因此很快得到工业推广应用。

至 20 世纪 80 年代，世界上绝大多数氯碱工厂已改用 DSA。DSA 的发明与应用被认为是 20 世纪电化学领域最伟大的技术突破，其意义不亚于"单晶"和"STM"的发明。

6.3.2 DSA 阳极的涂层化学组成

所有工业应用的 DSA 涂层，都是由一种铂族金属氧化物（常用 Ru，有时也用两种或三种贵金属）和一种非铂族金属氧化物（常为 Ti、Sn 或 Zr）组成。铂族金属氧化物对非铂族金属氧化物的最优比值（质量比）由 20：80 变化至 45：55 不等。

最初 H. B. Beer 提出的 DSA 涂层中 Ti/Ru 物质的量比为 2：1。当时还有一种三组分涂层，其 Ru/Sn/Ti 物质的量比为 3：2：11，其中 $RuO_2 + SnO_2$ 的涂覆量约为 $1.6mg/m^2$。还有一些涂层含有玻璃纤维，有些还含有 PtO_4 结晶体或含铑的固体粒子。

6.3.3 DSA 涂层阳极的基体选择

DSA 阳极的最重要优点之一，是它那昂贵的钛基体结构可以重新涂覆混合物涂层再使用，因此可以长期使用，使用期超过 20 年。

DSA 阳极的钛基体在国外通常采用 ASTM1 级或 2 级的铸材，因为其他牌号的钛材的表面不易做涂覆前处理，且也不易展平。也曾经采用过烧结钛材作为阳极基体材料，这时基体表面要涂覆一层 TiO_2，而且其孔洞要预先填充，以防止涂料充盈其中。

为了使气体容易从阳极上快速排除，常将钛基体拉成菱形的网状结构，或打孔，或冲成带孔的半耳环状等。对于水银槽阳极来说，快速释放气体更重要，通常在活性表面层的背面，将钛基体做成板条状或圆柱状结构，以利于气体顺着导沟排出去。

6.3.4 DSA 涂层阳极的制备方法

热分解法是 DSA 制备的最传统和最通用的方法。热分解法制备 DSA 涂层一般从"涂料"开始，涂料含有给定金属的盐类或其有机化合物，呈水溶液、有机溶液或二者混合液的形态。

通常采用喷涂、刷涂、浸渍或其他技术将涂料涂覆在钛基体上，而后经烘干将溶剂蒸发去，再加热到 350～600℃，使涂料转化为氧化物涂层。上述步骤重复若干次，直到获得最终涂层厚度为止。

基体预处理、前驱体溶液组成、涂覆工艺、热处理工艺等工艺参数对涂层性能和 DSA 电极使用性能影响显著，甚至比涂层化学组成还更为重要。比如，钛基体预处理（一般包含四个步骤：喷砂、脱脂、酸处理、清洗与烘干）就对涂层质量具有显著影响。在涂活性金属化合物之前，必须将钛基体的表面进行预处理，其目的是除去钛表面油污及氧化膜，把钛表面蚀刻成凹凸不平的新鲜麻面，以改善涂层与钛基体的结合力，改善导电性，延长使用寿命。

一般贵金属氧化物与氧化钛的结合力比它与纯钛的结合力要大，因此除了在涂制前要蚀刻钛基体外，还要使钛基体表面活化，使其形成多孔的钛氧化层，所以基体处理的过程其实也是使钛基体金属活化的过程。

因此，在 DSA 涂层制备过程中，要十分细致地进行如下操作处理：钛基体表面的正确预处理，掌握好烘焙温度、单一涂层含有的金属量以及涂层的最终厚度等。上述各环节的详情属各阳极制造商的专利权内容，一般不在文献上加以报道，具体可见相关专利。

此外，针对热分解法难以避免成分偏析、晶粒粗大、结合强度低等问题，人们还研究了众多其他制备技术，比如近期研究较多的溶胶-凝胶法（以各组元的混合溶胶取代溶液作为涂层前驱体）可望有效细化涂层晶粒，减少偏析，从而提高电极活性与稳定性。比如，V. V. Panic 采用溶胶-凝胶法制备的 Ti 基 RuO_2-TiO_2 涂层阳极与相同条件下常规热分解法制备的阳极比较，电化学活性相当，但涂层稳定性大大增强。

6.3.5 DSA 涂层阳极的表征分析

DSA 涂层中复合氧化物（如 RuO_2-TiO_2）一般为电化学非活性的金红石结构，但涂层电极具有良好的电化学活性（在阳极电流密度为 $2\sim10kA/m^2$ 时，DSA 的析氯过电位为 $90\sim120mV$，远低于石墨阳极的 $500mV$）。为探讨 DSA 涂层的电催化机理，就需要深入研究 DSA 涂层的表面形貌与组织结构。

电极的电催化活性取决于"电子因素"和"几何因素"两个方面。其中前者包括可影响电极表面与反应中间体间结合强度的众多因素，而这些因素又取决于电极的表面化学结构；后者则是电极反应面积的增大，这其实并非真正意义上的电催化，因为这并未使电极反应活化能发生变化，但在工业实践领域也将其作为电极材料的电催化性能，因此也可称其为"表观电催化"。

在工业实践当中，大家所追求的主要是恒流极化下槽电压的降低或恒压极化下电流的提高，并不在乎其原因是电极反应活化能的降低还是电极真实反应面积的增大。但是，为开发具有良好电催化活性的电极材料，就有必要研究电极活性的影响因素。

研究表明，电极涂层实际为氧化物粉末在金属基体上的堆积，如图 6-3-1 所示，尽管其形貌随制备工艺和涂层组成发生变化，涂层大多呈龟裂状，因而具有较大的比表面积。

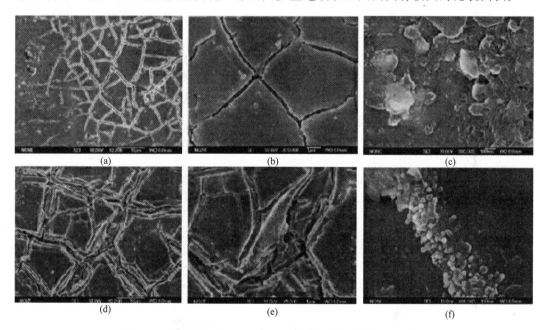

图 6-3-1　Ti 基 RuO_2-IrO_2-TiO_2 涂层阳极表面的 SEM 照片

[(a)~(c) 涂层中 RuO_2、IrO_2 和 TiO_2 质量比为 1：0.5：0.9；

(d)~(f) 涂层中 RuO_2、IrO_2 和 TiO_2 质量比为 1：0.4：0.9]

BET 法和电化学方法测定表明 DSA 真实表面积是其几何表面积的 400 倍以上，有些经过专门制作的 DSA 涂层的真实表面积可达到其几何表面积的 1000 倍以上。

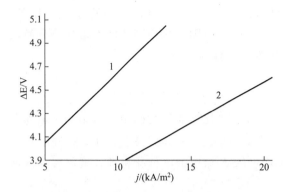

图 6-3-2　DeNora 在水银电解槽上测得的
槽电压-电流密度曲线图
（测试条件为：310g/L NaCl，60℃）
1—石墨阳极；2—DSA 阳极

但是一般认为表面积的增大只是 DSA 具有电催化活性的次要因素，更重要的还是"电子因素"的作用。其依据首先是，DSA 的 Tafel 斜率远小于其他电极，如图 6-3-2 所示的早期测试数据。

其次是，DSA 涂层的晶粒尺寸随着热处理温度的提高而降低，电极实际面积也因此降低。

从理论上讲，电极面积的降低可能使电极电位提高，而表征电极反应速率与反应机理的 Tafel 斜率不受影响；但是研究表明，提高 RuO_2 涂层的热处理温度使得 DSA 的 Tafel 斜率增大，这说明热处理温度变化改变了涂层的表面化学结构，改变了 DSA 上电极反应速率与电化学机制，从而影响了 DSA 的电催化活性。同时有学者的研究表明，RuO_2/Ti 阳极涂层中引入 SnO_2 可增大阳极电化学活性表面积，提高双电层电容 C 与伏安电量 Q 并降低电化学反应电阻 R。

6.3.6　DSA 涂层阳极的使用寿命

DSA 在长期运行过程中，将失去活性而发生基体钝化，导致电解槽电压上升而停止使用，即寿命终止。在试验研究中，人们一般采用加速寿命试验（accelerated stability test，AST）方法以快速评价 DSA 涂层稳定性与使用寿命，即在更加恶劣条件下，比如远高于正常值的电流密度和更具腐蚀性的电解液条件中测试阳极电位随时间变化曲线，当阳极电位急剧上升时即认为阳极已完全钝化。图 6-3-3 为典型的 DSA 加速寿命曲线。

图 6-3-3 中阳极电位曲线可分为三个特征区间：

① 阳极电位稳定一定时间（0～170h）后首次上升。

② 在更高电位下稳定一段时间（170～380h）后再次上升到更高电位并逐步上升。

③ 一定时间（380～450h）后呈指数上升，最后（>510h）急剧上升。

在此过程中，每隔一定时间进行的 CV 和 EIS 测试表明：在第一阶段主要发生 DSA 表面疏松层（孔隙率高）的溶解腐蚀，在此过程中表征阳极活性面积的电化学参数（包括表面电荷 q 和双电层电容 C）减小，而电化学反应电阻 R 增大。

在第二阶段，更致密但仍具备较好电化学活性的氧化物涂层与电解液接触并被缓慢腐蚀，表面电荷 q 也缓慢减小。

在第三阶段，由于 IrO_2 含量较低的内部

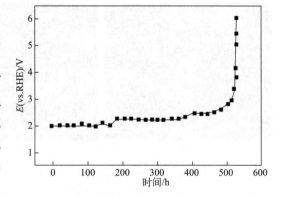

图 6-3-3　$Ir_{0.3}Ti_{0.7}O_2/Ti$ 阳极的
DSA 加速寿命曲线图

[电流密度为 $400mA/m^2$，电解液为 1.0mol/L $HClO_4$，
温度为（32±2）℃]

氧化物与电解液接触并被腐蚀，使得阳极电位和电化学反应电阻 R 快速增大，当 Ti 基体与电解液接触并快速氧化生长 TiO_2 时，阳极表面氧化膜欧姆电阻 R 随着 TiO_2 膜的生长而急剧增大，至此 DSA 已完全钝化。

其实在此前的钝化过程中也一直发生着 Ti 基体的缓慢氧化（表现在化学反应电阻 R 的缓慢增长），但是在 450h 后氧化速率加快（表现在阳极表面氧化膜电阻 R 的急剧增大）。图 6-3-4 是上述各过程的形象描述。

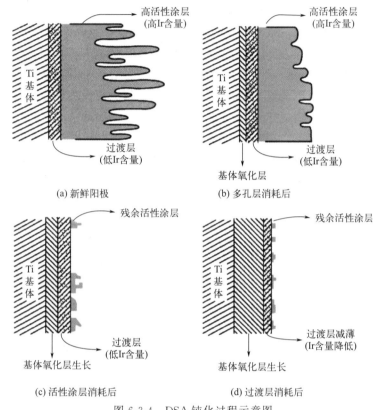

图 6-3-4　DSA 钝化过程示意图

可见导致阳极钝化的原因包括以下几点：

① 电解质腐蚀 Ti 基体后在活性涂层与金属基体间形成 TiO_2 绝缘层。

② 阳极涂层中活性物质（如 RuO_2）发生阳极溶解，使得涂层中非活性物质 TiO_2 含量提高，电催化活性降低。

③ 阳极涂层的整体腐蚀与消耗。

电化学阻抗研究表明，上述过程可同时进行并主要受涂层的结构与形貌的影响，高孔隙率、低 RuO_2 含量涂层一般因形成 TiO_2 绝缘层而钝化，而低孔隙率、高 RuO_2 含量涂层则主要因活性物质阳极溶解而钝化。常规热分解法制备的 DSA 涂层一般具有较高孔隙率，因而 TiO_2 绝缘层的形成是其钝化的主要原因；溶胶-凝胶法制备的 DSA 涂层因具有较高致密度，其钝化的原因主要是活性物质的阳极溶解。通过制备工艺优化或新工艺（如溶胶-凝胶法）的开发应用，可使得 DSA 具有良好结构形貌（涂层孔隙率低、氧化物颗粒尺寸小且分布均匀），使用寿命显著延长。在实际生产中，涂层的实际寿命（与加速寿命试验中的寿命不同）主要由操作参数和电解槽类型而定。

另外，还经常使用"阳极寿命上限"一词，所谓"阳极寿命上限"就是在理想条件下，仅考虑涂层的损耗时涂层的寿命。所谓理想条件，是指 NaCl 浓度大于 200g/L，阳极不与汞齐接触，不在强碱介质中工作，平均温度为 80℃。

有人曾经通过测定涂层的厚度来确定其寿命上限，测定了水银槽在工作了 2 年和 3 年后阳极涂层的厚度，以及隔膜槽工作 4 年和 5 年后阳极涂层的厚度。测定结果表明，涂层寿命上限至少高于实际电解条件下工业槽中阳极涂层寿命的 2～3 倍。

采用相同类型阳极时，阳极涂层寿命上限平均为 $500t/m^2$。放射性同位素测定表明，涂层的初始损耗率（在开始电解后数小时或数天内）要比其最终损耗率（若干个月之后）高出 1～2 个数量级。停槽后重新启动时涂层损耗率又接近于初始损耗率。涂层的初始损耗率平均为每吨氯的 Ru 损耗为 45mg，要比涂层达到寿命上限时估算的损耗率高很多。

对于水银槽而言，阳极电流密度平均为 $10kA/m^2$。若电解槽内 10% 的阳极失去活性或遭损坏，则电解槽的运转不再处于良好状况（K 因素超过 $0.08～0.1m\Omega/m^2$）。此时阳极需移出槽外重新涂覆涂层。因此，涂层的实际寿命不由寿命上限确定，而是由碱性介质中阳极的作业条件而定（以碱浓度较低为好），也由阳极是否整体短路或部分短路而定。典型的涂层寿命为 18～30 个月（约 $180t/m^2$），电解槽出口侧阳极的损耗率通常高于进口侧阳极的损耗率。对于隔膜槽而言，阳极电流密度平均为 $2kA/m^2$，产氯量可超过 $200t/m^2$，按涂层损耗率估算其寿命可望超过 12 年。

这种槽型引起涂层损耗的原因主要是氯气中的氧含量较高。

6.3.7　DSA 涂层阳极的中毒现象

在氯碱电解槽中，有众多因素可引起 DSA 的中毒（失去电催化活性）。首先，有机酸（甲酸、草酸等）和氟化物对钛基体产生腐蚀作用，应避免其在盐水中出现。有机物（如水硬油脂类油性物）也应防止进入电解槽，因为它们将黏附在阳极表面，使涂层形成非活性斑块。

其次，钡和锶的化合物也能在阳极表面上沉积使阳极中毒，但在水银槽中常沉积在阳极背面而不是前表面，影响有限。另外要尽量避免 Mn 的进入，因为 MnO_2 的生成将使阳极电位增高并使氯气中含氧量增大。铁会以氧化铁形式沉积在隔膜槽阳极的前端，不过它对阳极电位和寿命影响不大。如果阳极在强碱性盐水（pH＞11）中工作，涂层将迅速损耗，若电解槽在低浓度盐水下工作就会使 O_2 同氯气一同析出，因而这两种情况也应避免。

最后，在电解槽停槽时容易发生电流的反向，这对涂层寿命的影响很大，特别是水银槽中，也应尽量避免。

6.4　电催化氧化反应器构型

6.4.1　电催化反应器的类型

电化学反应器又名电解池，工业上称为电解槽。电解槽与其他化工反应器的区别主要在于它有阴阳两种电极，设计时要考虑电极上的电位和电流分布、电极过程动力学、电解槽中的传热和传质，以及电极材料、隔膜、离子膜等的物理化学性质和价格。按操作方式可把电化学反应器分为三类。

（1）间歇式电化学反应器

把电解液装在反应器内，电解一定时间后停电出料。因间歇出料，故生产率不高，只适合于小规模生产。反应器内电解液的浓度和温度随电解时间而变，需经常调节槽电压使电流密度尽可能接近最适宜值。为了便于控制反应温度和增大反应器的容量，可使电解液在电解槽和另一化学反应器组成的封闭系统循环，边流动边电解。电解制取氯酸盐的反应器就是采用这种方式的。

（2）活塞流式电化学反应器

电解液从反应器的一端流入，另一端流出，边流动边电解。其特征是流经反应器的流体体积元像活塞那样平推移动，均不会与前后的体积元混合。达到稳态后，反应器内各处的温度和浓度均不相同，但分别保持恒定。单个反应器的转化率不高，当要求转化率较高时，可将多个反应器串联起来操作。

（3）连续搅拌式电化学反应器

用机械搅拌器或鼓气泡使电解液达到完全混合，反应器内电解液的组成等于出口料液的组成。在操作达到稳态时，即加料速度、电流和电压等保持稳态时，出口料液组成不随时间而变。操作简便，但反应器不如活塞流式那样坚实，制造费用和操作费用都较高。

电化学反应器还可按构型或其他方式来分类。若按电极构型分，则有表6-4-1所列的各种类型的电化学反应器。

表 6-4-1　按电极构型分类的电化学反应器

二维电极		三维电极	
静止电极	动电极	静止电极	动电极
1.平行板电极 (1)板电极放入槽中 (2)压滤式 (3)层式	1.平行板电极 (1)往复式 (2)振动式	1.多孔电极 (1)网状 (2)带状 (3)泡沫式	1.活性流化床电极 (1)金属粒子 (2)碳粒子
2.同心圆筒电极 (1)棒电极放入槽中 (2)流通式	2.旋转电极 (1)旋转圆筒 (2)旋转圆盘 (3)旋转棒	2.填充床电极 (1)颗粒/薄片 (2)纤维/金属绒 (3)球	2.移动床电极 (1)泥浆 (2)倾斜床 (3)转鼓床
3.叠盘电极			

6.4.2　影响电催化反应器的设计因素

电化学反应器的设计需要考虑如下因素：

① 电极材料的选择　要求材料稳定而持久地工作，具有高的电流效率和低的过电势，价格便宜。

② 电解质浓度　尽可能用浓度较高的电解液，以提高电解液的电导率，减少溶液中的欧姆电势降。

③ 温度和压力　除特殊要求外，一般电解槽都用常压操作。温度常采用高于室温的温度，以加速电极反应速率，减少极化，提高电解液的电导率。

④ 传质方式　一般采用搅拌或循环电解液来加快传质。有气体释出的电极，可借气泡

上升搅拌溶液。

设计电化学反应器时，首先从单个反应器的产率要求、原材料转化率的要求和电流效率进行物料衡算，求出通过反应器的总电流，再按选出的电流密度算出所需的电极总表面积，初步选择一种反应器的操作方式。

然后根据电化学反应的性质、反应物和产物的物理化学性质、电解液的温度等，选择电极材料和确定电解槽的整体结构。电流密度是电化学反应器的重要参数，影响到槽电压的大小和电流效率的高低。在不降低电流效率的条件下，尽可能增大电流密度来提高生产力。但是电流密度的提高会受到扩散传质的限制，电化学反应器采用的电流密度及电极面积必须考虑到这一点。

6.4.3 电催化反应器结构材料及电极材料选择

电解过程中材料使用的最大问题是腐蚀，因此在选择电解槽结构材料及电极材料时，除考虑电解对象的要求外，还必须防腐蚀。

（1）金属材料、碳材料和塑料

非合金钢（含碳量低于2%的铁碳合金）是最便宜易得的金属结构材料，其耐蚀性能较差，只用在不含 Cl^-、NO_3^-、SO_4^{2-} 和 CO_3^{2-} 的碱性溶液中。含 Cr 的合金钢在氧化环境中有良好的耐蚀性。含 Mo 的钢在酸性溶液中易于钝化，并能防止 Cl^- 引起的孔蚀。不锈钢（含 10%～20%Cr 和 1%～15%Ni 的铁合金）可作为弱碱性或中性电解液的阴极材料。在加压的水电解槽中，碱的浓度大，操作温度高，不宜用奥氏体钢，因为它会遭受应力腐蚀开裂，用被覆 Ni 的钢可解决这个问题。

镍和大多数合金在还原性环境中具有良好的稳定性，能在温度较高碱性溶液中或非氧化无机酸中钝化。但在含氨的溶液中会快速溶解，这是由于形成络合物的缘故。镍的价格较高，力学性能欠佳，因此常用作里衬或镀层覆盖在电解槽、容器或管道的内表面。

钛在氧化性介质中很稳定，在湿氯气中很耐蚀，可用于恶劣腐蚀的环境中。但在还原性介质中较不稳定，与干燥氯气发生剧烈反应。由于钛的价格贵，通常以薄膜形式衬敷在设备管道内。当用作电极或电极载体时，烧结的钛可代替整块钛板材。镍、锆、钽也能用于腐蚀性极强及高温气体的环境中，但因价格昂贵而较少使用。

铅常用于在盛装硫酸溶液的容器中做里衬，在这种介质中形成的 $PbSO_4$ 沉积层覆盖在金属表面上起防蚀作用。但 $PbSO_4$ 在水溶液中仍有较大的溶解度，可能沾污金属提取物或毒化阴极上的催化剂。

金属材料虽然广泛用于电化学反应器中，但由于电场的作用，有些特殊问题要考虑到。靠近电解槽和镇流器，通过杂散电流，在金属结构中会发生中间导体效应，易引起阳极侧的金属溶解。因此除非使用完全绝缘保护层，一般不宜采用金属做电解槽的结构材料。

碳材料有玻璃碳、热解石墨和多晶石墨等，最常用的是多晶石墨，它是多孔材料。为了减少孔隙率，可在真空条件下让石墨吸收热沥青或树脂物，但经过这样处理后只能在100℃以下使用，石墨在有机溶剂中很稳定，作为阳极比金属合适。在熔盐电解中可用石墨做电极或反应器的衬里。

塑料，如聚乙烯、聚丙烯和聚氯乙烯等的软化温度低于100℃，且对酸碱和氧化还原剂的耐蚀能力不太理想，因此很少用作电解槽；但是可制作运输60℃以下腐蚀溶液和电解气体的管道。玻璃纤维增强的聚酯材料可做电解液的储罐，为防止聚酯水解，可用聚氯乙烯做衬里。氟化聚合物，如聚四氟乙烯具有较好的热稳定性和化学稳定性，但其蠕变性致使它不适宜用作刚性构件。石棉增强的塑料、填充 Sb_2O_3 的聚砜、聚苯硫醚的针织物都是具有前途的非选择性的隔膜材料。有选择性的隔膜是离子交换膜，可用聚合物材料制成。

表 6-4-2 列出了一些工业电解质所选用的材料。

表 6-4-2　某些电解质选用的材料

电解质	浓度,温度	非金属材料(塑料)	金属材料
H_2SO_4 水溶液	93％,25℃	PE、PP、PVC、PVDF	硅铸铁
H_2SO_4 水溶液	10％,60℃	PP、PVDF	$NiMo_3Fe$
H_2SO_4 水溶液	10％,100℃	PP	$NiMo_3Fe$
H_2SO_4 水溶液＋二氧六环	10％,40℃	PTFE	$NiMo_3Fe$
HNO_3 水溶液	20％,40℃		Ti、Zr、Hf、Ta
HNO_3 水溶液＋铬酸盐＋$Ce(SO_4)_2$	20％,40℃		Ti、Zr、Hf、Ta
$NiCl_2$＋NaCl 溶液	pH＝4,60℃	环氧树脂	硅铸铁、Ti、Ta、NiMoCr1615
氯水	饱和,20℃	PVC(含 GRP)、PVDF	Ti、Ta
铬酸水溶液	10％,60℃	PVC、PE、PP	CrNiMoCu1820
$MgCl_2$ 熔盐	720℃	石墨、抗热陶瓷、石英	

（2）电极材料

电极材料必须具备优良的导电性，足够的电化学惰性，良好的机械稳定性、可加工性、耐电解介质和电解产物的腐蚀性，此外还需考虑价格是否可以接受。在选择具体过程用的阴极和阳极时，首先要考虑不同电极材料的电化学性质，即在指定条件下的电极反应速率、目的反应的电流效率以及电极材料本身的耐腐蚀性能等。从生产来看，所用电极可分为三类：

① 性能长期稳定的电极，常用于简单氧化还原反应、电极表面作为反应中间产物吸附位置的电化学过程和电结晶过程等。

② 气体反应电极，一般具有多孔结构，用于氢气、烃类和 CO 的电氧化或 CO_2 的电还原过程。

③ 在反应过程中电极材料不断消耗的电极，主要用于金属有机化合物的电化学制备，例如生产四烷基铅的铅阳极。

阳极有可溶性和不溶性两种。在金属精炼过程中，金属阳极溶解的电流效率高是重要的。在许多电解工业中，选择不溶性阳极是很重要的研究课题之一。

碳或石墨的导电性好，在许多化学环境下有良好的耐腐蚀性，并具有可实用的力学性能。在覆盖了金属氧化物的钛阳极被开发之前，石墨是氯化物水溶液电解时使用的最好的阳极材料。在熔盐电解时，除特殊要求外，碳及石墨仍是唯一的阳极材料。

金属及合金种类很多，在力学性能、电性能、化学性能和加工性能方面都很好，由于具有这些作为实用材料的优良特性，所以广泛用于阳极材料。但是与一般结构材料不同，在电解质中阳极极化的条件下，阳极材料必须不发生活性溶解及不会钝化，并能圆满地进行阳极反应。

有些金属在电解质中阳极极化时，生成的表面氧化物具有很好的耐腐蚀性，从而阻止了其后阳极的进一步消耗，并且具有导电性，可作阳极使用。由金属及合金所构成的不溶性阳极几乎全是这种形式，硫酸盐溶液中的铅阳极就是其中一例。

在铅电极表面生成 PbO_2，一方面保护了阳极极板，另一方面作为阳极工作。利用电解氧化制的 PbO_2，可直接作为阳极而工作。当电解制造卤酸盐或者有机电解时，此时可利用熔融铸造的 PbO_2 阳极。以铁氧化物熔融铸造的磁性阳极，在氯化物水溶液中具有良好的耐蚀性，往往用来制造氯酸盐。

当人们发明了被覆氧化钌的钛电极后，便对氧化物阳极有了新的认识，这种电极制法十分简单：将 $RuCl_3$ 与 $Ti(OBu)_4$ 的盐酸酸化的甲醇溶液涂于钛的表面，干燥后在 500℃ 左右短时间加热分解，使钌与钛的共晶氧化物致密地涂在钛基底上。这种不溶性金属阳极，常称为形稳阳极（DSA），它们的氯过电势低，并且耐腐蚀性优良。自发明 DSA 后几十年来，超过总产量半数的氯都是用这种电极制造的。

金属材料作为阳极常常可以防腐蚀，即使在强腐蚀的环境中，除特殊场合外，不致引起腐蚀问题，所以与阳极相比，材料选择的自由度大。腐蚀问题在下述三种场合产生：电解槽停止运转时；即使在运转中，由于电流分布不均匀，有的地方未能完全阴极极化；容易形成氢化物的金属材料。

电解槽运转时，阴极被极化，不会被腐蚀。若运转停止，金属材料的电势慢慢达到稳定电势，如果此稳定电势处于材料活性溶解区内，就可使材料溶解。对于强腐蚀环境，必须考虑到运转停止时的防腐蚀措施。必要时应将阴极液抽出，就不致产生自发电池腐蚀。钛、镍、钽等具有优良的耐蚀性，但有形成氢化物而产生氢脆的特点，故也不宜推荐作为阴极材料。因氢脆造成的材料破坏只与阴极电势、电流密度等有关，故在低电流密度条件下，可以酌情使用这种材料。要防止因电流分布而产生的腐蚀，必须改善结构及变更材料。

阴极材料选择的另一要点就是过电势特性。例如隔膜槽电解食盐水的阴极反应是水放电析出氢，降低氢过电势可使电能消耗下降，因此许多人研究开发具有较低氢过电势的阴极材料。与此相反，水银法电解食盐槽是以汞为阴极材料的，由于氢在汞上的过电势很高，除抑制氢析出外，还可能使钠离子放电。

在有机电解过程中，阴极还原往往是重要的，反应受阴极电势及阴极材料的影响十分明显。例如若用镍及铂一类氢过电势低的金属材料作为阴极，使硝基苯进行还原，就可能生成中间体；如果用铅及汞一类氢过电势高的材料作为阴极还原时，就生成苯胺。

表 6-4-3 列出了一些电解工业常用的电极材料。

表 6-4-3　某些电解质选用的材料

材料	阳极	阴极	用途
铅	＋	－	H_2SO_4 溶液中的电解
	＋	＋	有机电合成
铁	＋	＋	水的电解，碱性溶液中有机电合成
	－	＋	食盐水电解，ClO_3^-、ClO_4^- 和过氧酸盐的生产，熔盐电解（Na、Li、Be、Ca）
石墨	＋	－	食盐水电解，ClO_3^- 生产，有机合成，铝电解
	＋	＋	次氯酸盐生产，熔盐电解（Na、Li、Be、Ca）

材料	阳极	阴极	用途
镍	+	−	水的电解
	+	+	有机电合成,熔盐电解(NaCl),制取高锰酸盐和 Fe(Ⅲ)氰化物
铂	+	+	含氯化物溶液中的有机电合成
	+	−	ClO_3^-、ClO_4^-、过氧酸盐、次氯酸盐的生产
汞	−	+	食盐水电解,汞齐电解(Cd、Tl、Zn),有机电合成
Fe_3O_4	+	−	氯碱和氯酸盐生产
DSA(钛和钌或其他贵金属的混合物阳极)	+	−	食盐水电解,次氯酸盐、ClO_3^- 生产,电冶炼和阴极保护
Ta 或 Ti/Pt	+	−	过硫酸盐生产,次氯酸生产,电渗析和阴极保护
Ti/Pt-Ir	+	−	ClO_3^- 和次氯酸盐生产
Ti/PbO$_2$	+	−	ClO_3^- 生产,酸性介质中的有机电合成

注:"+"表示可以使用,"−"表示不可以使用。

6.4.4 隔膜式电解反应器

隔膜电解 (diaphragm electrolysis) 是用可渗透的多孔隔膜将电解槽内的阴极和阳极分开的电化冶金作业,隔膜将电解槽分隔成阳极室和阴极室,阳极和阴极分别放置其中。两室的电解液可以一样,也可以不同,视具体电解要求而定。在后一情况下则有阳极(室)液和阴极(室)液之分。

隔膜的功效有以下四点:
① 使两极的气体电解产物分开而得以分别收集。
② 提供使某种离子不能到达相关电极上进行电化学反应所必需的条件。
③ 阻止杂质离子向阴极移动、富集。
④ 避免悬浮阳极泥微粒机械混入阴极沉积。

隔膜电解最早应用于某些有色金属提取冶金工艺和生产某些高纯有色金属,但目前在环保水处理领域也见应用,最常用于处理高氨氮废水(详见本书第6.7节内容所述)。

迄今得到广泛应用的工业隔膜材料主要有棉或化纤织物、微孔塑料、石棉板、离子交换膜、素烧陶瓷等。对隔膜材料的基本要求有以下四点:
① 具有适当孔隙和一定的孔隙率。
② 对离子通过的选择性好。
③ 较低的电阻。
④ 良好的化学稳定性和较好的机械强度等。

隔膜电解可以用于金属的精炼和提取,也可以用来造液。隔膜电解按两室电解液组成量是否一样分为电解液成分一样的隔膜电解及阳极液和阴极液的隔膜电解两类,其中电解液成分一样的隔膜电解是最简单的一种隔膜电解,旨在防止阳极泥落入阴极金属产品。一般应用帆布作为阳极袋(即隔膜)。银电解精炼是这类电解应用的典型例子。而阳极液和阴极液的隔膜电解是真正名副其实的隔膜电解,主要用于以下四个场景:

① 可溶阳极隔膜电解　与无隔膜可溶阳极电解相似，所不同者仅在于电解液的循环流通方式，阳极液由于含杂质阳极溶解而相对富集杂质，自电解槽（阳极室）排出后，经净化系统处理，成为纯净电解液即阴极液（又称新液）后，供进阴极室进行电解。然后透过隔膜进入阳极室而成为阳极液，如此完成一个循环，为推动阴极液透过隔膜向阳极室流动和遏阻杂质离子向阴极室渗透，一般需保持阴极室液面高于阳极室液面 $50\sim100\mathrm{mm}$，电解法生产高纯金属和硫化镍电解精炼，可作为这种隔膜电解应用的例子。

② 不溶阳极隔膜电解　在湿法冶金流程中，原料经浸出处理获得的富液，直接或经净化后送进阴极室进行电解提取。在阴极上发生电还原析出金属的同时，在阳极室内的不溶阳极上进行阴离子 Cl^-、OH^- 等的氧化并生成中性分子 Cl_2、O_2 等析出。有关离子通过隔膜运动，使两室电解液内的物质和电量保持平衡。钴电解以及湿法冶金流程中锑和铋的电解提取，是这种隔膜电解应用的典型例子。

③ 隔膜电解造液　这是一种电化学造液法。以所需造液的金属为阳极，任意一种导体为阴极，置于由隔膜分开的浓度不同的同种酸液中。电解时，阳极金属发生电氧化溶解入溶液，但溶入溶液中的其离子不能通过隔膜进入阴极室，故在溶液（阳极液）中积累，浓度不断升高。在阴极室，阴极上放电析出的是氢。阴极液中原来与 H^+ 对应共存的酸根离子，通过隔膜进入阳极室，与阳极溶解下来的金属离子一起使电解质体系的物质和电量达到平衡。最后所得的阳极液，就是含有所需金属离子的溶液。隔膜电解造液在金电解精炼中获得应用。

④ 隔膜电解除氨氮　该种隔膜电解技术可以应用于高氨氮废水的处理中，利用隔膜电解消除氨氮，在运行时会先让高氨氮废水进入阴极室，并同步曝气，此时由于阴极室呈现强碱性环境，在曝气的作用下，水中的 NH_4^+ 会转变为更易挥发的 NH_3 逸出水体，如式（6-4）所示，此时消除氨氮的作用即相当于碱性吹脱法。

$$NH_4^+ + OH^- \longrightarrow NH_3\uparrow + H_2O \tag{6-4}$$

经过阴极室吹脱处理后的水继续进入阳极室进行反应，此时隔膜电解装置利用阴离子选择性透过膜对 Cl^- 的选择透过性，让废水中的 Cl^- 向阳极室富集，然后在阳极电催化作用下，产生 Cl_2，进而按照式（6-5）所示，产生可以氧化氨氮的 $HClO$，进行折点氯化法反应消除氨氮，具体的反应方程式如式（6-6）～式（6-8）所示。

$$Cl_2 + H_2O \longrightarrow HCl + HClO \tag{6-5}$$

$$NH_4^+ + HClO \longrightarrow NH_2Cl + H^+ + H_2O \tag{6-6}$$

$$NH_2Cl + HClO \longrightarrow NHCl_2 + H_2O \tag{6-7}$$

$$2NH_2Cl + HClO \longrightarrow N_2\uparrow + 3H^+ + 3Cl^- + H_2O \tag{6-8}$$

与单独的电催化氧化降解氨氮或者直接加药折点氯化降解氨氮相比较，隔膜电解工艺在处理高氨氮废水上的效率更高，因而具备更好的推广前景。

采用隔膜电解的方式，还可以用来调节废水的 pH 值，可以代替传统的投加酸碱药剂调节 pH 值的操作，例如针对难降解工业废水的高级氧化处理，目前市面上常见的技术有芬顿法、电催化氧化、臭氧催化氧化、光催化氧化等工艺，其中尤以芬顿工艺的氧化性最强、适用范围最广，因此芬顿工艺在环保水处理中的应用非常广泛。但是传统芬顿工艺有明显短板，整套流程需要投加的药剂种类较多。

芬顿工艺中，首先需要投加 H_2SO_4 或者 HCl 调节原水水质 pH 到 $3\sim4$，然后再按照一定比例投加亚铁催化剂和 H_2O_2，这里亚铁催化剂以最常用的 $FeSO_4\cdot7H_2O$ 为例，按照实验记载，亚铁催化剂、双氧水和想要去除的 COD 之间的质量比在 $1:3:3\sim1:5:5$ 范围之间浮动。当反应时间 $t=40\sim60min$ 后的出水还需要投加 NaOH 使其 pH 提升至 $8\sim9$ 之间，保证工艺中的 Fe^{3+} 以 $Fe(OH)_3$ 的形式从水中沉淀出来。

从以上流程中可以看出，完整的芬顿工艺至少需要投加 1 种酸剂和 1 种碱剂，而投加酸碱药剂会导致水中无机盐含量增多。例如以 H_2SO_4 和 NaOH 作为酸碱药剂时会在水中最终生成 Na_2SO_4，增加的盐分可能会对出水或者下一级工艺有影响。例如"芬顿预处理＋好氧生化处理"工艺中，芬顿工艺依靠其强氧化性可以起到开环断链作用，增加原废水可生化性，但是额外引入的盐分却会抑制生化工艺中微生物的活性，使其处理效率下降。因此如何改进传统芬顿工艺的不足，降低甚至免除在酸碱调节环节的用药，保证芬顿工艺出水不增加无机盐含量，则具备一定的研究前景。

采用一种隔膜式电化学反应器调节水质 pH 值，并通过系列试验验证该技术的可行性，该技术的原理是利用水分子在通电情况下，在隔膜式电化学反应器的阴极室中产生 OH^-，阳极室中产生 H^+，得益于隔膜式电化学反应器阴阳极室隔水通电的特点，使得电解水产生的 OH^- 和 H^+ 并不会接触发生中和反应，从而实现调节进出水 pH 值的效果。

根据反应机理，笔者曾进行以下试验：量取 $V=2L$ 灭活水样，分别装入阴离子选择性透过膜电化学反应器的阴阳极室内，并保持阴阳极室内液位持平，然后打开直流稳压电源开关，调节电流 $I=2.5A$、电压 $U=3.32V$，每隔时间 $t=10min$ 测试阳极室内灭活水 pH 值和电导率，并同步记录电压，该步骤试验到阳极室内灭活水 pH 值下降到 $3\sim4$ 之间时，关闭直流稳压电源，排出阴阳极室内的灭活水待用。然后电化学反应器的阴离子选择性透过膜更换为阳离子选择性透过膜，重复上述试验，记录两者相关数据并做分析。

取阳极室酸性灭活水 1L，投加固体 $FeSO_4\cdot7H_2O$ 粉末 2g，搅拌溶解后投加 30％浓度的 H_2O_2 溶液 10mL，搅拌 40min，氧化完毕后待用。

取芬顿氧化后灭活水 1L，加入阴离子选择性透过膜电化学反应器阴极室，另取灭活水原水 1L 加入阳极室，并保持阴阳极室内液位持平，然后打开直流稳压电源开关，保持电流 $I=2.5A$、电压 $U=3.32V$，每隔时间 $t=10min$ 测试阴极室内灭活水 pH 值和电导率，并同步记录电压，该步骤试验到阴极室内芬顿氧化灭活水 pH 值上升到 $7\sim8$ 之间时，关闭直流稳压电源，排出阴极室内的水样。然后把电化学反应器的阴离子选择性透过膜更换为阳离子选择性透过膜，重复上述试验，记录两者相关数据并做分析。

阴阳离子隔膜电化学调节灭活水 pH 值实验结果如图 6-4-1 所示，可以看出不同类型的隔膜式电化学反应器，都可以实现灭活水 pH 值的调节，且阳极室内 pH 值下降，阴极室内 pH 值增长，这主要是因为在通直流电的情况下阳极室内会发生包括式(6-9)～式(6-11) 在内的化学反应并最终产生 H^+；阴极室内会发生包括式(6-12) 在内的化学反应并最终产生 OH^-。

$$2H_2O-4e^-\longrightarrow4H^++O_2\uparrow \tag{6-9}$$

$$2Cl^--2e^-\longrightarrow Cl_2\uparrow \tag{6-10}$$

$$Cl_2+H_2O\longrightarrow HCl+HClO \tag{6-11}$$

$$2H_2O+2e^-\longrightarrow H_2\uparrow+2OH^- \tag{6-12}$$

从图 6-4-1 可看出，阴阳离子隔膜电化学反应器阳极室第 80min 出水 pH 值分别为 3.54 和 3.62，而第 130min 时阴阳离子隔膜电化学反应器阴极室进水 pH 值分别为 3.11 和 3.13，是因

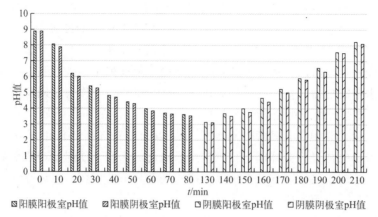

图 6-4-1 阴阳离子隔膜电化学反应器阴阳极室内灭活水 pH 值数据

为阳极室调酸后的 1L 灭活水进行 40min 芬顿氧化时，加入 10mL 浓度为 30％的 H_2O_2 呈强酸性，pH≈0.45，因此在阴极室调碱开始时的 pH 值要低于阳极室调酸终点时的 pH 值。

随着电解过程的进行，阳离子隔膜电化学反应器阳极室内 pH 值从 8.89 下降到 3.62，其中前 40min 灭活水 pH 值降低 4.07，后 40min 降低 1.2，总体降幅为 59.69％；阴离子隔膜电化学反应器阳极室内 pH 值从 8.89 下降到 3.54，其中前 40min 灭活水 pH 值降低 4.18，后 40min 降低 1.17，总体降幅为 60.18％；阳离子隔膜电化学反应器阴极室内 pH 值从 3.13 上升到 8.22，其中前 40min 灭活水 pH 值上升 2.1，后 40min 上升 2.99，总体上升幅度为 162.62％；阴离子隔膜电化学反应器阴极室内 pH 值从 3.11 上升到 8.10，其中前 40min 灭活水 pH 值上升 1.9，后 40min 上升 3.09，总体上升幅度为 160.45％。

可以看出经过 40min 电解，阴离子隔膜阳极室 pH 值下降幅度要大于阳离子隔膜阳极室，阳离子隔膜阴极室 pH 值上升幅度要大于阴离子隔膜阴极室。分析原因是因为采用阴离子隔膜的电化学反应器阴极室内阴离子可以透过隔膜向阳极室内富集，但是阳极室内的阳离子却无法通过阴离子隔膜向阴极室富集。同理，采用阳离子隔膜的电化学反应器阴极室内的阳离子可以透过隔膜向阳极室富集，但是阴极室内的阴离子却无法通过阳离子隔膜向阳极室富集，这就导致阳离子隔膜阴极室内的阳离子浓度要高于阴离子隔膜阴极室内的阳离子浓度。根据阴阳离子浓度相等原则可知，阳离子隔膜电化学反应器阴极室内的 OH^- 浓度要高于阴离子隔膜电化学反应器阴极室内的 OH^- 浓度，因此阳离子隔膜电化学反应器阴极室出水 pH 值更高，而阴离子隔膜电化学反应器阳极室内的 H^+ 浓度要高于阳离子隔膜电化学反应器阳极室内的 H^+ 浓度，因此阴离子隔膜电化学反应器阳极室出水 pH 值更低。

而阳极室内前 40min 灭活水 pH 值下降幅度高于后 40min 灭活水 pH 值下降幅度，阴极室内前 40min 灭活水 pH 值上升幅度低于后 40min 灭活水 pH 值上升幅度。导致以上结果的原因，根据 pH 计算公式式(6-13) 可知，当 pH 值减小 1 时，则〔H^+〕增加 10 倍。

$$pH = -lg[H^+] \tag{6-13}$$

式(6-13) 中〔H^+〕代表 H^+ 的物质的量浓度，单位 mmol/L。在输出电流值 I 保持稳定 2.5A 的前提下，pH 值变化曲线的斜率会逐渐降低；表现在 pH 值增减上，就是阳极室 pH 值降低时的速度是逐渐缓慢的，而阴极室内 pH 值的增长幅度是逐渐加速的。

阴阳离子隔膜电化学调节灭活水 pH 值实验中电导率测试结果如图 6-4-2 所示，分析两种离子隔膜的四个极室可以得出以下结论：随着电解过程的进行，阳离子隔膜电化学反应器阳极室内灭活水电导率呈现下降趋势，降幅为 36.25%；阳离子隔膜电化学反应器阴极室内灭活水电导率呈现上升趋势，增幅为 33.86%；阴离子隔膜电化学反应器阳极室内灭活水电导率呈现上升趋势，增幅为 24.01%；阴离子隔膜电化学反应器阴极室内灭活水电导率呈现下降趋势，降幅为 21.88%。

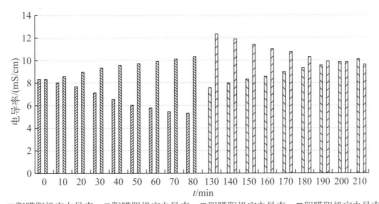

图 6-4-2　阴阳离子隔膜电化学反应器阴阳极室内灭活水电导率数据

从图 6-4-2 可看出，阴阳离子隔膜电化学反应器阳极室第 80min 出水电导率分别为 5.31mS/cm 和 10.33mS/cm，而第 130min 时阴阳离子隔膜电化学反应器阴极室进水电导率分别为 7.56mS/cm 和 12.34mS/cm，是因为阳极室调酸后的 1L 灭活水进行芬顿氧化时，加入 2g 固体 $FeSO_4 \cdot 7H_2O$ 所致，因此在阴阳离子隔膜电化学反应器内的阴极室调碱开始时的电导率都要高于阳极室调酸终点时的电导率。

结合调 pH 值试验结果来看，阳极室调酸过程采用阴离子隔膜出水 pH 值为 3.54，采用阳离子隔膜出水 pH 值为 3.62，两者相差仅为 0.08；从除盐的角度来看，阳极室调酸过程采用阴离子隔膜出水电导率为 10.33mS/cm，采用阳离子隔膜出水电导率为 5.31mS/cm，采用阴离子隔膜降低 pH 值虽然效率更好，但是与直接使用无机酸碱药剂相比较，并没能实现不增加出水含盐量的效果，因此阳极室调酸工艺应采用阳离子隔膜。

同理，阴极室调碱过程采用阳离子隔膜出水 pH 值为 8.22，采用阴离子隔膜出水 pH 值为 8.10，两者相差仅为 0.12；阴极室调碱过程采用阳离子隔膜出水电导率为 10.12mS/cm，采用阴离子隔膜出水电导率为 9.64mS/cm，采用阳离子隔膜提升 pH 值虽然效果更好，但是增加了出水含盐量，因此阴极室调酸工艺应采用阴离子隔膜。

因此，采用隔膜式电化学工艺调节灭活水 pH 值先酸后碱，且不增加出水含盐量时，应选用阳离子隔膜电化学阳极室进行酸调节＋阴离子隔膜电化学阴极室调碱的组合。

根据试验结论组合的阳离子隔膜电化学阳极室进行酸调节＋阴离子隔膜电化学阴极室调碱电化学工艺，电流 $I=2.5A$，电压 $U=3.32V$，对体积 $V=1L$ 新鲜灭活水原水先调酸后调碱实验，结果如图 6-4-3、图 6-4-4 所示。

灭活水原水 pH 值为 8.89，电导率为 8.33mS/cm，80min 后调酸到 3.62，电导率降低至 5.31mS/cm，折合吨水电耗为 11.07kW·h/t；调酸后投加 2g 固体 $FeSO_4 \cdot 7H_2O$ 和 10mL 浓度为 30% 的 H_2O_2 反应 40min，第 130min 开始调碱，此时 pH 值为 3.13，电导率为 7.52mS/cm，80min 后出水 pH 值上升到 8.11，电导率下降到 5.25mS/cm，折合吨水电

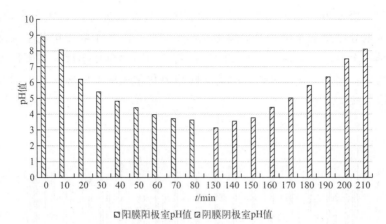

图 6-4-3　阳离子隔膜电化学阳极室进行酸调节＋阴离子隔膜电化学阴极室调碱 pH 值变化

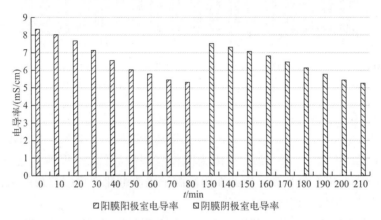

图 6-4-4　阳离子隔膜电化学阳极室进行酸调节＋阴离子隔膜电化学阴极室调碱电导率变化

耗为 11.07kW・h/t。总电耗折合 22.14kW・h/t，按照工业用电每度电 0.75 元计算，折合成本每吨水 16.61 元。

采用 H_2SO_4 调酸到 pH 值 3.62、NaOH 调碱到 pH 值 8.11 时，处理量为 1 L 灭活水时 40％浓度 H_2SO_4 用量为 0.16mL，40％浓度 NaOH 用量为 2.1mL，调节完毕后出水电导率为 12.23mS/cm，增幅 46.82％。药剂成本按照浓度为 98％的 H_2SO_4 溶液每吨 580 元、工业级 NaOH 固体每吨 2600 元计算，折合每吨水成本 2.22 元。

从成本来看，隔膜式电化学调节灭活水 pH 值工艺不占优势；从处理效果来看，传统无机酸碱药剂调节 pH 值对于出水电导率增幅为 46.82％，而隔膜式电化学调节 pH 值工艺出水电导率降幅为 36.97％，效果更加显著。

6.4.5　多级串联粒子电催化反应器

电催化氧化技术由于其产生强氧化物羟基自由基的能力，对有机污染物降解较为彻底，很少或一般不产生二次污染，反应条件温和，可控性强等优点而得到了广泛的应用。

目前电催化氧化技术主要分为二维平板电极电催化技术和三维粒子电极电催化技术，其中三维粒子电极电催化技术是通过在二维平板电极中间添加粒子电极，构成三维体系，通过在反应器两侧二维平板电极间施加直流电压，粒子电极会在电场中感生出若干微小原电池来降解水体中 COD，详情可见本书第 6.2.3 节内容所述。

　　三维粒子电极多选择颗粒活性炭等活性粒子和陶瓷等绝缘粒子按照一定比例混合，绝缘粒子的作用是保持活性粒子之间不直接接触。三维粒子电极电催化技术弊端在于活性粒子电极容易结垢板结，并且由于粒子电极间不可避免地存在相互接触现象，因此总有一部分电流通过相互接触的粒子电极流失，俗称短路电流，从而降低了电流利用效率。

　　另外，不论是二维平板电极电催化技术还是三维粒子电极电催化技术，其与外部直流电源连接的均是最外侧的平板电极，由于平板电极面积较大，且电极间距较小，因此在保持一定电流密度的同时就必须使用大电流小电压模式，其运行电压一般会在2～380V。而电流越大，其造成的热损也就越大，这也进一步降低了反应过程中的电流利用效率，这也是目前电催化氧化技术在实际应用过程中能耗较高，影响其大范围推广的主要原因。

　　而多级串联粒子电极电催化技术所采用的粒子电极为球形，表层涂覆具有电催化活性的 SnO_2 涂层，取消了传统三维电极两端的板式电极和中间填充的绝缘粒子电极，依靠一定的结构排列组合，使其具备大电压小电流的运行模式，可以有效解决传统三维电极和二维平板电极运行过程中容易发热、结垢的问题。

　　有学者按照以上原理，自制了多级串联粒子电极反应器，内部粒子的连接方式如图6-4-5所示。

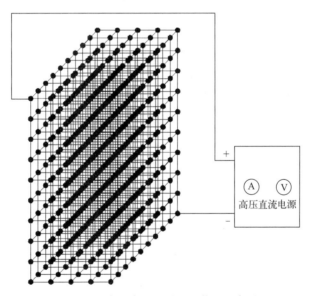

图 6-4-5　多级串联粒子电极装置示意图

　　该反应器长×宽×高为 200mm×100mm×300mm，材质为有机玻璃，内部粒子电极采用直径 10mm 的 Ti/SnO_2 球形粒子电极，任意两个电极间距 10mm，每 5 个电极为 1 行，每 10 行为 1 排，一共 10 排，共 500 个，多级串联粒子电极反应器有效阳极面积为 785cm^2。

　　如图 6-4-5 所示，每个球形粒子电极中间有 3 条过球心且相互垂直的孔道，每条孔道中分别穿有定位绝缘尼龙丝线，将所有球形粒子电极固定成间距 10mm 等距离的 10 行、5 列、10 层，保证任何一个粒子电极与相邻电极间保持相同距离，其中第 1 个球形粒子电极连接外加高压直流电源的正极，第 500 个球形粒子活性电极连接外加高压直流电源的负极，保证电流能够流经所有的球形粒子电极。

　　关于多级串联粒子电极反应器大电压小电流运行模式的解释：由于连接球形粒子电极的是尼龙塑料丝，不能直接导电，因此，电流只能通过两个粒子电极之间的水体导通，这是大前提。取除去边缘外的任意一个球形粒子电极为研究对象，单独分析任一粒子电极时，该粒子电极与其余粒子电极间为并联关系，因此电压相同而电流不同。与该粒子电极距离最近的粒子电极有 6 个：分别位于前后左右上下部位，取其距离为 x，而距离该粒子电极稍远的 6 个电极距离为 $1.414x$。默认任何相邻两粒子电极间的导电截面积相同，水体电导率一定，所以两粒子间的电导正比于其相邻距离。因此，中间粒子电极和相互距离为 x 的相邻 6 个粒子电极间的电流最大，而相距 $1.414x$ 距离的两个粒子电极间的电流则会衰减约 50%，距离更远的粒子电极间电流衰减更严重，可忽略不计，又由于该粒子电极的表面积极小，因此在相同槽压条件下，通过单个粒子电极传递的电流相对就非常小。

但是以全部球形粒子电极作为研究对象时，其传导电流的方式为串联，此时电流不变而电压相互叠加，因此总电压应为单个槽压乘以任意两个相邻球形粒子电极的总组合数，最终表现出大电压小电流的运行条件，这是多级串联粒子电极反应器能够实现大电压小电流的原因所在。

通过自制的多级串联粒子电极电催化反应器，和相同条件下的二维平板电极电催化技术、三维粒子电极电催化技术进行了对比，其中二维平板电极反应器采用复极式，设置 10 片 $80mm \times 100mm \times 2mm$ 自制 Ti/SnO_2 板式电极，极板间距为 $10mm$，有效阳极面积为 $720cm^2$；三维粒子电极反应器两端平板电极采用 2 块 $80mm \times 100mm \times 2mm$ 自制 Ti/SnO_2 板式电极，中间均匀填充 450 个直径 $10mm$ 的自制 Ti/SnO_2 球形粒子电极和 450 个直径 $10mm$ 的玻璃球，填充方式为每一个球形粒子电极和一个玻璃球紧密相邻，即保证任意相邻两个球形粒子电极之间都有一个玻璃球间隔开来，避免形成短路电流，其中有效阳极面积为 $786.5cm^2$。

试验结果表明，反应初始阶段，COD 下降较快，反应 70min 时，多级串联粒子电极反应器、二维平板电极反应器和三维粒子电极反应器出水 COD 为 74mg/L、153mg/L 和 222mg/L，去除效率为 85.2%、69.4% 和 55.6%。随着反应时间的延长，COD 下降较慢，在反应 120min 以后，多级串联粒子电极反应器、二维平板电极反应器和三维粒子电极反应器出水 COD 分别为 34mg/L、56mg/L 和 170mg/L，去除率分别为 93.2%、88.8% 和 66.0%。

通过多级串联粒子电极反应器、二维平板电极反应器和三维粒子电极反应器对于苯酚溶液的对比降解试验可知，吨水电耗由小到大依次为 $W_{多级串联} < W_{二维平板} < W_{三维电极}$，电流效率由小到大依次为 $W_{三维电极} < W_{二维平板} < W_{多级串联}$。根据微分法能够确定电催化降解苯酚反应为一级动力学反应，并且能够确定三种反应器中的降解反应速率常数由大到小依次为 $K_{多级串联} > K_{二维平板} > K_{三维电极}$。

研究表明，多级串联粒子电极电催化技术在吨水电耗、电流效率以及反应速率三方面均优于传统二维平板电极电催化技术和三维粒子电极电催化技术。

6.5 判断电催化反应效率的常用指标

6.5.1 转化率和选择性

一个电化学过程是否有实用价值的经济效益，常用转化率、电流效率、电能消耗和空时产率等指标来评价，下面首先介绍转化率。

转化率 C，又称为产率或原料回收率，其定义如式(6-14) 所示：

$$C = \frac{\text{原料转化为产物的物质的量}}{\text{原料消耗的物质的量}} \times 100\% \qquad (6-14)$$

一般而言，$C<1$，为了提高生产效益，必须寻求降低原料消耗的办法，或者设法分离产物中所含的副产物，原料回收率有时用选择性表示，如式(6-15) 所示：

$$\text{选择性} = \frac{\text{目的产物的物质的量}}{\text{所有产物的物质的量之和}} \times 100\% \qquad (6-15)$$

6.5.2 电流效率

由法拉第定律可知，一个电极上得到产物的物质的量与通过的电量成正比，1mol 产物所需的电量为 zF，F 是 96487C，z 是电极反应的电子数，I、t、M 分别为通过的电流强度、通电时间、产物的分子量，因此电极产物的量可表示为式(6-16)：

$$\text{产物的量} = \frac{ItM}{zF} \qquad (6-16)$$

式中，M/zF 为一常数，这是通过单位电量得到产物的质量，被称为电化当量 k。例如 Cu^{2+} 还原为 Cu，$k=63.57/(2\times96487)=0.3294mg/C$。

电解时通过的电流并非全部用于生成目的产物，目的产物的量也就低于式(6-16) 计算的理论产量。这就涉及一个概念——电流效率，其定义如式(6-17) 所示：

$$\eta_1 = \frac{\text{生产目的产物所用的电量}}{\text{消耗的总电量}} \times 100\% \qquad (6-17)$$

也可由目的产物的实际产量与 kIt 之比计算出 η_1。

由于电解槽两个电极进行的反应不同，故有不同的电流效率。根据阴极产物计算的电流效率称为阴极电流效率，根据阳极产物计算的电流效率称为阳极电流效率。电流效率通常低于 100%，偶然也有大于 100%，金属阳极溶解时可能出现这种情况，这是因为还存在金属的化学溶解。

电流效率低于 100% 的原因主要是副反应（如电解生产锌时的析氢反应）和二次反应（如阳极产生的氯气溶解在电解液中形成次氯酸盐）。电流空耗（漏电、金属离子不完全放电、熔盐电解时存在电子导电）和机械损失也不可忽视。一般来说，熔盐电解的电流效率比水溶液电解的低。

6.5.3 电能消耗和电能效率

电解时每个电解槽所需的电能为 IUt，而生产单位质量的产物所需的电能，称为电能消耗（简称能耗），可由式(6-18) 来计算得出：

$$\text{能耗} = \frac{UIt}{(ItM/zF) \times \eta_1} = \frac{zFU}{M\eta_1} = \frac{U}{k\eta_1} \qquad (6-18)$$

理论上所需的电能为 $E_d I't$，I' 为按法拉第定律计算所需的电流，因此电能效率可按照式(6-19) 表示：

$$\eta_E = \frac{E_d I't}{UIt} \times 100\% = \frac{E_d}{U} \times \frac{I'}{I} \times 100\% \qquad (6-19)$$

式中，$(I'/I) \times 100\%$ 为 η_1，而电压效率可以按照式（6-20）定义为：

$$\eta_U = \frac{E_d}{U} \times 100\% \tag{6-20}$$

则式（6-19）变为式（6-21）：

$$\eta_E = \eta_U \times \eta_1 \div 100\% \tag{6-21}$$

提高能量效率，即减小电能消耗，要尽量降低槽电压和提高电流效率，可选用下列 7 种途径：

① 减小电解液中杂质含量，可提高电流效率。

② 适当提高反应物浓度，有利于在较高电流密度下得到较高的电流效率。

③ 加入适当的电解质，提高溶液电导，降低槽电压。

④ 加入适量的表面活性物质，改善产品的质量。

⑤ 适当提高温度，增加溶液电导，降低槽电压。

⑥ 适当提高电流密度，强化生产。

⑦ 缩短极距，减少欧姆电压降。

6.5.4 空时产率

空时产率是指单位体积的电解槽在单位时间内所得产物的量，其单位常用 mol/(L·h)。它是衡量电解槽生产能力的指标，与单位体积电解槽内通过的有效电流成正比例，即与电流密度、电流效率、单位体积内的电极面积三者乘积成正比例。

增大电极面积与电解槽体积之比 A/V，可提高电解槽的生产能力。为了使电极的正反两个表面都参加电极反应，常把阴阳极组合起来使用，有以下两种平行板式电解槽结构。

（1）单极式

如图 6-5-1 所示，位于中间的任一块极板的两面都充分参与电解，而两端的两块极板的利用率不大。槽电压等于任意两块相邻电极之间的电势差，通过电解槽的总电流随电极数目增加而成比例地增大。极板的间距越小，A/V 的值越大，但增大 A/V 的值必须考虑其他因素，例如电极反应逸出气体产物，就要设法减小气体从溶液析出的阻力。

（2）复极式

如图 6-5-2 所示，只有电解槽两端的两块极板连接电源，其余中间各块的一面为阴极，另一面为阳极，具有双重极性。相邻两块极板和它们之间的电解液组成一个电解单元，彼此串联在一起。因此通过每个电解单元的电流就是总电流，槽电压等于电解单元的电压乘以（极板数-1）。复极式的优点是金属导体少，外电路欧姆电压降的损失低，电解槽的占地面积小，缺点是相邻两个电解单元会通过电解液产生漏电电流，而且极板同一面上会有少量极性不同的点，引起电化学腐蚀作用。复极式电解槽形状似压滤机，其极板常用同一个金属制成，也可由两种不同的金属板粘接而成。

上面讨论的各个指标都是一系列试验变量的函数。这些变量包括电极电势、电极材料和结构、电活性物种的浓度、溶液的介质、温度、压力、传质方式和电解槽的设计等。电解槽的总体性能是由这些变量之间复杂联系决定的，而电解过程的优化依赖于这些参数的合理选择。

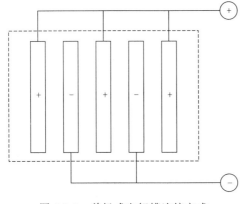

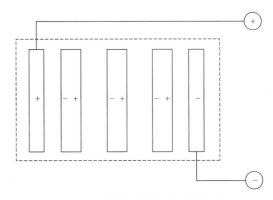

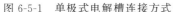

图 6-5-1　单极式电解槽连接方式　　　　　图 6-5-2　复极式电解槽连接方式

此外，电解槽的成本与寿命在电解生产中也很重要。这是较难评价的指标，因为电解槽的所有部件的初始成本、性能和寿命都对它有影响。

6.6　电催化氧化法工艺试验研究

6.6.1　研究背景

十二烷基二甲基苄基氯化铵是迄今工业循环水处理中最常用的杀菌灭藻剂之一，广泛应用于石油、化工、电力、冶金等行业的循环冷却水系统中，用以控制循环冷却水系统菌藻滋生，对杀灭硫酸盐还原菌有特效。十二烷基二甲基苄基氯化铵是一种阳离子表面活性剂，属非氧化性杀菌剂，能有效地控制水中菌藻繁殖和黏泥生长，并具有良好的黏泥剥离作用和一定的分散、渗透作用，同时具有一定的去油、除臭和缓蚀作用。

非氧化性杀菌剂多有一定的毒性，虽微生物对杀菌剂有微生物降解作用，能使毒性降低，但在循环冷却水系统中使用之后，仍有一定的余毒，这些残余杀菌剂通过排污进入江河后，会对自然水体造成污染。为保护环境，排污水中的含毒量需要符合国家标准的规定。同时含有杀菌剂十二烷基二甲基苄基氯化铵的废水不宜采用传统生化处理工艺处理，因为该类药剂对生化处理细菌有强抑制和毒害作用，所以必须经过预处理消除毒性后才能进行生化处理。本高难度杀菌剂废水主要所含成分即为十二烷基二甲基苄基氯化铵。

针对此种高难度杀菌剂废水，拟采用光催化、电催化和光电催化氧化三种高级氧化技术进行处理对比。

本次试验所采用的废水样为含有十二烷基二甲基苄基氯化铵的杀菌剂废水，废水水质指标如表 5-5-1 所示。

6.6.2　工艺设计试验药品及仪器

（1）工艺设计试验药品

工艺设计试验中用到的药品及试剂如表 6-6-1 所示。

表 6-6-1　主要原料和试剂

药品名称	药品规格	药品产地
NaOH	分析纯	天津市化学试剂三厂
H_2SO_4	分析纯	天津市化学试剂三厂
HCl	分析纯	天津市化学试剂三厂
十二烷基二甲基苄基氯化铵	工业品	天津市澳大化工商贸有限公司
甲酸	色谱纯	天津市科密欧化学试剂有限公司
甲酸铵	色谱纯	天津市光复科技发展有限公司
36%乙酸	色谱纯	天津市科密欧化学试剂有限公司
乙腈	色谱纯	天津市科密欧化学试剂有限公司
四硼酸钠	分析纯	天津市科密欧化学试剂有限公司
磷酸二氢钠	分析纯	天津市科密欧化学试剂有限公司
次氯酸钠	分析纯	天津市光复科技发展有限公司
碘化钾	分析纯	天津市科密欧化学试剂有限公司
磷酸二氢钾	分析纯	天津市科密欧化学试剂有限公司
N,N-二乙基-1,4-苯二胺硫酸盐	分析纯	天津市风船化学试剂科技有限公司
乙二胺四乙酸二钠	分析纯	天津市光复科技发展有限公司
磷酸二氢钾	分析纯	天津市化学试剂三厂
磷酸氢二钠	分析纯	天津市化学试剂三厂
碘酸钾	优级纯	天津市科密欧化学试剂有限公司
硫代乙酰胺	分析纯	天津市化学试剂三厂

（2）工艺设计试验仪器

工艺设计试验主要仪器如表 6-6-2 所示。

表 6-6-2　主要试验仪器设备及型号

仪器名称	仪器型号	仪器产地
COD 消解仪	DRB200	美国 HACH
分光光度计	DR/2800	美国 HACH
电子天平	AL204	梅特勒-托利多仪器(上海)有限公司
多组输出直流电源	GPC-3030DN	固纬电子苏州有限公司
UV-VIS 分光光度计	UV-3600	日本岛津
傅里叶红外分光光度计	TENSOR 27	德国 BRUKER
TOC 分析仪	TOC-VCPN	日本岛津
液相色谱仪		安捷伦
pH 计	FE20	梅特勒-托利多仪器(上海)有限公司
超声波清洗器	SB25-12DTD	宁波新芝生物科技股份有限公司
低速离心机	KDC-40	科大创新股份有限公司中佳分公司

仪器名称	仪器型号	仪器产地
鼓风式干燥箱	DHG-9123A	上海一恒科学仪器有限公司
真空干燥箱	DZF-6050	上海一恒科学仪器有限公司
蠕动泵	YZ1515	天津市协达电子有限责任公司
纯水机		MILLIPORE
紫外灯	365nm	天津市蓝水晶净化设备技术有限公司
石墨电极	$5 \times 6cm^2$	自制
DSA 电极	$5 \times 6cm^2$	自制

（3）工艺设计试验装置

试验中所用到的电催化氧化反应装置原理如图 6-6-1 所示。

6.6.3 试验水质分析方法

试验中所用到的水质指标名称和测试方法如表 5-5-4 所示。

6.6.4 电催化处理工艺试验方法与过程

（1）空白对照试验

电催化氧化处理十二烷基二甲基苄基氯化铵废水的空白对照试验采取芬顿试剂氧化法，并按照表 6-6-3 所述试验步骤进行。

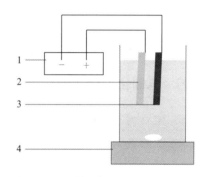

图 6-6-1 电催化氧化反应装置原理图
1—多组输出直流电源；2—DSA 阳极；
3—石墨阴极；4—磁力搅拌

表 6-6-3 芬顿氧化空白对照试验步骤

操作步骤	操作内容
步骤 1	取初始 COD 约为 350mg/L 的十二烷基二甲基苄基氯化铵水溶液 2L，加入反应器
步骤 2	选用 $H_2SO_4(1+35)$ 调节初始 COD 约为 350mg/L 的十二烷基二甲基苄基氯化铵水溶液至 pH≈3
步骤 3	向 2L 的十二烷基二甲基苄基氯化铵水溶液中加入 1.112g $FeSO_4 \cdot 7H_2O(Fe^{2+}$ 含量为 2mmol/L)
步骤 4	按照 0.5mL/L 的投加比例，投加 H_2O_2 共计 1mL
步骤 5	搅拌反应 3h
步骤 6	用 NaOH 调整 pH 到 8 左右
步骤 7	待 $Fe(OH)_3$ 絮体沉降后取上清液
步骤 8	测试上清液 COD

（2）电催化降解试验

电催化氧化处理十二烷基二甲基苄基氯化铵废水试验方法及步骤按照表 6-6-4 所述试验步骤进行。

表 6-6-4　电催化氧化试验步骤

操作步骤	操作内容
步骤 1	取初始 COD 约为 350mg/L 的十二烷基二甲基苄基氯化铵水溶液 2L,加入反应器
步骤 2	选取石墨电极充当阴阳极材料,并考察不同电压、极间距、电解质、曝气、初始 pH 值等因素对降解效果的影响
步骤 3	按照以上条件分别电解 3h,出水测量 COD
步骤 4	选取 DSA 阳极充当阴阳极材料,并考察不同电压、极间距、电解质、曝气、初始 pH 值等因素对降解效果的影响
步骤 5	按照以上条件分别电解 3h,出水测量 COD
步骤 6	选取不锈钢电极充当阴阳极材料,并考察不同电压、极间距、电解质、曝气、初始 pH 值等因素对降解效果的影响
步骤 7	按照以上条件分别电解 3h,出水测量 COD
步骤 8	确定最佳试验条件后,继续考察外加 $FeSO_4$ 或 H_2O_2 于电催化体系之中,形成电助芬顿体系,反应 3h 后测定水样 COD

6.6.5　电催化处理工艺分析

（1）空白对照试验

芬顿试剂氧化法 3h 后的 COD 去除率达到 57.6%。以此作为电催化氧化降解试验的对照试验。

（2）电催化降解试验

① 固定阴、阳极极板材料（阳极：DSA 电极；阴极：石墨电极）。

不同反应条件下反应 3h 后的 COD 去除率如表 6-6-5 所示。试验中当极板间距为 10cm、外加电压为 10V 时,不能使有机物得到有效的去除,且反应中可能生成了某种难降解的物质而使得 COD 增大。

表 6-6-5　DSA 电极为阳极、石墨电极为阴极时不同反应条件下 COD 去除率

试验序号	间距/cm	电压/V	起始 pH	曝气	$FeSO_4$/(g/L)	H_2O_2/(mL/L)	电解质 Na_2SO_4 含量/(g/L)	COD 去除率/%
1	10	10						−53.2
2	10	10					2	−30.3
3	10	10				1	2	0.8
4	10	30					2	1.3
5	10	10			0.556	1		57.5
6	10	10			0.556	1	1	55.6
7	10	10			0.556			−24.3
8	10	10		采用曝气条件	0.556			−1.6
9	3	20					2	10
10	3	30					2	13.7
11	3	20	2.93				2	5.7

试验序号	间距/cm	电压/V	起始pH	曝气	FeSO₄/(g/L)	H₂O₂/(mL/L)	电解质 Na₂SO₄ 含量/(g/L)	COD 去除率/%
12	3	20	11.3				2	3.6
13	3	20					10	2.9
14	2	20					2	10.0
15	0.5	20					2	12.9
16	0.5	20			0.556	1	2	55
17	0.5	20						5.0

　　表 6-6-5 中，试验 2 在试验 1 的基础上外加了电解质 Na_2SO_4 于电催化氧化体系之中，反应 3h 后，COD 增大。外加电解质的引入，使得溶液的导电能力增强，电解质对电催化氧化过程的影响体现在两个方面：一是电解质浓度增加，意味着导电能力增加，槽电压降低，电压效率提高。二是电化学过程会产生复杂的电化学反应，不同的电解质会发生不同的作用，一些电解质在电解过程中不参加反应，只起导电作用，如 Na_2SO_4；另外一些电解质在电解过程中可以参与电极反应，如 NaCl，氯离子在阳极氧化成氯气，进而转变为次氯酸，这些活性氯物种将参与到降解反应之中。试验 2 表明外加电解质于电催化氧化体系中也没有使 COD 得到有效的下降。

　　试验 3 外加氧化剂 H_2O_2 于试验 2 体系之中，但是水溶液中的有机物依旧没有得到有效的去除。

　　试验 4 在试验 2 的基础上通过提高外加电压，使得 $U=30V$，但是水溶液中的有机物也并没有得到有效的去除。

　　试验 5 在试验 1 的基础上通过外加芬顿试剂于电催化氧化体系之中，形成电助芬顿降解体系，COD 明显下降，COD 去除率达到 57.46%。但是，通过对照试验（芬顿试剂氧化法），同样使得 COD 的去除率达到 57.6%。由此可见，电助芬顿体系中的降解作用是由芬顿试剂的氧化作用实现的。

　　试验 6 在试验 5 的基础上外加电解质于体系之中，试图通过外加电解质的方法提高导电能力，但是，水溶液中的十二烷基二甲基苄基氯化铵并没有在试验 5 的基础上得到明显的降解去除，试验已达到的 COD 去除率依旧是由芬顿试剂的氧化作用实现的。

　　由上述试验可知，芬顿试剂的氧化能力可使水溶液中的十二烷基二甲基苄基氯化铵得到一定程度的降解去除，但是采用外加芬顿试剂的传统氧化方法由于芬顿试剂中的 H_2O_2 和 Fe^{2+} 需要一次性加入，会随着反应的进行不断消耗减少，氧化能力将随之减弱而且无法循环使用，使得生产成本高，处理效率低。

　　试验 7 是在试验 1 的基础上通过外加 $FeSO_4 \cdot 7H_2O$ 于电解体系之中，依靠阴极的还原作用产生 H_2O_2，构成电芬顿体系，但是，可能由于双氧水的产生量较少，使得 $FeSO_4 \cdot 7H_2O$ 主要起到了外加电解质增强导电性的作用。水溶液中的有机物并没有得到有效的降解。

　　试验 8 在试验 7 的基础上于阴极曝气，以增加在阴极还原产生 H_2O_2 的能力，但是水溶液中的有机物也并没有因此而得到有效的降解去除。

　　由以上试验可以推测，电催化氧化作用并没有使得有机物得到有效的降解去除，可能由于极板间距过大，影响了电场强度的大小。因此，以下试验对极板间距进行了调整。

试验 9 固定极板间距为 3cm，外加场强为 20V，外加 Na_2SO_4 作为支持电解质。

试验 11、12 在试验 10 的基础上对溶液的初始 pH 值进行了调节，酸性条件（pH＝2.93）和碱性条件（pH＝11.3）下，均未产生明显的降解效果。

试验 10 在试验 9 的基础上继续增加外加电压，相应的 COD 并没有在试验 9 的基础上发生显著减小。

试验 13 在试验 10 的基础上通过增加支持电解质的含量以提高导电能力，但是有机物也没有因此而得到有效的降解去除。

试验 14 继续缩小极板间距至 2cm，降解效果依旧不显著。

试验 15 继续缩小极板间距为 0.5cm，降解效果不显著。

试验 16 在极板间距为 0.5cm 的基础上，外加芬顿试剂氧化，COD 去除率仍维持在原来单纯的芬顿试剂氧化降解能力的基础上，没有进一步地降解去除。

试验 17 在极板间距为 0.5cm 的基础上，外加 20V 电压，反应 3h 后 COD 去除率仅为 5%。

② 固定阴、阳极极板材料（阳极：石墨；阴极：石墨）。

不同反应条件下降解 3h 后的 COD 去除率如表 6-6-6 所示。

表 6-6-6　石墨电极为阳极、石墨电极为阴极时不同反应条件下 COD 去除率

试验序号	间距 /cm	电压 /V	曝气	$FeSO_4$ /(g/L)	H_2O_2 /mL	电解质 Na_2SO_4 含量 /(g/L)	COD 去除率 /%
1	10	10		0.556			7.2
2	10	10	采用曝气条件	0.556			16.9
3	10	10		0.556	1		49.5
4	10	10		0.556	1	1	50.9
5	10	10				2	2.5

以上 5 组试验表明，当阴阳两极均采用石墨时，水溶液中的有机物也并没有在芬顿试剂氧化的基础上得到降解去除。

而且当外加电压值较大时，选用石墨材料为阳极会发生阳极溶蚀。

③ 固定阴、阳极极板材料（阳极：DSA 电极；阴极：不锈钢）。

不同反应条件下反应 3h 后的 COD 去除率如表 6-6-7 所示。

表 6-6-7　DSA 电极为阳极、不锈钢电极为阴极时不同反应条件下 COD 去除率

试验序号	间距 /cm	电压 /V	曝气	$FeSO_4$ /(g/L)	H_2O_2 /mL	电解质 Na_2SO_4 含量 /(g/L)	COD 去除率 /%
1	10	10				2	−7.3
2	0.5	20		0.556	1	2	55

通过上面两组试验表明，当阳极为 DSA 电极、阴极为不锈钢电极时，水溶液中的有机物也并没有在芬顿试剂氧化的基础上得到降解去除。

6.6.6　总结

试验以含有十二烷基二甲基苄基氯化铵的水样为处理目标，采用电催化氧化法，筛选了

合适的电极材料。

① 单纯的电催化氧化体系并不能有效地实现对十二烷基二甲基苄基氯化铵的降解去除。

② 电助芬顿体系也并没有在芬顿试剂氧化的基础上得到进一步增强降解效果。

③ 通过以上试验可以确定，在电催化氧化的试验过程中，阴极的还原能力可以产生 H_2O_2，而促进降解反应的进行，水中的溶解氧是直接产生 H_2O_2 的源泉，因此选取具有较大比表面积的石墨电极为阴极。

④ 当极板间距缩小到小于 2cm 时，可以产生较大的电流值，更有利于电催化氧化反应的实现。

6.7 隔膜电催化氧化除氨氮工艺试验研究

6.7.1 研究背景

近年来，由于人口剧增、工农业技术和生产力的发展、化学肥料和农家肥料的大面积广泛使用、城镇生活污水和含氮工业废水的排放、生态系统的破坏等多方面因素的综合作用，全球范围内水源的氮污染已经到了一个相当严重的程度。资料和研究表明，城镇生活污水和垃圾中含有的大量氮素中以 NH_4^+-N 为主，而 NH_4^+-N 随污水进入自然水体后，在硝化细菌作用下被氧化成硝酸盐，NO_3^--N 作为 N 的最高氧化态在地球水圈环境中将长久地留存和富集，对人体的健康产生很大的威胁。

目前，含氮废水的处理技术主要包括生物法、物理法和电催化法，其中生物法适用性较强，但是具有工艺复杂、运行管理要求高、反应速率缓慢等局限性；物理法本质是通过一定的设备手段，转移浓缩污染物，并未做到真正的无害化处理；传统电催化法为无隔膜电催化技术，且所使用的催化剂多为 Pd、Pt、Ru、Ir、Rh 贵金属负载型催化剂。其中，无隔膜电催化氧化技术以对氮的降解较为彻底、很少或一般不产生二次污染、反应条件温和、可控性强等优点而得到了广泛的应用。但也存在电流效率低、电耗较高的缺点，这也是制约其更大范围推广的瓶颈所在。

本节所述研究以隔膜电催化为基础，开发一种处理含氮废水的有效技术，并探讨最佳试验条件，最终通过与相同处理条件的无隔膜电解反应器的横向对比试验，说明隔膜电催化技术能够解决无隔膜电催化氧化技术中电流利用率较低、吨水处理能耗大的弊端。

6.7.2 工艺试验方法

本研究中，阳极采用 Ti/RuO_2-SnO_2 析氯电极，阴极采用 Ni-Mo 合金复合析氢电极，阴阳极间隔膜采用阴离子透过膜，构成一个阴极室和一个阳极室，阴阳极室相互串联，含氮废水从阴极室的底部流入，从阴极室的顶部流出，进入阳极室的底部后从阳极室的顶部流出。分别测量含氮废水处理前后的 NO_3^--N、NH_4^+-N 含量，分析隔膜电催化技术降解氮素的效率。

6.7.3 工艺试验原理

隔膜电催化处理含氮废水试验流程如图 6-7-1 所示，其中，试验装置主要由隔膜电催化反应器、储水箱、进水蠕动泵、直流电源、电导仪和恒温水浴箱六部分组成。含氮废水在进水蠕动泵的作用下，在隔膜电催化反应器和储水箱中循环，通过控制含氮废水电导率、直流电源输出电流、进水蠕动泵的流速以及隔膜电催化反应器的极板间距研究该技术处理含氮废水的最佳条件。

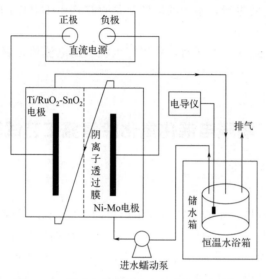

图 6-7-1　隔膜电催化处理含氮废水技术流程图

在施加外部直流电场的条件下，废水所处的电场方向为从 $Ti/RuO_2\text{-}SnO_2$ 析氯电极到 Ni-Mo 合金复合析氢电极。阴极室中的 $NO_3^-\text{-}N$、$NH_4^+\text{-}N$ 在电场力的作用下会向极板表面迁移，最终吸附在电极表面。根据双金属催化还原理论可知，Ni-Mo 合金复合析氢电极通电后会产生活性氢（H^*），H^* 会进攻相邻的 O 发动攻击，破坏 N—O 键，形成 O—H 键，NO_3^- 还原为 NO_2^-，并且随着 H^* 的不断进攻，最终还原为 N_2 和 NH_4^+。随着 Ni-Mo 合金复合析氢电极的通电电解，阴极室中的 pH 值会逐渐上升，NH_4^+ 在碱性环境中会转变为 NH_3。阴极室中反应如式(6-22)～式(6-28)所示。

$$H_2O \longrightarrow H^+ + OH^- \tag{6-22}$$

$$H^+ + e^- \longrightarrow H^* \tag{6-23}$$

$$2H^* + NO_3^- \longrightarrow NO_2^- + H_2O \tag{6-24}$$

$$2H^* + NO_2^- \longrightarrow NO + H_2O + e^- \tag{6-25}$$

$$4H^* + 2NO \longrightarrow N_2\uparrow + 2H_2O \tag{6-26}$$

$$6H^* + NO \longrightarrow NH_4^+ + H_2O + e^- \tag{6-27}$$

$$OH^- + NH_4^+ \longrightarrow NH_3 + H_2O \tag{6-28}$$

阳极室中的 $Ti/RuO_2\text{-}SnO_2$ 析氯电极在通电条件下，会产生 ClO^-，在酸性环境中，部分 ClO^- 会转变为 HClO 和 Cl_2，继而将水体中的 NH_3 氧化成 N_2，该反应受到 pH、$NH_4^+\text{-}$N 和 HClO 浓度等因素的影响，其反应过程和最终产物不一。阳极室中反应如式(6-29)、式(6-30)所示。

$$HClO + NH_4^+ \longrightarrow H_2O + NH_2Cl + H^+ \tag{6-29}$$

$$HClO + 2NH_2Cl \longrightarrow H_2O + 3H^+ + 3Cl^- + N_2\uparrow \tag{6-30}$$

6.7.4 工艺设计试验药品

工艺设计试验中用到的药品及试剂如表 6-7-1 所示。

表 6-7-1 主要原料和试剂

药品名称	药品规格	药品产地
NaOH	分析纯	天津市化学试剂三厂
H_2SO_4	分析纯	天津市化学试剂三厂
HNO_3	分析纯	天津市化学试剂三厂
硫酸铵	分析纯	天津市化学试剂三厂
硝酸钠	分析纯	天津市化学试剂三厂
草酸	分析纯	天津市科密欧化学试剂有限公司
硝酸镍	分析纯	天津市光复科技发展有限公司
柠檬酸	分析纯	天津市科密欧化学试剂有限公司
乙二醇	分析纯	天津市科密欧化学试剂有限公司
硝酸铜	分析纯	天津市科密欧化学试剂有限公司
对二氯苯	分析纯	天津市科密欧化学试剂有限公司
结晶四氯化锡	分析纯	天津市光复科技发展有限公司
$NaHCO_3$	分析纯	天津市科密欧化学试剂有限公司
硝酸铋	分析纯	天津市科密欧化学试剂有限公司

试验过程中使用 $(NH_4)_2SO_4$ 和 $NaNO_3$ 溶于去离子水中自配含氮废水，含氮废水的初始 NH_4^+-N 浓度为 400mg/L，初始 NO_3^--N 浓度为 100mg/L。

6.7.5 工艺设计试验仪器

工艺设计试验主要仪器如表 6-7-2 所示。

表 6-7-2 主要试验仪器设备及型号

仪器名称	仪器型号	仪器产地
COD 消解仪	DRB200	美国 HACH
分光光度计	DR/2800	美国 HACH
电子天平	AL204	梅特勒-托利多仪器(上海)有限公司
UV-VIS 分光光度计	UV-3600	日本岛津
扫描电镜	EVO-18	德国蔡司公司
直流稳压电源	SKX10020D	天津斯姆德电气设备有限公司
pH 计	FE20	梅特勒-托利多仪器(上海)有限公司
超声波清洗器	SB25-12DTD	宁波新芝生物科技股份有限公司
低速离心机	KDC-40	科大创新股份有限公司中佳分公司
鼓风式干燥箱	DHG-9123A	上海一恒科学仪器有限公司
真空干燥箱	DZF-6050	上海一恒科学仪器有限公司
蠕动泵	YZ1515	天津市协达电子有限责任公司

6.7.6 工艺设计试验装置

Ni-Mo 合金复合析氢阴极极板长×宽×厚尺寸为 300mm×100mm×2mm，有效面积 60cm^2。

Ti/RuO$_2$-SnO$_2$ 析氯阳极极板长×宽×厚尺寸为 300mm×100mm×2mm，有效面积 60cm^2。

小试装置如图 6-7-1 所示。

6.7.7 试验过程分析方法

试验中所用到的测试指标名称和测试方法如表 6-7-3 所示。

表 6-7-3 水质指标名称和测试方法

序号	指标名称	测试方法
1	NH$_4^+$-N	采用纳氏试剂分光光度法（HJ 535—2009）
2	NO$_3^-$-N	采用紫外分光光度法（HJ/T 346—2007）

6.7.8 工艺评价试验过程

本试验保持含氮废水水温 25℃，并取含氮废水 3500mL 放于储水箱中，隔膜电催化反应器有效容积为 3000mL，进水蠕动泵进水流速为 350mL/min。

本试验主要分为两部分研究隔膜电催化处理含氮废水技术效果，第一部分主要研究隔膜电催化技术处理含氮废水的各最佳分项条件参数，包括如下三个方面的研究。

① 电流密度对处理效果的影响 分别设定电流密度为 20mA/cm^2、40mA/cm^2、60mA/cm^2、80mA/cm^2、100mA/cm^2、120mA/cm^2、140mA/cm^2，即直流电源的输出电流分别为 1.2A、2.4A、3.6A、4.8A、6.0A、7.2A、8.4A，含氮废水中 Cl$^-$ 添加量为 1000mg/L，极间距 14mm，每隔 10min 取样测量出水 NH$_4^+$-N 和 NO$_3^-$-N。

② Cl$^-$ 浓度对处理效果的影响 分别配制 Cl$^-$ 浓度为 200mg/L、400mg/L、600mg/L、800mg/L、1000mg/L、1200mg/L、1400mg/L 的含氮废水，电流 6.0A，极间距 14mm，每隔 10min 取样测量出水 NH$_4^+$-N 和 NO$_3^-$-N。

③ 极板间距对处理效果的影响 分别调整阴阳极板间距为 8mm、10mm、12mm、14mm、16mm、18mm、20mm，电流 6.0A，水中 Cl$^-$ 添加量为 1000mg/L，每隔 10min 取样测量出水 NH$_4^+$-N 和 NO$_3^-$-N。

第二部分主要研究隔膜电催化技术和无隔膜电催化技术在以上最优条件下分别处理含氮废水，在电流效率、吨水电耗方面隔膜电催化技术是否占有明显优势，主要包括如下两个方面的研究。

① 相同电流密度条件下与无隔膜电解技术对比试验 无隔膜电催化反应器就是隔膜电催化反应器中去掉阴离子选择性渗透膜，均在以下条件进行试验，初始水温 25℃，极板间距 8mm，电流密度 10mA/cm^2，含氮废水中 Cl$^-$ 浓度 1000mg/L。分别记录两种技术的运行电压，每隔 10min 取样，测量出水 NH$_4^+$-N 和 NO$_3^-$-N 并进行对比分析。

② 相同吨水电耗条件下与无隔膜电解技术对比试验 试验条件同上，每隔 1.5kW·h/t

取样测量出水 NH_4^+-N 和 NO_3^--N，并就两种技术出水做对比分析。

（1）电流密度对处理效果的影响

由图 6-7-2 和图 6-7-3 可以看出，在相同的电解时间条件下，随着电流密度的增加，NH_4^+-N 和 NO_3^--N 氧化速率增大，电流密度对 NH_4^+-N 和 NO_3^--N 的去除的影响比较大，但是电流密度的提高对 NH_4^+-N 和 NO_3^--N 去除率的增加也不是无限的，当超过某一值后，过量的电子不经过电极反应，就会直接进入溶液，使电流效率下降。

从图 6-7-2 和图 6-7-3 中可以看出，在电流密度为 $100mA/cm^2$、电流为 6.0A、电解时间为 70min 时，NH_4^+-N 和 NO_3^--N 的浓度就接近 0；再增加电流密度时，多余的电量就会用于电解水，反而降低了电流效率，因此选取最优电流密度为 $100mA/cm^2$，即最优电流为 6.0A。

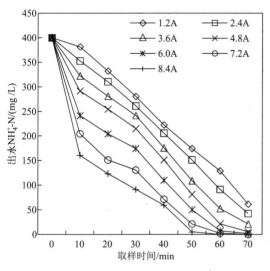

图 6-7-2　不同电流密度出水 NH_4^+-N

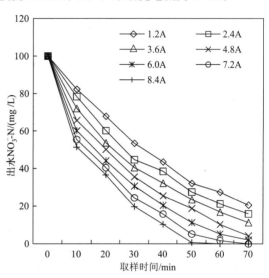

图 6-7-3　不同电流密度出水 NO_3^--N

（2）Cl^- 浓度对处理效果的影响

当溶液中存在 Cl^- 时，Cl^- 能够促进反应过程中 ClO^- 的产生和氨氮的间接氧化。如图 6-7-4 和图 6-7-5 所示，当含氮废水中 Cl^- 浓度升高时，NH_4^+-N 的去除率升高，一方面是由

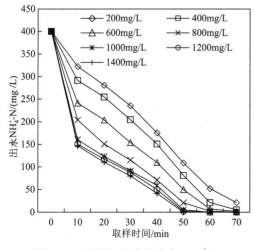

图 6-7-4　不同 Cl^- 含量出水 NH_4^+-N

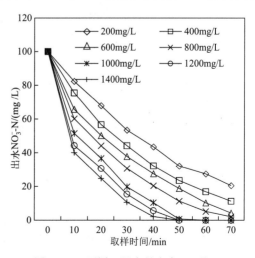

图 6-7-5　不同 Cl^- 含量出水 NO_3^--N

于 Cl⁻ 浓度越高，含氮废水的导电能力越强，另一方面是因为 NH_4^+-N 的去除主要是由于间接电化学氧化过程中产生的 Cl_2 和 HClO 引起的。

因为 Cl⁻ 浓度越高，产生的 Cl_2 或 HClO 浓度越高，所以增加 Cl⁻ 浓度可以增强间接电化学氧化的效果，对 NH_4^+-N 的去除效果越好，但是当 Cl⁻ 浓度超过 1000mg/L 后，出水中 NH_4^+-N 和 NO_3^--N 均趋于平缓，这是由于新增加的 Cl⁻ 相较于水中的 NH_4^+-N 和 NO_3^--N 已经趋于饱和，多余的 Cl⁻ 即便生成 Cl_2 或者 HClO 后也很少参与到氮素降解的反应中。因此选取 Cl⁻ 添加浓度为 1000mg/L 为最优条件。

（3）极板间距对处理效果的影响

由图 6-7-6 和图 6-7-7 可以看出，在相同的反应时间时，当极板间距为 8mm 时，含氮废水中 NH_4^+-N 和 NO_3^--N 均最低，因此极板间距越小越有利于电解反应的发生，这主要是极板间距越大，不论是 NH_4^+-N 和 NO_3^--N 的直接降解反应还是间接降解反应，都需要更长的传质距离，这就影响了电流效率，但是由于本研究是在恒定的电流密度条件下进行的，因此极板间距从 8mm 到 14mm 的 7 个距离条件下，NH_4^+-N 和 NO_3^--N 出水值相差并不大，但是由于极板间距越大，保持恒定电流密度所需要的槽电压越高，因此极板间距越大，整体吨水电耗越大，而极板间距＜8mm 时，阴阳极板中间的阴离子选择性透过膜就过于接近极板，对于水中的传质过程会造成较大的影响，所以综合考虑选择极板间距 8mm 为最优条件。

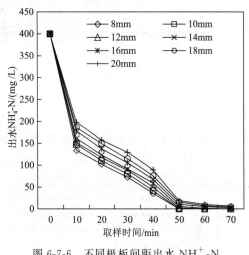

图 6-7-6　不同极板间距出水 NH_4^+-N

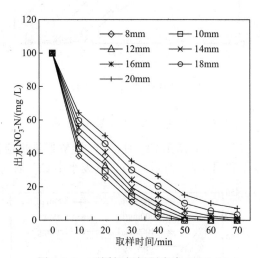

图 6-7-7　不同极板间距出水 NO_3^--N

（4）相同电流密度条件下与无隔膜电解技术对比试验

如图 6-7-8 所示，在相同电流密度条件下隔膜电催化反应器出水和无隔膜电催化反应器出水 NH_4^+-N 和 NO_3^--N 相比较，在相同电解时间条件下，隔膜电催化反应器出水均优于无隔膜电催化反应器出水。

这是由于隔膜电催化反应器在阴离子选择性透过膜的作用下分为阳极室和阴极室，因为阳极室是酸性氧化环境，阴极室是碱性还原环境，含氮废水首先进入阴极室，NO_3^--N 会在活性氢的作用下生成 NH_4^+-N，而 NH_4^+-N 又会与阴极室内的 OH⁻ 发生以下反应：

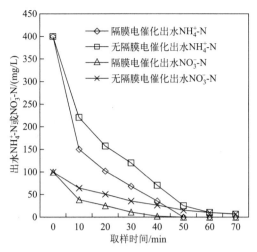

图 6-7-8　相同电流密度下两种技术出水值

$$NH_4^+ + OH^- \longrightarrow NH_3 + H_2O \qquad (6-31)$$

其中，阴极室内产生的氢气在逸出水体的过程中会将部分 NH_3 带出到外界空气中，其效果就相当于传统的加碱吹脱法。氨氮废水经过阴极室的加碱吹脱处理后会进入阳极室，阳极室是氧化极室，能够产生 Cl_2、ClO^- 等强氧化剂，会发生以下反应，其效果就相当于传统折点氯化法。

$$2NH_3 + 3Cl_2 \longrightarrow N_2 + 6HCl \qquad (6-32)$$

$$2NH_3 + 3ClO^- \longrightarrow N_2 + 3Cl^- + 3H_2O \qquad (6-33)$$

而无隔膜电解由于无法有效区分阴阳极室，因此废水整体 pH 值仍旧为中性，并且阴极室产生的活性氢和阳极室产生的 Cl_2、HClO 会相互间发生氧化还原反应，降低了电流效率。因此其整体电流的利用效率要低于隔膜电解反应器。电催化工艺的电耗是由电流、电压和电解时间决定，可按照式(6-33)计算吨水电耗。

$$W = \frac{UIT}{V \times 0.9} \qquad (6-34)$$

式中，W 为吨水电耗，$kW \cdot h$；I 为电流，A；U 为槽电压，V；T 为电解时间，h；V 为处理水量，L；0.9 为直流电源交转直的转化效率。

当电流密度为 $10mA/cm^2$ 时，隔膜电催化反应器的槽电压为 5.2V，无隔膜电催化反应器的槽电压为 3.8V，根据式(6-30)可知，隔膜电催化反应器每 10min 消耗电量 1.49kW·h/t，而无隔膜电催化反应器每 10min 消耗电量 1.09kW·h/t，在相同时间下隔膜电催化反应器的吨水电耗高于无隔膜电催化反应器。

（5）相同吨水电耗条件下与无隔膜电解技术对比试验

如图 6-7-9 所示，在相同吨水电耗条件下隔膜电催化反应器出水 NH_4^+-N 和 NO_3^--N 均优于无隔膜电催化反应器，但是与相同电流密度条件下出水结果相比较，两者出水 NH_4^+-N 和 NO_3^--N 差距缩小，根据式(6-30)可以反算出，每消耗电量为 1.5kW·h/t 时，隔膜电催化反应器需要 606s，而无隔膜电催化反应器需要 829s，相当于隔膜电催化反应器电解时间的 1.4 倍，因此其出水 NH_4^+-N 和 NO_3^--N 均有所上升，但是仍低于隔膜电催化反应器的出水值，可知隔膜电催化技术处理含氮废水性能优于无隔膜电催化技术。

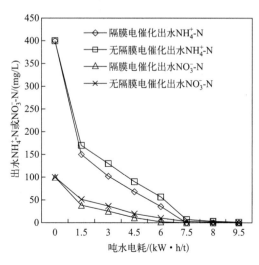

图 6-7-9　相同吨水电耗下两种技术出水值

6.7.9 总结

① 以 $Ti/RuO_2\text{-}SnO_2$ 析氯电极为阳极，Ni-Mo 合金复合析氢电极为阴极，以阴离子选择性透过膜为隔膜自制隔膜电催化反应器处理含氮废水，最优电流密度为 $10mA/cm^2$，含氮废水最优 Cl^- 添加量为 $1000mg/L$，最优极板间距为 8mm，电解时间 50min 后 $NH_4^+\text{-}N$ 和 $NO_3^-\text{-}N$ 降解效率几乎 100%。

② 通过隔膜电解反应器和无隔膜电解反应器对于含氮废水的对比降解试验可知，在相同电流密度和电解时间条件下，隔膜电解反应器性能优于无隔膜电解反应器；在相同吨水电耗和电流密度的条件下，隔膜电解反应器依然优于无隔膜电解反应器，但是差值缩小。

参考文献

[1] 李旭光，邢巍，杨辉，等.活性炭载体对聚合物电解质膜燃料电池中炭载铂电催化剂性能的影响 [J].分析化学，2002，30 (7)：4-6.

[2] 周颖琳，胡玉娇，曾泳淮.血红蛋白在双十二烷基二甲基铵-聚乙烯硫酸盐多双层复合薄膜电极上的电化学与电催化 [J].分析化学，2002，30 (3)：5-7.

[3] 张丽，罗仪文，钮东方，等.温和条件下电催化 CO_2 与环氧丙烷合成碳酸丙烯酯 [J].催化学报，2007，28 (2)：354-357.

[4] 陈卫国.电催化产生 H_2O_2 和 $\cdot OH$ 机理及在有机物降解中的应用 [J].水处理技术，1997，23 (6)：354-357.

[5] 尤宏，崔玉虹，冯玉杰，等.钛基 Co 中间层 SnO_2 电催化电极的制备及性能研究 [J].材料科学与工艺，2004，12 (3)：589-594.

[6] 申哲民，王文华，贾金平，等.电催化氧化中的三种催化材料处理酸性红 B 染料的比较研究 [J].环境工程学报，2001，2 (1)：55-58.

[7] 李亚卓，张素霞，李晓芳，等.基于溶胶-凝胶技术的聚烯丙胺基二茂铁化学修饰电极的组装及其对抗坏血酸的电催化氧化 [J].高等学校化学学报，2003，24 (8)：4-6.

[8] 杜丹，王升富，黄春保.L-半胱氨酸修饰金电极对邻苯二酚和对苯二酚的电催化及分析应用 [J].分析测试学报，2001，20 (5)：3-5.

[9] 刘长鹏，杨辉，邢巍，等.碳载 $Pt\text{-}TiO_2$ 复合催化剂对甲醇氧化的电催化性能 [J].高等学校化学学报，2002，23 (7)：1405-1409.

[10] 高晓红，张登松，施利毅，等.碳纳米管/SnO_2 复合电极的制备及其电催化性能研究 [J].化学学报，2007，65 (7)：589-594.

[11] 温祝亮，杨苏东，宋启军，等.石墨烯负载高活性 Pd 催化剂对乙醇的电催化氧化 [J].物理化学学报，2010 (6)：5-7.

[12] 顾家山，褚道葆，周幸福，等.纳米 TiO_2 膜修饰电极异相电催化还原马来酸 [J].化学学报，2003，61 (9)：1405-1409.

[13] 奚彩明，施毅，赵佳越，等.炭载 Pd-Ni 合金纳米粒子对甲酸的电催化氧化 [J].高等学校化学学报，2011，32 (6)：5-7.

[14] 何星存，蔡沛祥，莫金垣，等.一氧化氮在聚钴-席夫碱修饰电极上的电催化氧化 [J].分析试验室，2000，19 (1)：4-6.

[15] 周明华，吴祖成，汪大翚.难生化降解芳香化合物废水的电催化处理 [J].环境科学，2003，24 (2)：121-124.

[16] 李天成，朱慎林.电催化氧化技术处理苯酚废水研究 [J].电化学，2005，11 (1)：4-7.

[17] 王东田，魏杰，王秀娟.电催化氧化法降解水中苯酚 [J].中国给水排水，2003，19 (4)：2.

[18] 冯玉杰，崔玉虹，王建军.改性 SnO$_2$/Sb 电催化电极的制备及表征 [J].无机化学学报，2005，21 (6)：7-9.

[19] 陈卫国，朱锡海.电催化产生 H$_2$O$_2$ 和·OH 及去除废水中有机污染物的应用 [J].中国环境科学，1998 (2)：148-150.

[20] 周明华，吴祖成，汪大翚.不同电催化工艺下苯酚的降解特性 [J].高等学校化学学报，2003，24 (9)：5-7.

[21] 李凤斌，董绍俊.抗坏血酸在普鲁士蓝薄膜修饰电极上的电催化氧化 [J].化学学报，1990，48 (7)：7-9.

[22] 冯玉杰，沈宏，崔玉虹，等.钛基二氧化铅电催化电极的制备及电催化性能研究 [J].分子催化，2002，16 (3)：6-8.

[23] 陈卫祥，韩贵，Lee Jim Yang，等.Pt/CNT 纳米催化剂的微波快速合成及其对甲醇电化学氧化的电催化性能 [J].高等学校化学学报，2003，24 (12)：31-33.

[24] 孙元喜，冶保献.聚中性红膜修饰电极的电化学特性及其电催化性能 [J].分析化学，1998，26 (2)：4-6.

[25] 周震，阎杰，王先友，等.纳米材料的特性及其在电催化中的应用 [J].化学通报，1998 (4)：4.

[26] 周明华，戴启洲，雷乐成，等.新型二氧化铅阳极电催化降解有机污染物的特性研究 [J].物理化学学报，2004，20 (8)：6-8.

[27] Wang Guangming，Yuan Chunwei，Lu Zuhong，等.羧基化单层碳纳米管修饰电极的电化学表征及其电催化作用 [J].高等学校化学学报，2000，21 (9)：3-5.

[28] 贾梦秋，杨文胜.应用电化学 [M].北京：高等教育出版社，2004.

[29] Dong S J，Xu L J，Yue M. Researches on chemically modified electrode：V. Catalytic reduction of oxygen on iron porphyrin modified electrode [J]. Acta Chimica Sinica，2015，2 (2)：95-104.

[30] 钱延龙，陈新滋.金属有机化学与催化 [M].北京：化学工业出版社，1997.

[31] 孙立智，吕浩，闵晓文，等.介孔钯-硼合金纳米颗粒的制备和甲醇氧化电催化性能 [J].应用化学，2022，39 (4)：673-684.

[32] 孙家祺，马自在，周兵，等.高效草酸镍钴双金属电催化剂的制备及析氧性能研究 [J].燃料化学学报，2022，50 (4)：1-10.

[33] 刘景华，辛明红，王恩波，等.新型超分子化合物 C$_6$H$_{20}$N$_2$O$_{64}$P$_2$MO$_{18}$·8H$_2$O 的晶体结构及电催化作用 [J].高等学校化学学报，1999，20 (9)：3.

[34] 吴芳辉，赵广超，魏先文.多壁碳纳米管修饰电极对对苯二酚的电催化作用 [J].分析化学，2004，32 (8)：4-6.

[35] 陈卫祥，Lee Jim Yang，刘昭林.微波合成碳负载纳米铂催化剂及其对甲醇氧化的电催化性能 [J].化学学报，2004，62 (1)：42-46.

[36] 冯玉杰，崔玉虹，孙丽欣，等.电化学废水处理技术及高效电催化电极的研究与进展 [J].哈尔滨工业大学学报，2004，36 (4)：65-67.

[37] 周明华，吴祖成.含酚模拟废水的电催化降解 [J].化工学报，2002，53 (1)：58-59.

7 Fenton 催化氧化工艺概述

7.1 Fenton 催化氧化工艺原理

7.1.1 Fenton 工艺氧化性分析

1894 年，法国科学家 H. J. H. Fenton 发现采用 Fe^{2+}/H_2O_2 体系能氧化多种有机物，后人为纪念他，将亚铁盐和过氧化氢的组合称为 Fenton 试剂，它能有效氧化去除传统废水处理技术无法去除的难降解有机物。

Fenton 催化氧化工艺的实质是二价铁离子（Fe^{2+}）和过氧化氢之间的链式反应催化生成的羟基自由基，具有较强的氧化能力，其氧化电位仅次于氟，高达 2.80V。

羟基自由基（·OH），通常具有 1～2 个未配对电子的不稳定分子结构，可以独立存在并充当化学反应的媒介，它们通过损坏一个单体或者从离子中发生电子转移形成，形成自由基所要求的能量一般由热分解作用、光化学作用等提供。羟基自由基具有很高的氧化电位（2.80V），仅次于氟（3.06V），详见表 7-1-1。

表 7-1-1　几种常用氧化剂的标准氧化还原电位

氧化剂	反应式	标准氧化还原电位/V
氟	$F_2 + 2e^- \longrightarrow 2F^-$	3.06
羟基自由基	$\cdot OH + H^+ + e^- \longrightarrow H_2O$	2.80
臭氧	$O_3 + 2H^+ + 2e^- \longrightarrow H_2O + O_2$	2.07
过氧化氢	$H_2O_2 + 2H^+ + 2e^- \longrightarrow 2H_2O$	1.77
高锰酸钾	$MnO_4^- + 8H^+ + 5e^- \longrightarrow Mn^{2+} + 4H_2O$	1.52
二氧化氯	$ClO_2 + e^- \longrightarrow ClO_2^-$	1.50
氯气	$Cl_2 + 2e^- \longrightarrow 2Cl^-$	1.36

7.1.2 Fenton 工艺的反应原理

在水处理过程中，一旦产生羟基自由基，它可以快速攻击各种污染物，作为反应的中间产物，还可诱发后面的链式反应，并无选择地直接与水中的污染物反应，将其降解为二氧化碳、水和无害物，不会产生二次污染，是高级氧化工艺降解水中污染物的关键氧化剂。

羟基自由基同时具有时效短、亲电性、高反应性、无选择性和易于产生等特点，其反应是一种物理化学过程，很容易加以控制，以满足处理需要。与普通的化学氧化法相比，高级氧化法的反应速率很快，一般反应速率常数大于 10^{-9} s，能在很短时间内达到处理要求。但是在处理高浓度难降解有机废水的应用中，往往需要有足够浓度的羟基自由基才能见效，所以如何提高其产量，是目前研究的重点内容。目前来说产生羟基自由基的途径较多，主要有臭氧法、催化臭氧化法、光催化氧化法、Fenton 催化氧化法等，但同等条件下产生的羟基自由基浓度都较低，还有待提高反应效率。

羟基自由基在水中主要的反应包括加成反应、脱氢反应、电子转移、自由基传递、化合反应、歧化反应、裂解反应和取代反应，然而通常只有前几种反应机理包含在高级氧化工艺过程中，一般由自由基传递和加成反应控制反应进程，而这通常包括一系列过程，如初始反应、链传播、链终止等。

由于羟基自由基的强氧化作用，所以 Fenton 催化氧化工艺可无选择地氧化水中的大多数有机物，特别适用于生物难降解或一般化学氧化难以奏效的有机废水的氧化处理，作用原理如式(7-1)～式(7-7) 所示：

$$Fe^{2+} + H_2O_2 \longrightarrow Fe^{3+} + OH^- + \cdot OH \tag{7-1}$$

$$2Fe^{2+} + H_2O_2 \longrightarrow 2Fe^{3+} + 2HO \cdot^- \tag{7-2}$$

$$Fe^{3+} + H_2O_2 \longrightarrow Fe^{2+} + HO_2 \cdot + H^+ \tag{7-3}$$

$$HO_2 \cdot + H_2O_2 \longrightarrow O_2 + H_2O + \cdot OH \tag{7-4}$$

$$RH + \cdot OH \longrightarrow \cdots \longrightarrow CO_2 + H_2O \tag{7-5}$$

$$4Fe^{2+} + O_2 + 4H^+ \longrightarrow 4Fe^{3+} + 2H_2O \tag{7-6}$$

$$Fe^{3+} + 3OH^- \longrightarrow Fe(OH)_3 (胶体) \tag{7-7}$$

Fe^{2+} 与 H_2O_2 间反应很快，生成羟基自由基（$\cdot OH$），同时有三价铁共存时，由 Fe^{3+} 与 H_2O_2 缓慢生成 Fe^{2+}，Fe^{2+} 再与 H_2O_2 迅速反应生成 $\cdot OH$，$\cdot OH$ 与有机物 RH 反应，使其发生碳链裂变，最终氧化为 CO_2 和 H_2O，从而使废水的 COD_{Cr} 大大降低，同时 Fe^{2+} 作为催化剂，最终可被 O_2 氧化为 Fe^{3+}，在一定 pH 值下，可有 $Fe(OH)_3$ 胶体出现，它有絮凝作用，可大量降低水中的悬浮物。

传统 Fenton 催化氧化工艺在黑暗中就能破坏有机物，具有设备投资省的优点，但其存在两个致命的缺点：

① 不能充分矿化有机物。初始物质部分转化为某些中间产物，这些中间产物或与 Fe^{3+} 形成络合物，或与羟基自由基的生成路线发生竞争，并可能对环境造成更大危害。

② H_2O_2 的利用率不高，致使处理成本很高。

在此背景下，人们发现利用可溶性铁、铁的氧化矿物（如赤铁矿、针铁矿等）、石墨、铁锰的氧化矿物同样可使 H_2O_2 催化分解产生羟基自由基，达到降解有机物的目的，以这类催化剂组成的 Fenton 催化氧化工艺体系被称为类芬顿体系，如用 Fe^{3+} 代替 Fe^{2+}，由于 Fe^{2+} 是即时产生的，减少了羟基自由基被 Fe^{2+} 还原的机会，可提高羟基自由基的利用效率。若在 Fenton 催化氧化工艺体系中加入某些络合剂（如 $C_2O_4^{2-}$、EDTA 等），也可增加对有机物的去除率。随着研究的深入，又把紫外光、超声波、微波、电催化等技术引入芬顿试剂中，使其氧化能力大大增强。

7.1.3　Fenton 工艺的影响因素

影响 Fenton 催化氧化工艺氧化能力的因素有如下四项：

① 亚铁离子浓度　亚铁离子浓度应维持在亚铁离子与其反应物的浓度比值为 1：10～50（质量比）。

② 过氧化氢浓度　过氧化氢浓度越高的情况下，其氧化反应产物更接近于最终产物，但是需要注意的是，过氧化氢浓度过高，反而造成反应速率可能不如预期一样增加，因此以连续的方式加入低浓度的过氧化氢，可得到较好的氧化效果。

③ 反应温度　当过氧化氢浓度超过 10～20g/L 时，一般将其反应的温度设定在 20～40℃。

④ 溶液的 pH 值　在 pH 值 2～4 的范围内，通常可得到较快的有机物分解速率。

7.1.4　Fenton 工艺的反应步骤

Fenton 催化氧化工艺的主要药剂是硫酸亚铁、双氧水和碱。硫酸亚铁与双氧水的投加顺序会影响到废水的处理效果，一般的投加步骤如下三步所示：

① 先通过正交试验将硫酸亚铁与双氧水的投加比例得出（一旦控制不好便容易返色），一般去除 COD：双氧水为 1：1～1：3 之间，双氧水：硫酸亚铁为 1：3～1：5 之间。

② 调节 pH 值，投加硫酸亚铁，再投加双氧水。

③ 最后投加碱，调节 pH 值使铁泥沉降即可。

硫酸亚铁投加后反应 15min 左右，再进行双氧水的投加，反应 20～40min 后再加入碱回调 pH 值，处理效果更佳。图 7-1-1 所示为常用 Fenton 催化氧化工艺氧化难降解工业废水的工艺流程图。

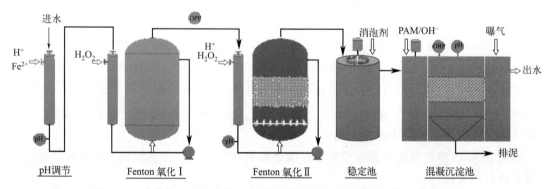

图 7-1-1　难降解工业废水处理中常见的两级 Fenton 催化氧化工艺流程图

从图中可以看出，该工艺分为两级 Fenton 催化氧化工艺，其中第一级反应区主要功能是作为主反应区，完成大部分有机物的降解任务，第一级反应区采用的是涡流混合器投加硫酸亚铁和双氧水，反应塔内采取曝气混合搅拌条件，可以实现高传质效果，使芬顿反应持续进行，并且在混合条件下停留 40～60min，期间可以去除大部分有机物。

第二级反应区主要作为 Fenton 稳定器来使用，其主要功能是延长和稳定第一级的 Fenton 催化氧化反应效果，并继续完成第一级反应没有完成的部分有机物降解，同时稳定 Fe^{2+} 的浓度。

设置第二级反应区的目的是因为羟基自由基的存在时间非常短，仅有 10μs，可以说转瞬即逝，因此要想进一步提高 Fenton 催化氧化反应的反应效率，就得适当增加停留时间，以达到提升反应效率的目的，与第一级反应类似，第二级反应器内也要设置曝气搅拌装置，使未完全反应的双氧水持续反应，保证 Fenton 催化氧化反应的持续进行，进一步去除有机物。再有一点就是通过循环反应，把已产生的 Fe^{3+} 还原为 Fe^{2+}，维持 Fe^{2+} 在塔中的浓度，达到降低硫酸亚铁投加量和减少硫酸根进入原水中的目的。

7.2　均相 Fenton 催化氧化工艺的分类

Fenton 工艺可分为标准 Fenton 催化氧化工艺、光-Fenton 催化氧化工艺、电-Fenton 催化氧化工艺。

7.2.1　标准 Fenton 催化氧化工艺

由 H_2O_2 和 Fe^{2+} 组成的 Fenton 催化氧化工艺，通过催化分解 H_2O_2 产生的羟基自由基进攻有机物分子夺取氢，将大分子有机物降解为小分子有机物或矿化为二氧化碳和水等无机物。标准芬顿试剂反应速率慢，H_2O_2 的利用率低，有机物矿化不充分，处理后的水可能带有颜色。标准 Fenton 催化氧化工艺在水处理中的作用主要包括将有机物氧化和絮凝两种。

（1）羟基自由基生成及氧化

Fenton 催化氧化的强氧化能力来自 H_2O_2 被 Fe^{2+} 催化分解生成羟基自由基，并引发产生更多的其他具备强氧化性能的自由基。其反应式如式(7-8)～式(7-13) 所示：

$$Fe^{2+} + H_2O_2 \longrightarrow Fe^{3+} + OH^- + \cdot OH \qquad k_1 = 76 L/(mol \cdot s) \qquad (7-8)$$

$$Fe^{3+} + H_2O_2 \longrightarrow Fe^{2+} + HO_2 \cdot + H^+ \qquad k_2 = 0.002 \sim 0.01 L/(mol \cdot s) \qquad (7-9)$$

$$Fe^{2+} + \cdot OH \longrightarrow Fe^{3+} + OH^- \qquad k_3 = 3 \times 10^8 L/(mol \cdot s) \qquad (7-10)$$

$$Fe^{3+} + HO_2 \cdot \longrightarrow Fe^{2+} + O_2 + H^+ \qquad k_4 < 2 \times 10^3 L/(mol \cdot s) \qquad (7-11)$$

$$\cdot OH + H_2O \longrightarrow H_2O + HO_2 \cdot \qquad k_5 = 2.7 \times 10^7 L/(mol \cdot s) \qquad (7-12)$$

$$Fe^{2+} + HO_2 \cdot \longrightarrow Fe^{3+} + HO_2^- \qquad k_6 = 1.2 \times 10^6 L/(mol \cdot s) \qquad (7-13)$$

上述反应所生成的羟基自由基具有较高的电负性或电子亲和能，通过夺取有机污染物分子中的 H 原子、填充未饱和的 C—C 键等反应途径使各种有机污染物结构发生碳链断裂而迅速降解，降解反应式如式(7-14)～式(7-17) 所示：

$$RH + \cdot OH \longrightarrow R \cdot + H_2O \qquad k_7 = 10^7 \sim 10^{10} L/(mol \cdot s) \qquad (7-14)$$

$$R \cdot + O_2 \longrightarrow ROO \cdot \qquad k_8 = 10^9 L/(mol \cdot s) \qquad (7-15)$$

$$R \cdot + Fe^{3+} \longrightarrow R^+ + Fe^{2+} \qquad (7-16)$$

$$RO \cdot + \cdot OH + O_2 \longrightarrow \cdots\cdots \longrightarrow CO_2 + H_2O \qquad (7-17)$$

上述反应体系中，Fe^{2+} 的激发和传递作用是关键，导致链反应能够持续进行直至 H_2O_2 耗尽，从反应式(7-8)～式(7-15) 中各式的反应速率常数可以看出，产生羟基自由基的反应式(7-8) 是整个反应过程的起始步，反应式(7-9) 是速控步，羟基自由基的生成量取决于 Fe^{2+} 和 H_2O_2 的浓度，适当地增大 Fe^{2+} 和 H_2O_2 的浓度有利于羟基自由基的生成，但从反应式(7-10) 和反应式(7-12) 可以看出，过量的 Fe^{2+} 和 H_2O_2 会成为羟基自由基的捕获剂，因此，标准 Fenton 催化氧化处理难降解有机废水时，Fe^{2+} 和 H_2O_2 最佳比例显得非常重要。

（2）絮凝作用

标准 Fenton 催化氧化在废水处理过程中除了羟基自由基作用外，还会发生反应产生铁水络合物，主要反应式如式（7-18）和式（7-19）所示：

$$[Fe(H_2O)_6]^{3+} + H_2O \longrightarrow [Fe(H_2O)_5OH]^{2+} + H_3O^+ \tag{7-18}$$

$$[Fe(H_2O)_5OH]^{2+} + H_2O \longrightarrow [Fe(H_2O)_4(OH)_2]^+ + H_3O^+ \tag{7-19}$$

当 pH 为 3~5 时，上述络合物会按照式（7-20）~式（7-22）演变：

$$2[Fe(H_2O)_5OH]^{2+} \longrightarrow [Fe_2(H_2O)_8(OH)_2]^{4+} + 2H_2O \tag{7-20}$$

$$[Fe_2(H_2O)_8(OH)_2]^{4+} + H_2O \longrightarrow [Fe_2(H_2O)_7(OH)_3]^{3+} + H_3O^+ \tag{7-21}$$

$$[Fe_2(H_2O)_7(OH)_3]^{3+} + [Fe(H_2O)_5OH]^{2+} \longrightarrow [Fe_3(H_2O)_7(OH)_4]^{5+} + 5H_2O \tag{7-22}$$

以上反应方程式表明，利用标准 Fenton 催化氧化工艺处理有机废水能取得较好处理效果，不是单纯因为羟基自由基存在，絮凝功能同样起到了重要作用。

7.2.2　光-Fenton 催化氧化工艺

光-芬顿试剂即紫外或可见光照射下的芬顿试剂。紫外光与芬顿试剂的催化作用存在协同效应，可以提高其处理效率和对有机物的降解程度，降低 Fe^{2+} 的用量，保持 H_2O_2 较高的利用率。光-芬顿试剂具有很强的氧化能力，对有机物矿化程度较好，但存在的主要缺点是太阳能利用率不高、能耗较大。

标准芬顿试剂将初始物质部分转化为某些中间产物，不能充分矿化有机物，这些中间产物或与 Fe^{2+} 形成络合物，或与羟基自由基的生成路线发生竞争，可能对环境危害更大，而且 H_2O_2 利用率不高。紫外和近紫外波长的光辐射能够使芬顿体系中有机物的降解速率加快，进一步在光-芬顿体系中加入 EDTA、柠檬酸盐等络合剂可增强对有机物的去除效果。

（1）UV-Fenton 催化氧化反应机理

其原理类似于标准 Fenton 催化氧化法，所不同的是反应体系在紫外光照射下三价铁与水中氢氧根离子的复合离子可以直接产生羟基自由基并产生二价铁离子，二价铁离子可与 H_2O_2 进一步反应生成羟基自由基，从而加快水中有机污染物降解速率；H_2O_2 在紫外光照射作用下也可直接分解生成羟基自由基；部分有机污染物在紫外光作用下也能够被直接降解。

其反应过程概括如式（7-23）~式（7-27）所示：

$$Fe^{2+} + H_2O_2 \longrightarrow Fe^{3+} + HO\cdot + OH^- \tag{7-23}$$

$$[Fe(OH)]^{2+} \longrightarrow Fe^{2+} + HO\cdot \tag{7-24}$$

$$[Fe(OOC-R)]^{2+} \longrightarrow Fe^{2+} + R\cdot + CO_2 \tag{7-25}$$

$$HO\cdot + RH \longrightarrow H_2O + R\cdot \tag{7-26}$$

$$Fe^{2+} + HO\cdot \longrightarrow Fe^{3+} + OH^- \tag{7-27}$$

UV-Fenton 催化氧化法主要优点是有机物矿化程度好；缺点是只适合处理中低浓度有机废水，且反应装置复杂，处理费用高。

（2）UV-H_2O_2-草酸铁络合物法反应机理

UV-H_2O_2-草酸铁络合物法是对 UV-Fenton 催化氧化的发展，为提高 UV-Fenton 催化氧化的太阳能利用能力，把草酸盐和柠檬酸盐等引入 UV-Fenton 催化氧化体系，生成了高光活性的 Fe(Ⅲ) 草酸盐和柠檬酸盐络合物，能够拓宽反应体系吸收的波长到 $200\sim400nm$，从而以太阳能为光照实现处理高浓度有机废水并节约 H_2O_2 用量。草酸铁的生成和光解反应式如式(7-28)~式(7-31) 所示：

$$Fe^{3+}+H_2O_2+3C_2O_4^{2-}\longrightarrow[Fe(C_2O_4)_3]^{3-}+\cdot OH+OH^- \tag{7-28}$$

$$[Fe(C_2O_4)_3]^{3-}\longrightarrow Fe^{2+}+2C_2O_4^{2-}+C_2O_4^-\cdot \tag{7-29}$$

$$C_2O_4^-\cdot+[Fe(C_2O_4)_3]^{3-}\longrightarrow Fe^{2+}+3C_2O_4^{2-}+2CO_2 \tag{7-30}$$

$$C_2O_4^-\cdot\longrightarrow CO_2^-\cdot+CO_2 \tag{7-31}$$

酸性条件下饱和空气溶液中的 $C_2O_4^-\cdot$ 和 $CO_2^-\cdot$ 会进一步与水中溶解的 O_2 反应，最终形成 H_2O_2。

光照下草酸铁络合物光解成 Fe^{2+} 和 H_2O_2，为 Fenton 催化氧化提供了持续来源；同时 $C_2O_4^{2-}$ 的加入降低了 H_2O_2 用量，加速了 Fe^{3+} 向 Fe^{2+} 转化，并且保证了体系对光线和 H_2O_2 较高的利用率，为高浓度有机物降解奠定了基础，反应式如式(7-32) 和式(7-33) 所示。

$$C_2O_4^-\cdot/CO_2^-\cdot+O_2\longrightarrow O_2^-\cdot+2CO_2/CO_2 \tag{7-32}$$

$$2O_2^-\cdot+2H^+\longrightarrow H_2O_2+O_2 \tag{7-33}$$

7.2.3　电-Fenton 催化氧化工艺

电-Fenton 催化氧化工艺就是在电解槽中通过电解反应生成 H_2O_2 或 Fe^{2+} 的 Fenton 催化氧化工艺，使之作为 Fenton 催化氧化反应的持续来源。它与光-Fenton 催化氧化工艺相比有以下优点：自动产生 H_2O_2 的机制较完善，导致有机物降解的因素较多，除羟基自由基的氧化作用外，还有阳极氧化、电吸附作用等。

该法是把用电化学法产生的 Fe^{2+} 与 H_2O_2 作为 Fenton 催化氧化反应的持续来源。通过直流电电解方式使酸性溶液中的 O_2 在惰性电极阴极上通过还原反应生成 H_2O_2，该 H_2O_2 能迅速与溶液中 Fe^{2+} 反应生成羟基自由基和 Fe^{3+}，由于羟基自由基无选择性的强氧化能力对难降解有机物进行去除。由于 Fe^{3+} 还原电位 (0.77V) 较 O_2 初始还原电位 (0.69V) 高，因此 Fe^{3+} 可在阴极还原过程中还原再生为 Fe^{2+}，从而使芬顿氧化反应循环进行。电解槽内电极反应如式(7-34)~式(7-38) 所示：

阴极
$$O_2+2e^-+2H^+\longrightarrow H_2O_2 \tag{7-34}$$

$$Fe^{3+}+e^-\longrightarrow Fe^{2+} \tag{7-35}$$

阳极
$$H_2O\longrightarrow1/2O_2+H_2O+2e^-（酸性介质） \tag{7-36}$$

$$2OH^-\longrightarrow1/2O_2+H_2O+2e^-（碱性介质） \tag{7-37}$$

$$Fe\longrightarrow Fe^{2+}+2e^- \tag{7-38}$$

电-Fenton 催化氧化反应中溶液中的总化学反应如式(7-39)~式(7-41) 所示：

$$Fe\longrightarrow Fe^{2+}+2e^- \tag{7-39}$$

$$H_2O_2+Fe^{2+}\longrightarrow Fe^{3+}+OH^-+\cdot OH \tag{7-40}$$

$$\cdot OH+有机物\longrightarrow CO_2+H_2O+小分子有机物 \tag{7-41}$$

反应式(7-34) 中 O_2 通过曝气的方式引入至阴极，也可利用阳极依据反应式(7-36) 或式(7-37) 析出 O_2，溶液中 Fe^{2+} 一般通过外部添加或反应式(7-38) 中 Fe 阳极氧化产生，与 H_2O_2 反应开始后，Fe^{2+} 会被迅速氧化为 Fe^{3+}，但 Fe^{3+} 在直流电场作用下迁移至阴极表面，并被重新还原为 Fe^{2+}，而 H_2O_2 可在阴极连续产生，这样就保证了 Fenton 催化氧化反应持续发生。电-Fenton 催化氧化法与其他电解法水处理技术一样，电流效率较低，电能消耗较大，另外，H_2O_2 的成本远高于 Fe^{2+}。

如果能够把自动产生 H_2O_2 的机制引入电化学 Fenton 催化氧化体系，对于电-Fenton 催化氧化法的推广更具有实际意义。

7.3　非均相类 Fenton 催化氧化工艺

7.3.1　非均相 Fenton 流化床工艺概述

对于非均相 Fenton 工艺来说，通常选择采用流化床形式，可以提高负载型催化反应器催化效率，该种工艺的关键是要有尽可能大的催化剂比表面积。固定床催化反应器虽然使催化剂固定化而易于操作，但固定化催化剂往往只是一层膜，催化剂的用量不可能很大，待处理的液体或气体难以与催化剂充分接触，存在着漫长的传质过程，因此大规模工业化应用有一定的困难。

而流化床反应器很好地解决了催化剂与反应液的接触问题。流化床层载体处于不断流动、迁移、翻滚状态，反应液在载体颗粒之间流动，充分利用了催化剂的表面，使催化剂有效比表面积大大提高，越来越多地受到人们的重视。

Fenton 流化床法是将 Fenton 催化氧化工艺应用于流化床反应器中。利用流化床的方式，将 Fenton 催化氧化反应过程中所产生的三价铁离子，以结晶或沉淀的方式负于流化床的载体表面，是一项结合了均相 Fenton 反应、非均相 Fenton 反应、流化床结晶以及 FeOOH 还原溶解的技术。负载在流化床表面的铁氧化物能够参与一部分铁的供给，减少铁盐的加入，同时减少污泥的产生。采用流化床的反应体系，解决了催化剂与反应液的接触问题，提高了催化氧化的效率。目前，Fenton 流化床技术的研究主要集中在中国台湾和国外，在中国大陆还鲜有研究。

有学者利用铁氧化物作为载体的 Fenton 流化床方法处理硝基苯废水。研究表明，硝基苯去除率不受铁氧化物载体所影响。但是，由于铁的吸附络合使其表面没有足够的 Fe^{2+} 以催化分解 H_2O_2，铁氧化物的存在将延缓硝基苯的降解速率，导致 Fenton 催化氧化以及硝基苯浓度对硝基苯氧化速率均有影响。

还有学者以 Fenton 流化床法取代传统 Fenton 氧化法，将 FeOOH 负载在一种颗粒化的陶瓷载体上，证明载体在流化床中可异相催化苯甲酸，并探索 Fenton 流化床反应机理。利用这种 Fenton 流化床反应器处理水中氯酚化合物，在 30min 时，可达到 80% 以上的浓度去除率，此外还证明在反应中水相中铁离子的残余量有大幅度的降低。

詹丰隆等以三段高 0.9m、内径 0.1m 的亚克力管串联组成的串联式流化床反应器，以添加碳酸钠作为结晶药剂，填充粒径 0.25～0.35mm 石英砂作为结晶载体，建立流化床结晶技术去除镍的最佳操作条件。研究结果发现对于粒径 0.25～0.35mm 石英砂载体，最适合的水力负荷应为 23～30m/h；填充载体量应以反应槽高度的 1/4～1/3 较为适合，回流有助于去除率的提高，操作过程产生的结晶物应可以用强酸将其溶解处理再利用。

D. Wilms 等以直径 18mm、高度为 1.5m 的玻璃管作为反应器，填充 60cm 高的 0.2～0.3mm 石英砂，在反应槽底部装有玻璃珠，使流体均匀分布且避免颗粒进入，利用蠕动泵回流，经过一段时间后，等到碳酸银颗粒大至 0.6mm 时，则由底层将其排出。

在 pH 值为 10.2，Cr/Ag 物质的量比为 3，水力负荷 45m/h 且银负荷小于 2kg/(m² • h) 时，出水银浓度为 8～10mg/L，经过滤后为 7～8mg/L，此试验指出，若想获得低出水浓度，需要较多的碳酸钠。

郑福田等利用流动砂床去除废水中重金属，其技术是建立于两个基本操作步骤上：首先提高 pH 值，以减少金属的溶解度，使之形成金属碳酸盐或氢氧化物。其次利用膨胀床的砂粒为化学沉淀的核心，使金属碳酸盐或氢氧化物附着在砂粒表面，完成化学共沉作用。其方式是利用直径 3cm、长 150cm 的玻璃管，4 支串联，内装石英砂作为反应器，废水及碳酸钠或石灰水分别利用计量泵送入反应器内以完成反应，使反应生成的难溶解物共沉于砂粒表面。研究所去除的金属为铬、镉、铜、镍，操作 pH 值为 8、9、10、11，砂粒粒径变化为 0.30～0.41mm，浓度 5～30mg/L，在上述不同操作条件下比较重金属的去除效果。研究结果发现，粒径及处理流率越大，去除效果越好，而去除率与 pH 值则呈现抛物线关系，最佳 pH 值在 9～10。当处理流率在 700m/d 之下，pH 值为 9～10 时，不论使用石灰或碳酸钠，四种金属均能达到相当程度的去除效果。

Zhou 以两段反应槽串联而成的流化床设备来处理重金属，两段槽体同为高 2.2m、内径 0.1m 的管柱，处理含有铜、镍及锌三种重金属的废水。进水重金属浓度为 10mg/L 和 20mg/L，pH 值于 9.0～9.1 对于重金属的去除效果可以达到 92% 和 95%。当 pH>8.7 时，有 92.4% 的金属氢氧化物沉淀，而当水力停留时间大于 7.1min 时，则对去除效果影响不大。

Fenton 催化氧化技术的优点是氧化能力强、反应速率快、普适性高、操作过程简单、对环境友好。但是，它对 pH 值的要求比较苛刻，需要在酸性条件（pH 值在 3 左右）下进行。而且 H_2O_2 的利用率不够高，反应过程中会产生大量铁泥，带来新的污染。

鉴于传统 Fenton 催化氧化处理技术在实际应用中存在的缺点，近年来，研究者们发现将 Fenton 催化氧化中的 Fe^{2+} 替换为其他催化材料，并利用固载法将催化剂固定在多孔模板表面，在处理有机废水时也能达到很好的效果，并能实现方便快捷的回收再利用，该方法被称为类 Fenton 催化氧化法，常用的负载型固体催化剂有 Cu_2S 型和 MnS 型两种。

7.3.2　Cu_2S 型非均相 Fenton 催化剂制备

金属硫化物因其独特的物化性能，在催化、太阳能电池、光致变色、光电器件等领域具有广阔的应用。

在众多的金属硫化物中，Cu_2S 是一种常用的半导体材料，其间接带隙为 1.21eV，在太阳能电池领域已经有很出色的应用前景。Cu_2S 是一种具有新颖微纳米结构的金属硫化物，能够提供较大的比表面积和较多的活性位点，与普通的块体材料相比，能够展现出更优越的性能。

因此，近些年研究人员通过固相合成法、溶液法、溶剂热法等策略可控构筑出了许多具有新颖结构和形貌的 Cu_2S 微纳米材料。其中溶剂热法在制备高纯、规则形貌及尺寸可控的微纳米材料方面表现突出，备受研究人员的青睐。

在此领域，以铜基配合物和硫脲为原料，通过溶剂热法制备出自组装的微米雪花状 Cu_2S 材料。无水乙二胺和乙二醇被选为混合溶剂体系。此外，配合物的配位键键能比较高，使用配合物作为金属源可以限制金属离子与硫离子的反应速率，从而实现材料可控且均匀的制备。据我们所知，很少有直接用金属配合物作为金属源来诱导制备均匀硫化物的报道。

具有特殊结构的 Cu_2S 材料在太阳能电池、冷阴极、微纳米开关等领域已经有很出色的应用，但是很少被用作催化剂。因此，将制得的微米雪花状 Cu_2S 材料用作类 Fenton 催化剂，用于提升 H_2O_2 的分解速率，进而提升该体系降解染料污水的性能，是一种比较新颖的类 Fenton 技术。

（1）铜基配合物的制备

称取 10.0mmol 的三水合硝酸铜，溶解到 100mL 去离子水中。在磁力搅拌的过程中，将 20.0mmol 的 4-氯氨基苯磺酸和 10.0mmol 的碳酸钠加入上述硝酸铜水溶液中。接着将 10.0mmol 的 4,4′-联吡啶溶解到 50mL 无水乙醇中，并将其缓慢加入上述混合溶液中，得到新的混合溶液，并将其在 80℃下静置 15min。然后过滤，将滤液在室温下静置几天，便得到蓝色晶体，其分子式为 $C_{42}H_{42}Cl_2N_8O_{10}S_2Cu$。

（2）Cu_2S 的制备

Cu_2S 通过 MOF 诱导法制得。首先，将 0.25mmol 硫脲加入 14mL 无水乙二胺中，并在磁力搅拌下，将其逐滴加入上述得到的铜基配合物的乙二醇溶液中（0.5mmol 铜基配合物，2mL 乙二醇），继续搅拌 2h。再将该混合液转移到 20mL 的反应釜中，在 160℃下反应 24h。反应釜冷却至室温后，将黑色产物用去离子水和乙醇多次离心洗涤，在 60℃真空干燥箱中干燥收集，即可得到最终产物。

7.3.3 MnS 型非均相 Fenton 催化剂制备

作为环境污染物之一，工业废水污染预计会成为水圈生态系统、生物多样性和人类的主要威胁。而在工业废水中，染料废水占了很大的比重，染料废水包含很多不易降解的有毒物质，对水生物系统存在很大的威胁。

为了降解染料废水中的有毒物质，人们采取了物理、化学和生物等多种多样的方法。如吸附法、臭氧化法、电化学降解法和光化学降解法。不幸的是，这些方法中的大部分因高消耗和高花费在实际工业应用中受到了严重的限制，不仅如此，缺乏高的催化效率也是这些方法在实际应用中受阻的原因。

而在过氧化氢的催化氧化下，过渡金属硫化物作为催化剂释放了提高反应速率的羟基，这对染料废水的降解是十分有利的。因此，过渡金属硫化物在催化的过程中扮演了很重要的角色。

近年来，微纳米结构硫化物越来越吸引人们的注意力，因为它有较大的比表面积和较多的活性位点，在磁性、电化学、锂离子电池和催化方面得到了广泛的应用。

例如，有学者合成了纳米结构的二氧化锰，并且应用在电化学性能的测试上，还有人从刺状镍前驱体中合成的具有磁性的 Ni/Ag 核壳结构，表现出了很好的催化和抗菌活性。

然而大面积纳米结构材料在合成方面因为其复杂的操作过程和在扩展工业应用上的限制仍然是一个挑战。这部分工作中，纳米结构的蒲公英状的硫化锰被合成出来，并在室温下用于染料废水的降解。

这种纳米结构的蒲公英状的硫化锰是在温和的条件下以锰的配合物作为前驱体合成。合成锰配合物的前驱体的原料是大量存在的化工原料，容易获得且花费较少。锰的配合物通过一步合成法得到，合成方法非常简单。

在这部分工作中，为了提高所得的硫化锰的催化性能，有学者通过离子置换的方法将第一副族金属离子引入到硫化锰中。事实上，近年来，作为第一副族金属元素，铜离子作为催化剂表现出了重要的催化活性并且已经被广泛地报道。研究表明，人们已经通过简单的方法制备了多种多样的硫化铜并且提高了它的催化活性。此外，Pt-CuS 的二聚物和它们的选择性催化活性被报道。

在第一副族金属离子中，人们通常选择铜离子和银离子作为主要的研究对象，因为一方面金离子主要以三价化合价存在，这不利于沉淀转化反应的发生，另一方面，金离子成本较高，大面积的工业应用是不经济实惠的。因此，人们通常会选择通过沉淀转换的方法将铜离子和银离子引入到硫化锰中。该反应是在室温下进行的，这有利于保持产物的形貌。同时，类似的效果发生在硫化锰和阴离子的反应中。温和的试验条件使得金属离子缓慢地引入到硫化锰中，在硫化锰原有的基础上发生反应利于形貌的保持。

在这部分工作中，在温和的水热反应条件下，以锰的配合物作为前驱体合成了大面积的纳米结构的蒲公英状的硫化锰。然后，通过沉淀转换的方法引入有益的金属离子到硫化锰中，该反应是在室温下进行的。

（1）Mn 配合物的合成

通过简单的一步合成方法，即可得到锰的配合物。实验方法如下，称量 5mmol 四水乙酸锰到 50mL 的小烧杯中，加入 20mL 去离子水溶解，然后称量 10mmol 对甲苯磺酸钠到四水乙酸锰溶液中，加热溶解，反应加热一段时间，加入 5mmol 邻菲罗啉，溶液浑浊呈深黄色，加热 5min 后，向混合溶液中加入 15mL 无水乙醇，溶液由浑浊变澄清，将混合溶液加热近沸腾，趁热过滤，将滤液静置，几天后得到黄色块状均匀结晶，为锰配合物。

（2）MnS 的控制合成

称量一定量的锰的配合物（1mmol）到盛有 11mL 乙二醇的小烧杯中，稍加热使配合物溶解，再将得到的溶液转移到 25mL 内衬为聚四氟乙烯的反应釜中；称取硫脲（0.5mmol）溶于盛有 5mL 无水乙二胺的小瓶中。待溶解完全后，在通风橱中，用滴管将溶有硫脲的乙二胺溶液分别逐滴加入对应的乙二醇溶液中，滴加的同时搅拌溶液，在室温下搅拌，在滴加过程结束后，盖上反应釜盖，防止溶剂的挥发。常温下搅拌 3h，再将反应釜装入不锈钢外套中密封好，于电热恒温鼓风干燥箱内在 160℃下反应 24h。反应时间结束后，反应釜自然冷却至室温，打开反应釜，即可得到 MnS 固体。

7.4　Fenton 工艺的应用场景

7.4.1　Fenton 工艺处理含酚废水

酚类化合物属难降解有机物，其废水处理采用最多的是生化处理法，但是许多含酚废水生物降解性差，且具有生物毒性。如果采用芬顿试剂及其联合工艺处理苯酚、甲酚、氯酚类等多种酚类废水，处理效果极好。将芬顿试剂氧化作为生物处理的预处理，使废水毒性下降，可生化性提高。芬顿试剂可将溶液中 2-氯酚、3-氯酚、4-氯酚、2,3-二氯酚、2,4-二氯酚和 2,5-二氯酚全部去除，生成的主要氧化产物是草酸盐和甲酸盐，而这两种氧化产物都易于被产甲烷菌转化为甲烷和 CO_2，不需要驯化过程。

7.4.2　Fenton 工艺处理焦化废水

焦化废水是一种含有挥发酚、芳香族有机物和多环化合物等许多难以生物降解的杂环化合物的典型高浓度有机废水，多采用传统 A/O 或 A^2/O 等生物处理法结合混凝沉淀或者活性炭吸附等后续处理，但该法很难实现焦化废水的稳定达标排放。用芬顿氧化-混凝联用技术方法，对生化后的水进行深度处理，处理后的焦化废水 COD 去除率可达 88%，色度、浊度去除率达到 90% 以上，出水达到了国家一级排放标准。

7.4.3　Fenton 工艺处理印染废水

印染废水含有高度稳定的以苯环为核心的稠环、杂环结构的大分子有机物，由于水质变化大、色度和有机物浓度高、可生化性差而极难处理。利用芬顿试剂产生的高反应活性和氧化性的羟基自由基可使某些难进行生物降解的物质转变成容易进行生物处理的物质，破坏染料的发色或助色基团，使其失去发色能力。UV-Fenton 催化氧化反应对色度和 COD（化学需氧量）都有较好的去除效果，去除率分别达到 90.4% 和 86.2%。

7.4.4　Fenton 工艺处理农药废水

农药废水是一种具有浓度高、色度深、毒性大、污染物成分复杂的难生物降解的高浓度有毒有机废水，经简单预处理后再进行生化处理的方法虽然技术比较成熟，但难以取得理想效果。采用 Fenton 氧化-气浮对仲丁灵农药废水进行预处理后，COD<6000mg/L，色度<1500 倍，废水可生化性大大提高。

7.4.5　Fenton 工艺处理垃圾渗滤液

垃圾渗滤液含有机物、氨氮及多种有毒有害的难降解有机物而难以进行生化处理，利用 Fenton 催化氧化工艺的氧化和絮凝的双重作用，在 38.8mmol/L H_2O_2、30mmol/L Fe^{2+}、初始 pH 为 3、絮凝 pH 为 8、反应时间为 60min 的条件下，COD_{Cr} 和 TOC 的去除率可分别达 63.43% 和 80.58%。

自从 20 世纪 60 年代 Fenton 催化氧化工艺开始应用于废水处理以来，由于其反应迅速、温度和压力等反应条件温和、易于操作，且无二次污染等优点，使其成为有机废水处理领域具有竞争力的一种技术方法。

由于有机废水量的增大、有机污染物不断趋于复杂化和难降解化，使得传统芬顿试剂法存在一定局限性，这也促使人们对芬顿试剂进行不断的深入研究，目的在于强化芬顿试剂法的处理效果并降低药剂成本，主要的发展表现为光-Fenton 催化氧化工艺、电-Fenton 催化氧化工艺、超声-Fenton 催化氧化工艺、微波-Fenton 催化氧化工艺、吸附/絮凝-Fenton 催化氧化工艺等复合类 Fenton 催化氧化工艺不断涌现，其反应机理、影响反应的各个参数等方面也在进行深入研究。光-Fenton 催化氧化工艺、电-Fenton 催化氧化工艺、超声-Fenton 催化氧化工艺和微波-Fenton 催化氧化工艺在设备和技术上还没有取得大的突破，因而能耗和试剂成本较高，阻碍了放大和推广，需要在未来的研究中得到解决。

7.5 Fenton 催化氧化小试试验

7.5.1 项目背景

印染废水是指以加工棉、麻、化学纤维及其混纺产品为主的印染厂排出的废水，其特点主要为：水量大、有机污染物浓度高、色度深、碱性和 pH 值变化大、水质变化剧烈。

印染工业用水量大，通常每印染加工 1t 纺织品耗水 $100 \sim 200t$，其中 $80\% \sim 90\%$ 以印染废水排出。常用的治理方法有回收利用和无害化处理。常见的回收利用方法有三种：

① 废水可按水质特点分别回收利用，如漂白煮炼废水和染色印花废水的分流，前者可以对流洗涤，一水多用，减少排放量。

② 碱液回收利用，通常采用蒸发法回收，如碱液量大，可用三效蒸发回收，碱液量小，可用薄膜蒸发回收。

③ 染料回收，如士林染料可酸化成为隐巴酸，呈胶体微粒悬浮于残液中，经沉淀过滤后回收利用。

印染废水常见的无害化处理方法可分三种：

① 物理处理法有沉淀法和吸附法等。沉淀法主要去除废水中悬浮物，吸附法主要去除废水中溶解的污染物和脱色。

② 化学处理法有中和法、混凝法和氧化法等。中和法在于调节废水中的酸碱度，还可降低废水的色度，混凝法在于去除废水中分散染料和胶体物质，氧化法在于氧化废水中还原性物质，使硫化染料和还原染料沉淀下来。

③ 生物处理法有活性污泥、生物转盘、生物转筒和生物接触氧化法等。为了提高出水水质，达到排放标准或回收要求，往往需要采用几种方法联合处理。

如图 7-5-1 所示，由于染料、助剂、织物染整要求的不同，印染废水的 pH 值、COD_{Cr}、

图 7-5-1 印染废水

BOD_5 浓度、颜色等也各不相同，但其共同的特点之一是 B/C 均很低，一般在 0.2 左右，可生化性差；另一共同特点是色度高，有的可高达 4000 倍以上。

本项目中所处理的高难度废水来源于江苏某印染企业零排放工艺中的 MVR 工艺段母液，蒸发前的废水成分复杂，经过进一步浓缩后，产生的母液中成分复杂、色泽深、盐含量高、不易生物降解，假如不加处理直接排放到园区污水处理厂的话，将会给原有生化系统带来毁灭性打击，因此无法汇入园区内污水处理厂进行集中处理，在得到有效处理之前，只能选择暂存在厂区内污水罐。表 7-5-1 即为本次试验所选取的废水水质分析。

表 7-5-1　该企业印染废水 MVR 母液水质指标分析

指标名称	数量	指标名称	数量
COD/(mg/L)	9230	总氮/(mg/L)	1340
pH 值	9.84	总磷/(mg/L)	3411
电导率/(mS/cm)	69.2	外观	棕红色液体
氨氮/(mg/L)	575	SS/(mg/L)	1557

由于该高难度废水自身即为 MVR 工艺段母液，水质情况极为复杂，因此再继续蒸发浓缩的话，由于废水中有机物大量富集，会导致设备的运行不稳定。因此，开发能够降解有机物、改善废水蒸发状态的预处理工艺非常有必要。

该厂需要执行的标准是《城镇污水处理厂污染物排放标准》（GB 18918—2002）中的一级 A 标准，排放标准分别如表 7-5-2～表 7-5-4 所示。

表 7-5-2　基本控制项目最高允许排放浓度日均值

序号	基本控制项目		一级标准		二级标准	三级标准
			A 标准	B 标准		
1	化学需氧量（COD）/(mg/L)		50	60	100	120
2	生化需氧量（BOD_5）/(mg/L)		10	20	30	60
3	悬浮物（SS）/(mg/L)		10	20	30	50
4	动植物油/(mg/L)		1	3	5	20
5	石油类/(mg/L)		1	3	5	15
6	阴离子表面活性剂/(mg/L)		0.5	1	2	5
7	总氮（以 N 计）/(mg/L)		15	20	—	—
8	氨氮（以 N 计）/(mg/L)		5(8)	8(15)	25(30)	—
9	总磷（以 P 计）/(mg/L)	2005 年 12 月 31 日前建设	1	1.5	3	5
		2006 年 1 月 1 日起建设的	0.5	1	3	5
10	色度（稀释倍数）		30	30	40	50
11	pH 值		6～9			
12	粪大肠菌群数/(个/L)		10^3	10^4	10^4	—

注：1. 下列情况下按去除率指标执行，当进水 COD 大于 350mg/L 时，去除率应大于 60%；BOD 大于 160mg/L 时，去除率应大于 50%。

2. 括号外数值为水温>12℃时的控制指标，括号内数值为水温≤12℃时的控制指标。

表 7-5-3　部分一类污染物最高允许排放浓度（日均值）

序号	项目	标准值	序号	项目	标准值
1	总汞/(mg/L)	0.001	5	六价铬/(mg/L)	0.05
2	烷基汞/(mg/L)	不得检出	6	总砷/(mg/L)	0.1
3	总镉/(mg/L)	0.01	7	总铅/(mg/L)	0.1
4	总铬/(mg/L)	0.1			

表 7-5-4　选择控制项目最高允许排放浓度（日均值）

序号	选择控制项目	标准值	序号	选择控制项目	标准值
1	总镍/(mg/L)	0.05	23	三氯乙烯/(mg/L)	0.3
2	总铍/(mg/L)	0.002	24	四氯乙烯/(mg/L)	0.1
3	总银/(mg/L)	0.1	25	苯/(mg/L)	0.1
4	总铜/(mg/L)	0.5	26	甲苯/(mg/L)	0.1
5	总锌/(mg/L)	1.0	27	邻二甲苯/(mg/L)	0.4
6	总锰/(mg/L)	2.0	28	对二甲苯/(mg/L)	0.4
7	总硒/(mg/L)	0.1	29	间二甲苯/(mg/L)	0.4
8	苯并[a]芘/(mg/L)	0.00003	30	乙苯/(mg/L)	0.4
9	挥发酚/(mg/L)	0.5	31	氯苯/(mg/L)	0.3
10	总氰化物/(mg/L)	0.5	32	1,4-二氯苯/(mg/L)	0.4
11	硫化物/(mg/L)	1.0	33	1,2-二氯苯/(mg/L)	1.0
12	甲醛/(mg/L)	1.0	34	对硝基氯苯/(mg/L)	0.5
13	苯胺类/(mg/L)	0.5	35	2,4-二硝基氯苯/(mg/L)	0.5
14	总硝基化合物/(mg/L)	2.0	36	苯酚/(mg/L)	0.3
15	有机磷农药(以P计)/(mg/L)	0.5	37	间甲酚/(mg/L)	0.1
16	马拉硫磷/(mg/L)	1.0	38	2,4二氯酚/(mg/L)	0.6
17	乐果/(mg/L)	0.5	39	2,4,6-三氯酚/(mg/L)	0.6
18	对硫磷/(mg/L)	0.05	40	邻苯二甲酸二丁酯/(mg/L)	0.1
19	甲基对硫磷/(mg/L)	0.2	41	邻苯二甲酸二辛酯/(mg/L)	0.1
20	五氯酚/(mg/L)	0.5	42	丙烯腈/(mg/L)	2.0
21	三氯甲烷/(mg/L)	0.3	43	可吸附有机卤化物 (AOX 以 Cl 计)/(mg/L)	1.0
22	四氯化碳/(mg/L)	0.03			

7.5.2　试验前水质测量

为了准确评估高难度印染零排放母液的处理难度，寻找最经济合适的处理工艺，在接收相关水样后，需要首先开展水质指标的测试工作，分析测试的结果汇总如表 7-5-1 所示。

通过对母液的各项指标分析可以知道，所采取的水样的 COD 数值大，悬浮物含量高，氮磷也严重超标，不加任何预处理直接进行蒸发操作是不可行的，因此针对该种废水首先进行预处理方案设计。

7.5.3　试验方案拟定

为了系统性评价各工艺处理该企业高难度印染零排放母液的实际预效果，结合各常见污水处理工艺特点，首先进行分析，结果如下：

① 高难度印染零排放母液的含盐量超过 5%，这种情况下使用生化的可行性基本为零，所以首先摒弃了生化工艺。

② 高难度印染零排放母液含盐量高、COD 高，此种不适合采用生化工艺的废水，只能尝试使用高级催化氧化工艺进行处理，针对水质分析，拟安排实验室开展芬顿法实验研究，具体试验过程、数据和分析详见以下章节内容。

7.5.4　测试方法及药品准备

（1）试验药品

试验中用到的药品及试剂如表 7-5-5 所示。

表 7-5-5　本试验所需主要原料和试剂

药品名称	药品规格	药品产地
NaOH	分析纯	天津市化学试剂三厂
H_2SO_4	分析纯	天津市化学试剂三厂
苯并三氮唑	工业品	中北精细化工有限公司
纳米 TiO_2 粉末	工业品	天津市澳大化工商贸有限公司
重铬酸钾	分析纯	天津市化学试剂三厂
邻苯二甲酸氢钾	分析纯	天津市光复科技发展有限公司
硫酸汞	分析纯	贵州省铜仁化学试剂厂
硫酸银	分析纯	天津市风船化学试剂科技有限公司
硫酸亚铁	分析纯	上海试剂一厂
硝酸钠	分析纯	上海试剂三厂
亚硝酸钠	分析纯	天津市光复科技发展有限公司
氯化钠	分析纯	天津市化学试剂三厂

（2）试验仪器

试验中主要仪器如表 7-5-6 所示。

表 7-5-6　主要试验仪器设备及型号

仪器名称	仪器型号	仪器产地
COD 消解仪	DRB200	美国 HACH
分光光度计	DR/2800	美国 HACH
紫外灯	365nm	天津市蓝水晶净化设备技术有限公司

仪器名称	仪器型号	仪器产地
电子天平	AL204	梅特勒-托利多仪器(上海)有限公司
TOC 分析仪	TOC-VCPN	日本岛津
真空干燥箱	DHG-9123A	上海一恒科学仪器有限公司
超声波清洗器	QT08	天津市瑞普电子仪器公司
pH 计	FE20	梅特勒-托利多仪器(上海)有限公司
臭氧催化氧化反应器	CY-1L	天津市环境保护技术开发中心设计所
电催化氧化反应器	ECO-1L	天津市环境保护技术开发中心设计所
光催化氧化反应器	LCO-1L	天津市环境保护技术开发中心设计所
多相催化氧化反应器	DX-1L	天津市环境保护技术开发中心设计所
芬顿催化氧化反应器	Fenton-1L	天津市环境保护技术开发中心设计所
直流电源	AC50	中山鸿业电子
鼓风机	SB-988	松宝电子
电芬顿催化氧化反应器	EFenton-1L	天津市环境保护技术开发中心设计所

7.5.5 常用指标及分析方法

试验中常用指标分析方法见本书第 4.5.5 节所述。

7.5.6 试验条件和试验结果

芬顿催化氧化试验所采用的小试反应器为天津市环境保护技术开发中心设计所自制,型号 Fenton-1L,采用的氧化剂为 H_2O_2(浓度 27.3%),催化剂为 $FeSO_4 \cdot 7H_2O$(工业级纯度)。

芬顿工艺在处理废水时需要判断药剂投加量及经济性,H_2O_2 的投加量大,废水 COD 的去除率会有所提高,但是当 H_2O_2 投加量增加到一定程度后,COD 的去除率会慢慢下降。因为在芬顿反应中 H_2O_2 投加量增加,·OH 的产量会增加,则 COD 的去除率会升高,但是当 H_2O_2 的浓度过高时,双氧水会发生分解,并不产生羟基自由基。

催化剂的投加量也与双氧水投加量有关,一般情况下,增加 Fe^{2+} 的用量,废水 COD 的去除率会增大,当 Fe^{2+} 增加到一定程度后,COD 的去除率开始下降。原因是因为当 Fe^{2+} 浓度低时,随着 Fe^{2+} 浓度升高,H_2O_2 产生的·OH 增加;当 Fe^{2+} 的浓度过高时,也会导致 H_2O_2 发生无效分解,释放出 O_2,一般是 $Fe^{2+} : H_2O_2 : COD = 1 : 3 : 3 \sim 1 : 10 : 10$(质量比)。

常见芬顿催化氧化工艺反应装置如图 7-5-2 所示,工艺操作流程如图 7-5-3 所示。

针对高难度印染零排放母液的实验室芬顿催化氧化的小试试验的试验参数和条件如表 7-5-7 所示。

针对芬顿工艺的具体参数调整,需要通过不同的试验验证,主要在于 $H_2O_2 : FeSO_4 \cdot 7H_2O$,根据这个原则设置几组不同试验,试验结果如表 7-5-8 所示。

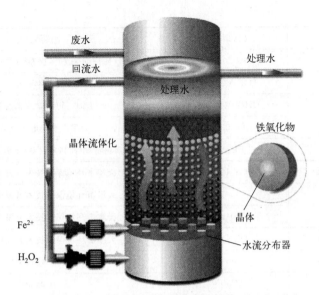

图 7-5-2　芬顿催化氧化工艺反应装置示意图

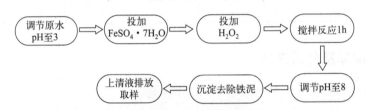

图 7-5-3　芬顿催化氧化工艺操作流程图

表 7-5-7　芬顿催化氧化小试试验参数

参数	处理水量/L	停留时间/h	pH 值	H_2O_2：COD	H_2O_2：$FeSO_4 \cdot 7H_2O$	原水 COD/(mg/L)
数值	0.5	1	3	1：1	1：3～1：10	9230

表 7-5-8　芬顿催化氧化小试取样 COD 分析数据

序号	H_2O_2 投加量 /mL	$FeSO_4 \cdot 7H_2O$ 投加量 /g	H_2O_2：$FeSO_4 \cdot 7H_2O$ 质量比	出水 COD /(mg/L)
1		23	1	2300
2		8	2	2850
3		5.4	3	3160
4		4.0	4	3430
5	16	3.2	5	3500
6		2.6	6	3980
7		2.3	7	4120
8		2.0	8	4230
9		1.8	9	4800
10		1.6	10	5010

注：由于本水样盐含量高，所以测试 COD 时采取稀释 10 倍，保证水样中 Cl^- 含量≤1000mg/L。

由图 7-5-4 以及表 7-5-8 试验数据分析可以得知，高难度印染零排放母液中 COD 的去除效果与双氧水投加量有关，也与催化剂 $FeSO_4 \cdot 7H_2O$ 的投加量有关，$FeSO_4 \cdot 7H_2O$ 投加量越大其处理效果越好，但是随着 $FeSO_4 \cdot 7H_2O$ 投加比例的增长，出水会出现返色的问题，一般呈现出黄色或者红色（铁的络合物），这部分颜色很难去除，所以在实际应用中，一般多采用 $Fe^{2+} : H_2O_2 : COD = 1 : 3 : 3$（质量比）。

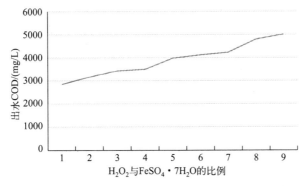

图 7-5-4　芬顿催化氧化试验 H_2O_2 与 $FeSO_4 \cdot 7H_2O$ 不同比例的出水 COD

根据以上步骤确定的最终试验参数条件，针对高难度印染零排放母液原水样开展多次间歇式芬顿催化氧化处理小试试验，处理水样体积为 0.5L，投加药剂前首先调节 pH 值为 3，然后投加固体 $FeSO_4 \cdot 7H_2O$ 5.4g，27.3% 的 H_2O_2 试剂 16mL，搅拌反应 1h 后，调节 pH 值至 8，沉淀取上清液测试，处理的试验结果如表 7-5-9 所示。

表 7-5-9　高难度印染零排放母液间歇式芬顿催化氧化试验数据汇总表

试验批次	出水电导率/(mS/cm)	出水 pH 值	出水 COD/(mg/L)
1	74.52	8.1	3240
2	73.32	7.8	3320
3	76.20	8.3	3130
4	75.22	8.4	3210
5	73.33	7.9	3340
6	71.25	8.6	3690
7	73.21	8.3	4090
8	73.98	7.9	3590
9	71.21	8.4	3440
10	72.32	8.5	3310
11	75.21	7.8	3290
12	72.27	7.8	4120
13	71.92	7.9	3340
14	73.34	8.0	3090
15	73.98	8.0	3210
16	74.23	8.5	3410
17	70.34	7.3	3150

续表

试验批次	出水电导率/(mS/cm)	出水 pH 值	出水 COD/(mg/L)
18	71.22	8.7	3220
19	72.23	7.9	3380
20	73.33	8.2	3460
21	73.24	7.9	3420
22	72.35	8.5	3210

注：由于本水样盐含量高，所以测试 COD 时采取稀释 10 倍，保证水样中 Cl⁻ 含量≤1000mg/L。

芬顿催化氧化处理高难度印染零排放母液间歇性出水 COD 数据曲线如图 7-5-5 所示，出水外观如图 7-5-6 所示。

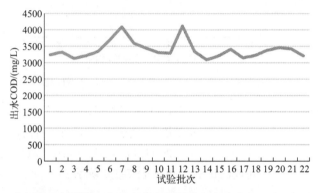

图 7-5-5 芬顿催化氧化处理高难度印染零排放母液间歇性出水 COD 试验结果

图 7-5-6 芬顿催化氧化处理高难度印染零排放母液出水外观图（左侧为原水，右侧为出水）

7.5.7 试验结果分析

首先芬顿催化氧化工艺对于该类废水的脱色效果不算太理想，如图 7-5-6 所示，芬顿氧化效果和催化剂二价铁的加入有关系，加得少了 COD 去除率较低，双氧水的利用效率不高，加得多了则容易出现水返色，尤其当水样中含有苯环类物质时，返色现象比较明显。

以芬顿催化氧化法处理该废水，投加 27.3% 的 H_2O_2 溶液，合计每吨水的使用量为

32kg，折合投加量 32000mg/L，原水 COD 为 9230mg/L，重复试验 22 批次，合计处理水样 11L，出水 COD 取平均值，为 3394mg/L，合计去除 5836mg/L，折合投加双氧水量 5.48mg/L 时去除 1mg/L COD，按照双氧水的市价分析，约合 2700 元/t，按照本试验结果分析，氧化剂成本 86.4 元，但是芬顿反应过程中产生了大量的铁泥无法有效处理，因此综合考虑，芬顿催化氧化工艺虽然在蒸发前可以去除比较多的 COD 和色度，但是其仍然存在运行成本较高的缺点。

参考文献

[1] 安立超，余宗学，严学亿，等.利用芬顿试剂处理硝基苯类生产废水的研究 [J].环境科学与技术，2001，10 (2)：35-37.

[2] 赵昌爽，张建昆.芬顿氧化技术在废水处理中的进展研究 [J].环境科学与管理，2014，39 (5)：56-59.

[3] 黄卫红，阮介兵，陈义群，等.微波辅助芬顿试剂降解联苯胺废水的研究 [J].环境科学与技术，2009，32 (8)：130-133.

[4] 张瑛洁，马军，陈雷，等.树脂负载草酸铁光助类芬顿降解水中孔雀石绿 [J].环境科学，2009，30 (12)：58-59.

[5] 王春霞，肖书虎，赵旭，等.光电芬顿氧化法深度处理垃圾渗滤液研究 [J].环境工程学报，2009，3 (1)：11-16.

[6] 刘超，卓馨，张虎，等.活性碳纤维阴极电芬顿反应降解微囊藻毒素研究 [J].高等学校化学学报，2005，26 (5)：1665-1668.

[7] 卢义程，赵建夫，李天琪.高浓度乳化废水芬顿氧化试验研究 [J].工业用水与废水，1999，30 (4)：34-36.

[8] 邓小晖，张海涛，曹国民，等.芬顿试剂处理废水的研究与应用进展 [J].上海化工，2007，32 (8)：58-60.

[9] 苏荣军.芬顿试剂氧化污水及无机离子影响的研究 [J].哈尔滨商业大学学报（自然科学版），2008，24 (2)：55-57.

[10] 肖华，周荣丰.电芬顿法的研究现状与发展 [J].上海环境科学，2004，23 (6)：4-6.

[11] 程丽华，黄君礼，王丽.两种芬顿及 UV/草酸铁/H_2O_2 法去除间甲酚的研究 [J].哈尔滨建筑大学学报，2002，35 (2)：66-69.

[12] 左晨燕，何苗，张彭义，等.芬顿氧化/混凝协同处理焦化废水生物出水的研究 [J].环境保护，2005 (5)：41-43.

[13] 欧晓霞，张凤杰，王崇，等.芬顿氧化法处理水中酸性品红的研究 [J].环境工程学报，2010 (7)：44-47.

[14] 伏广龙，许兴友，费银华.芬顿试剂和粉煤灰沸石协同处理柠檬酸废水的试验研究 [J].中国矿业，2007，16 (12)：37-39.

[15] 林红岩，王春财，杨鸿伟.芬顿试剂在废水处理中的应用 [J].化工科技市场，2009，32 (10)：34-36.

[16] 张先炳，袁佳佳，董文艺，等.芬顿法处理活性艳红 X-3B 的试验优化及降解规律 [J].化工学报，2013，64 (3)：66-69.

[17] 汪林，杜茂安，李欣.芬顿氧化法深度处理亚麻生产废水 [J].工业用水与废水，2008，39 (1)：34-37.

[18] 姜恒，宫红.芬顿试剂羟基化苯制苯酚反应的研究进展 [J].化学试剂，2000，22 (1)：35-40.

[19] 张瑛洁，马军，宋磊，等.树脂负载 Fe^{3+}/Cu^{2+} 多相类芬顿降解染料橙黄 [J].环境科学学报，2009，

10 (7)：78-82.

[20] 肖羽堂，许建华.利用芬顿试剂预处理难降解的二硝基氯化苯废水 [J].重庆环境科学，1997，19 (6)：5.

[21] 郑宇，于洁，李平，等.膨润土基类芬顿复合材料的制备及其吸附去除废水中污染物的性能 [J].复合材料学报，2022，39 (6)：2750-2758.

[22] 洪晨，邢奕，司艳晓，等.芬顿试剂氧化对污泥脱水性能的影响 [J].环境科学研究，2014，10 (7)：78-82.

[23] 唐文伟，曾新平，胡中华.芬顿试剂和湿式过氧化氢氧化法处理乳化液废水研究 [J].环境科学学报，2006，26 (8)：65-67.

[24] 程丽华，黄君礼，王丽.草酸铁芬顿、UV/芬顿、暗芬顿降解对硝基酚的效果研究 [J].哈尔滨建筑大学学报，2001，34 (2)：51-54.

[25] 赵启文，刘岩.芬顿（Fenton）试剂的历史与应用 [J].化学世界，2005，46 (5)：319-320.

[26] 伏广龙，徐国想，祝春水，等.芬顿试剂在废水处理中的应用 [J].环境科学与管理，2006，31 (8)：34-37.

[27] 张乃东，郑威，彭永臻.褪色光度法测定芬顿体系中产生的羟自由基 [J].分析化学，2003，31 (5)：33-35.

8 微波催化氧化工艺概述

8.1 微波原理概述

微波是一种电磁波，频率在 $300\text{MHz}\sim300\text{GHz}$，即波长在 $100\text{cm}\sim1\text{mm}$ 的电磁波。电磁波包括电场和磁场，电场使带电粒子开始运动而具有动力，由于带电粒子的运动从而使极化粒子进一步极化，带电粒子的运动方向快速变化，从而发生相互碰撞摩擦使其自身温度升高，而微波的主要加热作用是偶极转向极化。极性电介质的分子在无外电场作用时，偶极矩在各个方向的概率相等，宏观偶极矩为零。在微波场中，物质的偶极子与电场作用产生转矩，宏观偶极矩不再为零，这就产生了偶极转向极化。由于微波产生的交变电场以每秒数亿次的高速变向，偶极转向极化不具备迅速跟上交变电场的能力而滞后于电场，从而导致材料内部功率耗散，一部分微波能转化为热能，由此使得物质本身加热升温，这就是微波加热的基本原理，如图 8-1-1 所示。

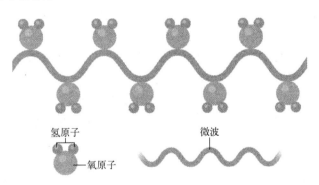

氢原子

氧原子

微波

图 8-1-1 微波加热原理图

目前，915MHz 和 2450MHz 这两个频率是国际上广泛应用的微波加热频率。915MHz 多用于工业化大生产，2450MHz 一般用于民用，所以微波技术大多选用的微波频率为 915MHz。

微波具有直线性、反射性、吸收性和穿透性等特征。微波加热是一种内源性加热，是对物的深层加热，具有许多优点，如选择性加热物料、升温速率快、加热效率高、易于自动控制。对于绝大多数的有机污染物来说，其并不能直接明显地吸收微波，但将高强度短脉冲微波辐射聚焦到含有某种"物质"（如铁磁性金属）的固体催化剂床表面上，由于与微波能的强烈作用，微波能将被转变成热能，从而使固体催化剂床表面上的某些表面位点选择性地被很快加热至很高温度。尽管反应器中的物料不会被微波直接加热，但当它们与受激发的表面位点接触时可发生反应。这就是微波诱导催化反应的基本原理，把有机废水和空气通进装有固体催化剂床的微波反应设备中，就能快速氧化分解有机物，从而使污水得到净化。

8.2　微波催化氧化水处理技术原理

8.2.1　微波的致热效应

微波致热效应与传统的热效应不同，不是以热传导和对流换热形式发生的，而是一个内部加热过程。微波作用的本质是电磁波对带电粒子的作用。介质在微波场中加热有两种机理：一是离子传导，二是偶极子转动。在微波加热过程中，两种机理的微波能耗散同时存在，对介质加热的贡献取决于介质离子的迁移率、浓度以及介质的弛豫时间等。

（1）离子传导机理

离子传导是电磁场中可离解离子的导电移动，离子移动形成电流，由于介质对离子的阻碍形成类似摩擦现象而产生热效应。溶液中所有离子均起导电作用，但作用大小与介质中离子的浓度和迁移率有关。因此，离子迁移产生的微波能量损失依赖于离子的大小、电荷量和导电性，并受离子与溶液分子之间的相互作用影响。

（2）偶极子转动机理

介质是由许多一端带正电、一端带负电的分子（或偶极子）组成的。如果将介质放在两块金属板之间，介质内的偶极子做杂乱运动，当直流电压加到金属板上时，两极之间存在一个直流电场，介质内部的偶极子重排，形成有一定取向的有规则排列的极化分子。当将直流电换成一定频率的交流电时，两极之间的电场会以同样频率交替改变，介质中的偶极子也相应地快速摆动，在 2450MHz 的电场中，偶极子以 4.9×10^{19} 次/s 的速度快速摆动。由于分子的热运动和相邻分子的相互作用，使偶极子随外加电场方向的改变而做规则摆动时受到干扰和阻碍，产生了类似摩擦的作用，使杂乱无章运动的分子获得能量，以热的形式表现出来，介质的温度也随之升高。

8.2.2　微波的非热效应

微波对化学反应的作用不仅仅体现在对反应物加热引起反应速率的改变上，还具有电磁场对分子间反应行为的直接影响而引起的"非热效应"。

微波化学反应是一个非平衡系统，旧物质不断消耗，新物质不断生成，各项界面随时可能发生变化。同时，系统的宏观电磁性质也不断发生变化，而且在微波辐射下，这种变化与微波辐射作用紧密相关。上述都会引起反应系统对微波辐射的非线性响应。微波与这种非平衡系统的相互作用也就会引起一些预料不到的结果。对微波非热效应的机理分析，主要基于以下几点。

(1) 辐射频率对分子能量的影响

从量子力学的角度，可以用微波对极性分子的热效应进行解释。假定是双原子分子且是刚性转子，其分子的总转动能如式(8-1) 所示：

$$\varepsilon_0 = 0.5 m_A V_A^2 + 0.5 m_B V_B^2 \qquad (8\text{-}1)$$

式中，m_A、m_B 为原子质量；V_A、V_B 为转动的速度。

由量子力学含有时间的微扰理论可知，在外界电磁辐射的可变电磁场影响下，只有偶极矩不为零的分子才能发生转动运动能级的跃迁，而分子的纯转动光谱恰在远红外和微波波段上。

但是，不同分子具有不同的偶极矩，转动惯量也不同，从而动能必定不相同。从理论分析看，当分子的动能最大时，其热效应最好，固定频率的微波对不同偶极矩分子有不同的影响。从分子光谱学分析，分子的转动、振动、电子自旋共振都能发生在微波波段，其分子内部的总能量如式(8-2) 所示：

$$E = E_{转} + E_{振} + E_{电子} \qquad (8\text{-}2)$$

那么，不同频率的微波辐射对同一分子的总能量所产生的作用也就不一样。这一点也就解释了，要引起不同分子达到反应的最佳能力状态，所需要的电磁场频率也就不相同。

由此可推导出，不同的化学反应要达到最佳反应效果，都应对应有一个最佳的微波频率。另外，从分子光谱分布分析，提高微波场的频率有利于加强分子振动，即提高 $E_{振}$，而 $E_{振}$ 的能级比 $E_{转}$ 高很多，也就是说，提高微波场的频率，有利于提高热效应。

(2) 电磁场对极性（非极性）分子的作用

在外电场不存在的条件下，对分子来说，不管分子有无极性，其分子平均偶极矩总是等于零。但在外电场存在的条件下，这些分子的平均偶极矩都不再等于零，即发生了极化现象。不同物质吸收微波能量的能力不同，即分子极性对微波能吸收存在差异。在微波辐射中，对存在混极性和非极性分子的物质，微波对其加热存在不均一性，即产生温度梯度，从而降低不同分子间的相互作用力，有利于物质的分离。

(3) 电磁波与分子（或化学键）振动的关系

微波会引起分子振动和高速转动，这些分子的振动、转动等在能量上应是量子化的。微波辐射可诱导极性分子进行剧烈的旋转和迁移运动，不仅会导致反应系统因为分子间的摩擦而急剧升温，同时可使分子处于高活性状态，即对分子具有活化作用。

(4) 电磁干扰对化学反应的可能影响

化学反应过程从微观角度分析具有两种类型：一是孤立的带电粒子；二是基团上的带电粒子。在外电磁场作用下，荷电基团上带电粒子的运动是复杂的。

分子的极化分为三种，即电子极化、原子极化、定向极化，其中定向极化是极性分子所特有的，当分子在反应过程中离解成片段（或荷电粒子）后，其在电磁场中被极化的情况也会相应变化，这也可能是影响某些反应选择性增强的一个因素。

另外，微波场对荷电粒子（或极性分子）的洛伦兹力作用，使得这些粒子之间的相对运动具有了特殊性，并且这些特殊性作用与微波的频率、温度及调制方式等有密切关系。电磁场对反应物中荷电粒子的作用主要是通过洛伦兹力来实现，如式(8-3) 所示：

$$F = q(E + B + V) \qquad (8\text{-}3)$$

式中，F 为洛伦兹力；q 为电荷量；E 和 B 分别为电场强度和磁感应强度；V 为离子速度。从式(8-3) 可以看出，温度过高时，电磁波的作用力将被分子的热运动所淹没。

从分子的电性方面分析，极性分子在电场中的能量变化如式(8-4) 所示：

$$\Delta E = -uF\cos\theta \tag{8-4}$$

式中，u 是偶极矩；F 是分子所在位置的电场强度；θ 是偶极矩与电场夹角。从式(8-4) 可以看出电场强度与分子能量成正比，可推导出微波功率对化学反应会有影响。

（5）电磁场分布对反应效果的影响

微波反应器主要是由磁控管、波导管、谐振腔等组成的。其中，谐振腔即微波作用腔，主要起到反射微波、均匀电磁场的作用。谐振腔的形状会直接影响反应分子所处的电磁场场强分布情况。物质对微波的表现有吸收、透过、反射或三者的叠加。这样，反应容器的形状、材料、大小等参数对其中反应物的反应效果都将有直接或间接的影响。

微波对化学反应的影响既有热效应，又有非热效应。微波对化学反应的加速或是减缓的影响，其作用机理是非常复杂和不易判断的。也正是微波非热效应的这一特点，使得微波化学更具特色，其研究意义更为深远。所以，研究微波的致热效应与非热效应的对立统一关系是很有意义的，也是微波化学领域中一个亟待解决的问题。

总之，微波催化氧化对废水有催化作用，即改变反应历程，降低反应活化能，加快合成速度，提高平衡转化率，减少副产物，改变立体选择性等效应。据分析，微波频率与分子转动频率相近，微波电磁作用会影响分子中未成对电子的旋转方式和氢键缔合度，并通过在分子中储存微波能量以改变分子间微观排列及相互作用等方式来影响化学反应的宏观焓或熵效应，从而降低活化反应能，改变反应动力学。

废水微波催化氧化技术是将废水和氧化剂混合后送入微波场中，微波的作用机理如下：

① 水中的极性分子吸收微波，吸波后运动速度加剧，特别是水分子，吸收微波后水分子运动速度迅速加快，使得水中的污染物质分子运动速度随之加快，碰撞接触概率增加，从而使氧化过程迅速完成。

② 微波对废水中的物质进行选择性分子加热，对吸波污染物质的氧化反应具有强烈的催化作用，对有些不能直接吸收微波的污染物，可通过催化介质把微波能传给这些物质，使污染物分子结构产生变形和振动，改变污染物的焓或熵，降低化学反应的活化自由能，使氧化反应更加彻底，对污染物的降解去除率得到明显提高。

③ 氧化矿物中的金属离子被氧化后生成聚合类絮凝剂，与部分未氧化降解的有机物结合产生絮凝沉淀，从而进一步去除有机物。

微波催化氧化技术（MCAO）就是根据上述原理开发，如前所述，在微波场中，剧烈的极性分子振荡，能使化学键断裂故可用于污染物的降解。通过一系列的物理化学作用将废水中难处理的有机物降解转化沉淀，从而达到净化废水的目的，在传统微波辐射技术上发展起来的微波诱导催化氧化技术是该类废水处理方法的新的研究热点。

微波催化氧化的目的在于应用氧化法处理工业废水中的有机污染物，利用微波能加速氧化反应过程，使氧化反应在短时间内完成，以实现氧化法的工业化应用。其工艺技术影响因素主要包括：氧化反应流程和条件的控制；微波的频率、场强和氧化反应的关系等。

表 8-2-1 即为微波工艺与生化工艺、膜工艺处理效果的对比。

表 8-2-1 微波工艺、生化工艺、膜工艺的对比

项目	微波催化氧化	生物处理法	膜工艺
有机物去除效果	好	一般	好
残留物	污泥	少量污泥	10%～20%浓缩度
消毒灭菌	99.99%灭除	无	无
脱色效果	好	一般	好
除臭	好	无	无
运行控制	自控实现	难	无
运行费用	低	低	高
投资强度	低	中	高

8.3 微波催化氧化处理高难度废水工艺步骤

一般情况下，使用微波催化氧化工艺步骤如下：

① 调整废水的 pH 值为 3～5。

② 向待处理废水中加入氧化剂（多用 H_2O_2 或者 $Na_2S_2O_8$）并搅拌均匀，氧化剂的用量可以根据废水 COD 来确定，一般情况下加药量为每 100mg 的 COD 投加 500mg 氧化剂。

③ 使废水流过微波场，微波频率为 915MHz，微波场强根据废水的 COD 浓度确定，微波功率为 10～40kW。目前市面上单台微波催化氧化装置处理废水的能力为 5000～50000m³/d，假如其处理水量超过这个范围，可以使用多台并联运行。

④ 流过微波场的废水先通过气水分离器使气液分离，再通过沉淀池或气浮装置使固液分离，从而实现固液气三相分离，最终得到净化的出水。

⑤ 调节出水 pH 值使其在 6.5～8.5。

8.4 微波敏化剂

微波诱导催化反应中催化剂及载体的作用非常重要，最适宜做催化剂的是微波高损耗物质，而载体则宜选用微波低损耗物质对于金属催化剂，铁磁性金属催化剂和载体分为以下三类：

① 微波高损耗物质，如 Ni_2O_3、TiO_2、ZnO、PbO、La_2O_3、Y_2O_3、ZrO_2、Nb_2O_5。

② 升温曲线有一拐点的物质，照射一段时间后才剧烈升温，如 Fe_3O_2、CdO、V_2O_5。

③ 微波低损耗物质，如 Al_2O_3、TiO_2、ZnO、PbO、La_2O_3、Y_2O_3、ZrO_2、Nb_2O_5。

在微波催化氧化工艺中，对于非极性聚合物来讲，直接放在微波场中难以使物料升高温度，只有加入适当的微波敏化剂，才能在短时间使混合物料加热升温。表 8-4-1 即为不同微波敏化剂对 UHMW PE 混合物微波加热的情况汇总。

表 8-4-1　不同微波敏化剂对 UHMW PE 混合物微波加热的情况

微波场条件	功率 560W,频率 2450MHz				
UHMW PE/g	5	5	20	5	5
炭黑/g	0.5	—	—	—	—
高阻炭黑/g	—	0.5	—	—	—
N234 炭黑/g	—	—	0.8	—	—
Fe_3O_4/g	—	—	—	0.5	2
微波场时间/min	3	45	95	10	3
物料温度/℃	100	170	150	71	125

石墨也有吸收微波的能力，使用 3 份 UHMW PE 和 1 份石墨混合后，在 560W、2450MHz 的微波场中 2min 即可达到 100℃，物料可熔化、冒烟及火星出现，冷却后物料发脆。

具有永磁性的 Fe_3O_4 吸收微波的能力比炭黑差，加 0.5g 时需 1min 才达到 71℃，而导电性炭黑 N234 仅 95min 之后就可达 150℃。

铁粉的敏化作用小于炭黑，而 30％的锌粉和 UHMW PE 混合，经 22min 物料不熔融，说明锌粉不是微波敏化剂，同样 ZnO 也没有敏化作用。

1988 年美国菲利浦化学公司发明了化学分子式为 $M(O_3ZO_xR)_n$、商品名为 Freguon 的敏化剂，式中 M 指的是四价原子，最好是锆（Zr）或钛（Ti）；Z 是五价原子，原子量至少是 30，最好是磷（P）；n 为 1 或者 2；x 为 0～1；R 为有机无环基、脂环基、杂环基、芳香基及其混合物。其中极性基包括—OH、—SH、—CN、—Cl、—NH_2 等。

以羟乙基烷基胺、高级脂肪醇和二氧化硅的复配物 HZ-1 抗静电剂作为微波敏化剂，与 UHMW PE 混合，有良好的微波敏化作用，说明抗静电剂具有微波敏化作用。

8.5　微波和其他水处理技术的耦合应用

目前在市面上，单独使用微波催化氧化来处理工业废水还比较少见，主要作用是辅助，所以对于微波工艺来说，大多数可见组合工艺中，例如微波-芬顿、微波-臭氧、微波-化学氧化、微波-湿氧、微波-电催化等，人们都是利用其能够快速、有选择性的加热特性来提升处理效果。

虽然微波催化氧化具有很多有益效果，但是由于微波设备较为昂贵，运行费用较高，所以目前人们对于微波工艺的研究大多停留在实验室阶段，工业化应用的还比较少。

微波具有很强的穿透作用，能直接加热反应物分子，改变体系的热力学函数，降低反应的活化能和分子的化学键强度，大大提高反应活性，已在有机合成、环境化学等众多领域得到广泛研究和应用。近年来，微波辐射技术作为一项治理环境污染的新技术受到了越来越广泛的关注，尤其是对有机污染物处理方面的研究报道较多。

8.5.1　微波-类 Fenton 催化氧化工艺

陈芳艳等研究微波辐射诱导 Fenton 氧化工艺处理对硝基氯苯废水中，当 H_2O_2 和 Fe^{2+}

用量分别为 3g/L 和 160mg/L，微波功率为 800W，辐射 10min 后，初始浓度为 100mg/L 的对硝基氯苯和 COD 的去除率分别可达 98.9% 和 90.8%。

张艮林等将微波辐射、均相 Fenton 氧化和传统混凝工艺结合起来对成分复杂的印染废水进行强化处理的研究结果表明，当 H_2O_2 和 $FeSO_4 \cdot 7H_2O$ 的质量浓度分别为 4.8g/L 和 0.08g/L，功率为 500W 的微波辐射 1min 后，色度和 COD 去除率分别高达 98% 和 95.96%。并得出微波辐射-均相 Fenton 氧化耦合混凝法特别适合于处理复杂印染废水的结论。

张丽等采用微波强化 Fenton 氧化-膜生物反应器组合工艺处理邻氨基苯甲酸废水，结果表明微波强化 Fenton 氧化处理 COD 为 1900mg/L 的进水后，COD 去除率大于 80%，不仅降低了后续生物处理负荷，且 BOD_5/COD 有明显提高，水中的有毒性物质邻氨基苯甲酸浓度下降。

Yang 等利用微波辐射强化类 Fenton 氧化工艺处理高浓度制药废水，结果表明在最优工况下，即初始 pH 为 4.42、H_2O_2 和 $Fe_2(SO_4)_3$ 用量分别为 1300mg/L 和 4900mg/L，功率为 300W 的微波辐射 6min，COD 去除率和 UV_{254} 去除率均大于 50%，且 BOD_5/COD 从原水的 0.165 上升到 0.47。

8.5.2　微波-光催化氧化工艺

Han 等提出频率为 2.45GHz 的微波辐射对 $UV-H_2O_2$ 氧化降解苯酚废水具有很大的促进作用，即使在抑制微波热效应的过程中，微波辐射仍能很好地促进 $UV-H_2O_2$ 氧化降解苯酚废水。其试验结果表明，在苯酚初始浓度为 200mg/L，H_2O_2 浓度为 1200mg/L，反应液在 UV 和微波同时辐射时保持于 50℃，反应 30min 后，水中苯酚的去除率近 95%。而在无微波辐射其他条件相同时，苯酚去除率仅为 40%。

Gao 等研究微波辅助光催化降解五氯苯酚中发现，在催化剂 TiO_2 存在的条件下，初始质量浓度为 40mg/L 的五氯苯酚在微波辐射反应 20min 后，其去除率为 93.5%，水中 COD_{Cr} 减少了 51.8%，远快于无微波辐射条件。

Zhang 等利用微波无极紫外灯辐射光催化剂 TiO_2 处理 X-3B 染料废水的试验中，对初始浓度为 400mg/L 的 X-3B 染料废水反应 180min 后，脱色率和 TOC 去除率分别达 100% 和 65%，BOD_5/COD 从原水的 0.03 上升到 0.35。

Horikoshi 等研究了微波辐射以 TiO_2 为催化剂的光催化工艺处理双酚、氯酚和染料等，并考察了不同微波频率对去除效果的影响。

8.5.3　微波-活性炭工艺

Bo 等在微波辐射条件下，以颗粒活性炭为催化剂，对含硝基苯酚废水进行了有效处理。当硝基苯酚初始浓度为 1330mg/L，微波功率为 500W，曝气流量为 100mL/min，进水流量为 6.4mL/min 时，反应 180min 后硝基苯酚去除率和 TOC 去除率分别达 90% 和 80%，同时水中 BOD_5/COD 从原水的 0.31 升到 0.61。

Quan 等研究了微波辐射下，以活性炭为催化剂，水中羟基自由基的生成量，并以五氯酚作为持久性有机物去除对象。当五氯酚初始浓度为 500mg/L 和 2000mg/L，微波功率为 800W，曝气量为 0.5L/min，活性炭投加量为 10g/L 时，反应 60min 后五氯酚去除率分别达到 72% 和 100%，其 TOC 的去除率分别达 40% 和 82%。

Zhang 等在微波辐射下，以活性炭粉为催化剂降解刚果红染料废水。研究结果表明，当刚果红染料废水初始浓度为 50mg/L，活性炭投加量为 2g/L 时，微波辐射 1.5min 后降解率可达 87.8%。在相同微波辐射条件下，增加活性炭投加量至 3.6g/L 可将降解率提高至 96.5%。与此同时，他们还研究了经硫酸改性后的活性炭在微波辐射下处理十二烷基苯磺酸钠的试验。其结果表明，当十二烷基苯磺酸钠废水初始浓度为 100mg/L，活性炭投加量为 1.2g/L，微波辐射 90s 后其降解率可达 75.5%，而其他条件相同时，未经改性活性炭的试验中其降解率仅为 59.6%。

8.5.4 微波-H_2O_2 工艺

赵德明等研究了微波催化 H_2O_2 降解苯酚，发现微波辐射的存在可促进 H_2O_2 产生羟基自由基，加快降解进程。同时微波与 H_2O_2 氧化降解苯酚存在明显的协同作用，其作用因子为 5.98，并推导出了微波-H_2O_2 系统在 H_2O_2 过量条件下降解苯酚的机理动力学模型。

Ravera 等利用微波辐射协同 H_2O_2 氧化处理高浓度萘酸 $[C_{10}H_6(SO_3Na)_2，NDS]$ 废水。试验结果表明，当 H_2O_2 和 NDS 的初始浓度比为 10，功率为 300W 的微波辐射 20min 后，萘酸去除率大于 70%。并利用电子共振捕获器证实了反应中羟基自由基的生成和其在降解萘酸中的作用。

Ju 等研究微波协同 H_2O_2 氧化降解孔雀石绿（MG），结果表明，相对于传统热催化 H_2O_2 系统，微波催化 H_2O_2 可获得更好的脱色效果。并通过 HPLC-ESl-MS 和 GC-MS 分析检测出 53 种中间产物，推导出孔雀石绿的降解机理为：去 N-甲基化反应、内收反应、对 MG 共轭结构的分解反应和开环反应。

Klan 等研究在 H_2O_2 存在水溶液的条件下，对比单独微波、单独 UV 和 MW-UV 辐射降解高浓度硝基苯废水中发现，在投加同样浓度的 H_2O_2 时，微波-H_2O_2 系统完全降解硝基苯所需反应时间比 UV-H_2O_2 快 30min。此外，相同条件下 MW-UV-H_2O_2 和 MW-H_2O_2 在去除硝基苯效果上相差不大。

8.5.5 其他微波催化氧化工艺

金颜等利用微波辅助催化湿式氧化技术降解高浓度苯酚废水，结果表明，在微波辐射下，初始浓度为 1000mg/L 的苯酚废水，在反应温度为 60℃、压力为 0.3MPa 时，反应 15min 后苯酚废水的 TOC 去除率达到 90.8%。在进一步的降解机制研究中发现，微波辐射条件下废水中的苯酚反应 2min 后已完全转化，主要发生直接开环反应，生成短链羧酸。

赵德明等研究微波强化臭氧氧化降解苯酚水溶液的试验中发现，微波-O_3 氧化系统相对单独微波和 O_3 体系而言具有明显的协同效应，其增强因子为 3.6。同时，推导出这是微波与 O_3 作用产生羟基自由基，从而起到强化氧化苯酚的结果。

8.6 微波催化氧化水处理技术的现状

目前，一些高级氧化技术常被用来去除水中硝基苯类化合物，这些工艺在处理水中不同浓度的硝基苯类化合物中都获得了很好的去除率。然而，这些技术也存在各自的缺陷，比如 TiO_2-UV 工艺中存在催化剂难分离回收问题，H_2O_2-O_3 和 UV-O_3 工艺存在臭氧高制取成本问题，紫外光在水中存在透射局限等问题。因此，研究其他可能有效去除水中硝基苯类化合物的方法是有必要的。

上述所列众多试验已证明，微波能有效改善许多工艺的氧化过程，且具有穿透性强、加热快速、清洁、有选择性等特点。微波能显著促进有机反应进行，特别是温和条件下极性分子的化学反应。许多反应在传统加热条件下不能发生，在微波辐射条件下却能进行。相对于传统加热条件下的有机反应，微波辐射加热条件具有以下优点：

① 能量源与反应物质之间无接触。

② 导热阻力小。

③ 能源利用率高。

④ 易于自动控制和操作。

此外，H_2O_2 是清洁的氧化剂，具有良好的环境适应性、温和的反应条件和不产生二次污染等特点。这些结果都是对微波强化 H_2O_2 氧化降解硝基苯的有力理论支持。因此，微波-H_2O_2 体系可避免以上工艺在处理硝基苯废水中所遇到的一些缺陷。虽然微波-H_2O_2 体系去除污泥和高浓度有机废水中硝基苯类化合物的研究已见报道，但该体系氧化降解水中微量硝基苯类化合物的研究并不多见。

参考文献

[1] 于淑萍，崔晓雪.敏化剂辅助微波催化氧化处理制药废水的研究 [J].天津化工，2017，31（2）：33-35.

[2] 王剑虹.微波催化氧化处理有机废水的研究 [D].南京：南京理工大学，2003.

[3] 龙腾锐，尤鑫，林于廉，等.Ni/Fe/Zr 催化剂的制备及其微波催化氧化性能 [J].中国给水排水，2011，27（13）：331-333.

[4] 霍莹，郑贝贝，付连超.微波催化氧化处理橡胶助剂废水的试验研究 [J].工业水处理，2015，35（9）：47-49.

[5] 陈红英，江燕雯，李军，等.微波催化氧化处理活性艳红 X-3B [J].浙江工业大学学报，2014，35（2）：47-49.

[6] 周继承，尹静雅，殷诚，等.微波催化氧化降解结晶紫废水及其氧化机理 [J].科技导报，2015，35（7）：67-73.

[7] 殷诚，周继承，尹静雅，等.微波催化剂 CuO/AC 微波催化氧化降解废水中的苯酚 [J].环境工程学报，2015，9（11）：78-80.

[8] 臧传利，王哲明，王志良，等.CeO_2 改性 $MnO_2/\gamma-Al_2O_3$ 催化剂制备及对高浓度 PNP 废水微波催化氧化 [J].功能材料，2010（9）：45-47.

[9] 孙建华，龙腾锐，林于廉，等.微波催化氧化处理正丁酸废水 Ni-Co-Ce-O 催化剂的制备及表征 [J].环境工程学报，2011（1）：78-80.

[10] 戴博文，郭蒙蒙，赵贤广，等.微波催化氧化修复技术处理有机氯污染土壤 [J].环境污染与防治，2014，36（9）：55-58.

[11] 龙腾锐，吴福平，林于廉.$Fe-O/CeO_2$ 催化剂的制备、表征及其对垃圾渗滤液微波催化氧化活性的研究 [J].给水排水，2009，35（11）：150-154.

[12] 陆慧明，梅兆辉.微波催化氧化技术在废水处理中的应用 [J].真空电子技术，2013（6）：8.

[13] 顾晓利，姚春才，罗振扬，等.铁酸盐/微波催化氧化处理水中苯酚的工艺研究 [J].化工时刊，2007，21（7）：55-57.

[14] 王剑虹，严莲荷，李燕，等.微波催化氧化法处理白酒废水 [J].江苏化工，2004，32（6）：45-58.

［15］ 刘晔，刘省明，殷元骐，等.微波催化氧化邻二甲苯制苯酐［J］.分子催化，1996，10（4）：22-25.

［16］ 尤鑫，林于廉，龙腾锐，等.微波催化氧化技术在垃圾渗滤液处理中的应用［J］.工业水处理，2009，29（5）：44-47.

［17］ 王杰，马溪平，唐凤德，等.微波催化氧化法预处理垃圾渗滤液的研究［J］.中国环境科学，2011，31（7）：58-59.

［18］ 严莲荷，王剑虹，潘爱芹，等.微波催化氧化法处理甲基橙废水［J］.化工环保，2004，31（7）：58-59.

［19］ 张小华，李璟，高洪潮，等.膨润土吸附-微波催化氧化处理番茄酱生产废水的研究［J］.河北师范大学学报（自然科学版），2009，33（3）：55-58.

［20］ 鲁建江，李维军，陈景文，等.活性炭吸附-微波催化氧化处理番茄酱加工有机废水［J］.环境科学与技术，2009，32（3）：44-47.

［21］ 王杰，程志辉，陈忠林，等.微波催化氧化法处理垃圾渗滤液的正交试验［J］.生态环境，2008，17（6）：32-35.

［22］ 严莲荷，蒋齐光，王瑛，等.微波催化氧化樟脑废水［J］.环境科学与技术，2006，29（1）：33-36.

9 湿式催化氧化工艺概述

9.1 湿式催化氧化工艺原理

湿式氧化技术（wet air oxidation，WAO）是从 20 世纪中期发展起来的一种重要的处理有毒有害化学物质的高效技术，它包括两种类型，即次临界（亚临界）水氧化和超临界水氧化，由于历史上次临界水氧化发展较早，应用也远比超临界水氧化广泛，通常所说的WAO 都是指次临界水氧化。其实次临界湿式氧化和超临界湿式氧化这两种技术的原理基本一致，区别只是反应条件不同。

次临界（亚临界）湿式氧化中状态上限是水的临界状态（374.2℃和 22.1MPa），实际运行中经常采用温度 120～320℃和压力 0.5～20MPa 的条件，利用空气中的氧气作氧化剂，将水中有机物氧化成小分子有机物或无机物。

由于湿式氧化技术采用较高的温度和压力，水的密度减小，水分子间的氢键作用力削弱，介电常数较低，扩散系数变大，传质速率剧增。对于有机物与氧气的溶解度也远远大于常温、常压之下，因此有机物氧化近似于在均相溶液中进行，相间传质不再是限制因素，因此化学反应得到极大的加速。此外，温度的升高本身也有利于化学反应的进行，通常来说每提高 10℃，反应速率提高 1 倍。因此，在湿式氧化技术中，有机物的氧化速率很快，可以在几秒钟到几分钟之内完成。

从原理上说，在高温、高压条件下进行的湿式氧化反应可分为受氧的传质控制和受反应动力学控制两个阶段，而温度是全 WAO 过程的关键影响因素。温度越高，化学反应速率越快。另外，温度的升高还可以增加氧气的传质速率，减小液体黏度。压力的主要作用是保证液相反应，使氧的分压保持在一定的范围内，以保证液相中较高的溶解氧浓度。

对于湿式氧化工艺，1958 年首次用其处理造纸黑液，处理后废水的 COD 去除率达90%以上。到目前为止，世界上已有 200 多套 WAO 装置应用于石化废碱液、烯烃生产洗涤液、丙烯腈生产废水及农药生产等工业废水的处理。

但 WAO 在实际应用中仍存在一定的局限性，例如 WAO 反应需要在高温、高压下进行，需要反应器材料具有耐高温、高压及耐腐蚀的能力，所以设备投资较大；另外，对于低浓度大流量的废水则不经济。为了提高处理效率和降低处理费用，20 世纪 70 年代衍生了以WAO 为基础的，使用高效、稳定的催化剂的湿式氧化技术，即催化湿式氧化技术，简称CWAO。图 9-1-1 即为湿式催化氧化反应器结构图。

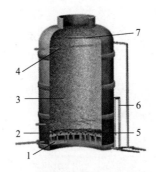

图 9-1-1　湿式催化氧化反应器结构图

1—水室；2—气室；3—催化剂载体；4—布水系统；5—布气系统；6—排水系统；7—反洗系统

针对 CWAO 工艺，目前的研究结果普遍认为湿式催化氧化反应是自由基反应，反应分为链的引发、链的发展或传递、链的终止三个阶段。

（1）链的引发过程

由反应物分子生成自由基的过程，是整个流程链的引发过程。在这个过程中，氧通过热反应产生 H_2O_2，过程化学方程式如式（9-1）～式（9-3）所示：

$$RH+O_2 \longrightarrow R\cdot+HOO\cdot\text{（RH 为有机物）} \tag{9-1}$$

$$2RH+O_2 \longrightarrow 2R\cdot+H_2O_2 \tag{9-2}$$

$$H_2O_2 \xrightarrow{M} 2HO\cdot\text{（M 为催化剂）} \tag{9-3}$$

（2）链的发展或传递过程

羟基自由基与分子相互作用，交替进行使羟基自由基数量迅速增加的过程，过程化学方程式如式（9-4）～式（9-6）所示：

$$RH+OH \longrightarrow R\cdot+H_2O \tag{9-4}$$

$$R\cdot+O_2 \longrightarrow ROO\cdot \tag{9-5}$$

$$ROO\cdot+RH \longrightarrow ROOH+R\cdot \tag{9-6}$$

（3）链的中止过程

若自由基之间相互膨胀生成稳定的分子，则链的增长过程将中断，过程化学方程式如式（9-7）～式（9-9）所示：

$$R\cdot+R\cdot \longrightarrow R-R \tag{9-7}$$

$$ROO\cdot+R\cdot \longrightarrow ROOR \tag{9-8}$$

$$ROO\cdot+ROO\cdot+H_2O \longrightarrow ROOH+ROH+O_2 \tag{9-9}$$

9.2　湿式催化氧化工艺特点

与常规方法相比，湿式氧化法具有以下特点：

① 处理效率高。选择适当的温度、压力和催化剂，WAO 可降解 99% 以上的有机物。

WAO 的出水不能直排，但其可生化性明显提高，毒性明显减小，为其后续生物处理工艺的效率提供了保障。

② 适用范围广。WAO 几乎能有效处理各类高浓度有机废水，特别适合于毒性大、难以用常规方法处理的各类废水，也可用于吸附剂的再生、电镀金属的回收、放射性废物处理等。WAO 对进水有机物浓度的适用范围也相当宽，从技术经济上考虑，COD 范围在几千到十几万毫克每升为宜。此种浓度的废水，用生化法处理浓度过高或有毒性，而用焚烧法处理浓度偏低。

③ 氧化速率快，装置小。WAO 反应速率视有机物的种类、浓度及操作条件而定。大多数 WAO 反应在 30～60min 内完成。与生化法相比，废水停留时间短得多。

WAO 系统一般不需要预处理和后处理，流程短，占地少，装置紧凑，易于调节、管理和实现自动化。

④ 二次污染低。WAO 产生的气相产物主要是反应后的 N_2、H_2O、CO_2、O_2 及少量挥发性有机物和 CO，不会产生 NO 和 SO_2。通常不需要复杂的尾气净化系统，对大气造成的污染最低。其液相产物主要是水、灰分和低分子量有机物，其毒性和有机物含量均较原水小得多。氧化液中的固体物可用沉淀或过滤除去，湿式催化氧化后废水中含有的低分子有机物可进一步进行处理，使出水达到排放标准。

⑤ WAO 工艺在较高温度和压力条件下操作，需要耐高温、高压和耐腐蚀的设备。因此，一次性投资较大，对操作管理技术也要求较高，但运行费用较低。

⑥ 可回收能量与有用物质。WAO 系统反应热可用来加热进料，使系统维持热量自给，进水浓度越高，可达到的反应温度越高。反应的高温高压尾气可用来发电和产生低能蒸汽，机械能用于驱动空气压缩机和高压泵。通过湿式热裂解，可将有机废料转化为重油。湿式氧化和超临界水氧化都可以回收无机盐等物质。

9.3　影响湿式催化氧化工艺效果的因素

9.3.1　压力

总压不是湿式催化氧化反应的直接影响因素，它与温度耦合。压力在反应中的作用主要是保证呈液相反应，所以总压应不低于该温度下的饱和蒸气压。同时，氧分压也应保持在一定范围内，以保证液相中的高溶解氧浓度。若氧分压不足，供氧过程就会成为反应的控制步骤。

9.3.2　温度

温度是湿式氧化过程中的主要影响因素。温度越高，反应速率越快，反应进行得越彻底。同时温度升高还有助于增加溶氧量及氧气的传质速率，减少液体的黏度，产生低表面张力，有利于氧化反应的进行。但过高的温度又是不经济的。因此，操作温度通常控制在 150～280℃。

9.3.3　废水性质

由于有机物氧化与其电荷特性和空间结构有关，故废水性质也是湿式氧化反应的影响因素之一。有学者研究表明：氰化物、脂肪族和卤代脂肪族化合物、芳烃（如甲苯）、芳香族和含非卤代基团的卤代芳香族化合物等易氧化；而不含非卤代基团的卤代芳香族化合物（如氯苯和多氯联苯）则难氧化。还有学者认为：氧在有机物中所占比例越少，其氧化性越大；碳在有机物中所占比例越大，其氧化越容易。

9.3.4　反应时间

有机底物的浓度是时间的函数。为了加快反应速率、缩短反应时间，可以采用提高反应温度或投加催化剂等措施。

9.4　湿式催化氧化的催化材料

应用于 CWAO 中的催化剂分为均相催化剂和非均相催化剂两大类。均相催化剂有一个很大的缺点，即催化剂与水溶液混溶，反应后需要进行分离，且分离成本较大，因而近年来研究较少。由于非均相催化剂具有活性高、易分离、稳定性好等优点，从 20 世纪 70 年代后期，湿式氧化的催化剂研究更多地转移到高效、稳定的多相催化剂上。目前，研究最多的主要有贵金属系列、非贵金属系列两大类。

贵金属系列（如以 Pd、Pt、Ru、Rh、Ir、Au、Ag 为活性成分）的催化剂活性高、寿命长、适应性强，但是价格昂贵，应用受到限制。在 CWAO 反应过程中贵金属组分较稳定，所以贵金属催化剂的稳定性将主要取决于载体的稳定性，Al_2O_3 是最常用的载体。

非贵金属催化剂包括以 Cu、Fe、Mn、Co、Ni、Bi 等金属元素中的一种或几种作为主要组分的催化剂，以及以 Ce 为代表的稀土系列氧化物催化剂。非贵金属催化剂（以 Cu 和 Fe 系列催化剂的活性较高），优点是价格便宜，但催化活性相对较低，且非贵金属催化剂的活性组分溶出量较大，因而对非贵金属催化剂的研究主要集中在提高催化剂的稳定性方面。以 Ce 为代表的稀土系列的稀土氧化物作为催化剂早已被应用于气体净化、CO 和碳氢化合物的氧化、汽车尾气治理等方面，证明了其具有良好的催化活性和稳定性。

近年来，有关碳材料催化剂的报道也纷纷出现。例如以多壁碳纳米管（MWCNTs）作为催化剂，在间歇反应装置中开展了催化湿式氧化苯酚和苯胺的活性和稳定性研究。

试验表明，经过混酸（67% HNO_3-98% H_2SO_4，体积比为 1：3）处理的多壁碳纳米管是一种高活性、稳定的湿式氧化催化剂。在 160℃、215MPa、苯酚的浓度为 1000mg/L条件下，经过 120min 的反应，苯酚去除率接近 100%，COD 去除率达 86%；相同试验条件下，处理浓度为 2000mg/L 的苯胺配水，苯胺的去除率达 83%，COD 去除率达到 68%。研究表明，碳纳米管不仅可以作为催化剂的载体，而且其本身可以直接作为催化剂使用，在催化湿式氧化中表现出良好的应用前景。

从国内外催化剂的发展来看，日本在研究及应用中走在了前面，其中大阪瓦斯公司在催化湿式氧化处理技术上做了大量研究，在催化剂的制备与应用等方面已相当成熟。催化湿式氧化法在日本等国家已获得工业化规模的应用，每年都有大量催化剂专利出现，研究和开发新型高效催化剂对于推广催化湿式氧化在各种有毒有害废水处理的应用，具有较高的实用价值。

9.5 湿式催化氧化的工艺流程

湿式氧化系统的工艺流程如图 9-5-1 所示，具体过程简述如下。

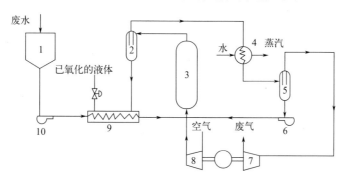

图 9-5-1 湿式氧化系统的工艺流程图

1—储存罐；2，5—汽液分离器；3—反应器；4—再沸器；6—循环泵；7—透平机；8—空压机；9—热交换器；10—高压泵

废水通过储存罐由高压泵打入热交换器，与反应后的高温氧化液体换热，使温度上升到接近于反应温度再进入反应器。反应所需的氧由压缩机打入反应器。在反应器内，废水中的有机物与氧发生放热反应，在较高温度下将废水中的有机物氧化成二氧化碳和水，或低级有机酸等中间产物。反应后汽液混合物经分离器分离，液相经热交换器预热进料，回收热能。高温高压的尾气首先通过再沸器（如废热锅炉）产生蒸汽或经热交换器预热锅炉进水，其冷凝水由第二分离器分离后通过循环泵再打入反应器，分离后的高压尾气送入透平机产生机械能或电能。因此，这一典型的工业化湿式氧化系统不仅处理了废水，而且对能量进行逐级利用，减少了有效能量的损失，维持并补充湿式氧化系统本身所需的能量。

从湿式氧化工艺的经济角度分析，认为湿式氧化一般适用于处理高浓度废水。图 9-5-2 分析了湿式氧化的最佳经济处理废水的浓度范围。

图 9-5-3 则给出进水有机物浓度和能量需求之间的关系。从图中可知，湿式氧化能在较

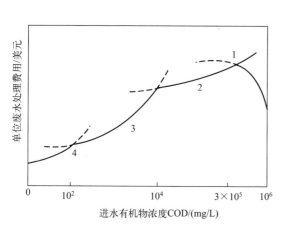

图 9-5-2 湿式氧化系统的最适进水 COD 范围
（1～4 为不同范围浓度所对应的单位废水处理费用）

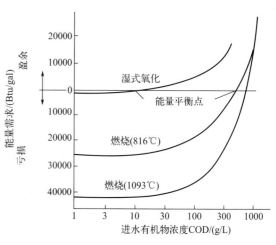

图 9-5-3 进水 COD 和需热的关系
（1Btu＝1055.06J；1gal＝4.54609dm³）

宽的浓度范围（COD$_{Cr}$为 10～300g/L）处理各种废水，具有较佳的经济效益和社会效益。

湿式氧化技术具有适用范围广、污染物分解彻底、停留时间短、二次污染少的优点。但它也存在一些局限，主要是反应温度高、反应压力大、设备材料要求高、对某些有机物（如多氯联苯等）的去除效率低。催化湿式氧化（CWAO）法在 WAO 基础上，通过加入适当的催化剂提高有机物的氧化速率，降低反应温度及压力，从而可降低操作费用和设备投资。其中 CWAO 已成为湿式氧化技术的研究热点。

催化氧化相比非催化氧化的另一优点是合适的催化剂的使用会使非催化氧化趋向生成最易生物降解的中间产物（即选择性）。催化湿式氧化法在欧洲、美国、日本等国家和地区已获得工业化规模的应用，每年都有大量催化剂专利出现，我国是从 20 世纪 90 年代后期开始开发该技术，研究的主体多为高校和中科院等研究机构，而真正达到或接近工业应用水平的只有少数。由于该工艺需要较高的温度和压力，而催化剂价格又比较高，研究和开发新型高效价廉的催化剂，开发适用于处理实际工业废水的非均相催化反应器，对于推广湿式氧化在各种有毒有害废水处理的应用具有较高的实用价值，也是目前湿式氧化研究的难点和热点。

9.6 湿式氧化和其他技术的耦合应用

9.6.1 湿式氧化-电催化耦合技术

国内研究者在自行研制开发的一体化复合式反应器中分别采用电催化氧化（ECO）、催化湿式氧化（CWO）及叠加电场的催化湿式氧化（CWOPECO）工艺方法对苯酚进行降解，以对比去除效果从而考察 CWO 与 ECO 的协同作用。目的是在 CWO 过程中，通过"叠加"新的物理场（复合三维电场）效应，刺激羟基自由基的产生，同时又能促进吸附在催化剂活性位上的有机物分子发生进一步活化，即将复合三维电场效应与催化湿式氧化作用巧妙结合并达到"1+1>2"的协同效果，使 CWO 反应在较低的温度和压力下进行并保持较高的有机物去除效果。

结果表明，一体化反应器在较低反应温度（$T=130℃$）和氧分压（$p=110MPa$）下即可获得相当满意的处理效果，仅 27min 时苯酚和 TOC 的去除率就分别可达到 94.0% 和88.4%。电场效应下的催化湿式氧化协同降解苯酚的反应速率常数大于单独电催化或催化湿式氧化降解苯酚的反应速率常数，而且还大大超过两者之和，电催化氧化对催化湿式氧化工艺存在明显的协同增效作用。

9.6.2 湿式氧化-微波耦合技术

国内近来出现采用微波催化湿式氧化法新工艺的研究，在一定的温度和压力下将废水中有机污染物彻底氧化分解，实现一步达标排放。该工艺可降低反应温度、反应压力，加速反应，提高反应效率，降低设备投资与运行费用。

大多数有机化合物都不直接明显地吸收微波，但可利用某种强烈吸收微波的"敏化剂"把微波能传给这些物质而诱发化学反应，这一概念已被用作引发和控制催化反应的依据。如果选用这种"敏化剂"作催化剂或催化剂的载体，就可在微波辐射下实现某些催化反应，这就是所谓微波诱导催化反应。微波是通过催化剂或其载体发挥其诱导作用的，即消耗掉的微波能用在诱导催化反应上，所以称为微波诱导催化反应。

一般认为，微波诱导催化反应的机理是微波首先作用于催化剂或其载体使其迅速升温而产生活性位点，当反应物与其接触时就可被诱导发生催化反应。微波诱导催化在废水处理方面也有较大发展，有很多研究人员对多种废水进行处理，并取得了良好的效果，如炼油废水、樟脑废水、苯酚废水、白酒废水、富马酸废水等。

针对传统 CWO 降解条件苛刻的问题进行技术改良，采用微波辐射代替普通加热方式，与催化湿式氧化方法相结合，形成一种新型的污水处理技术，即微波强化催化湿式氧化技术（MECWO），通过微波辐射提高催化剂活性，从而使催化剂在较低的温度下达到活化，发生催化降解反应，从而降低反应体系的温度。同时，制备了碳材料负载 CuO 催化剂，在微波辐射条件下，催化活性很高，且具有较好的稳定性。

9.7 湿式氧化技术的短板问题

湿式氧化工艺的显著特点是处理的有机物范围广、效果好，反应时间短、反应器容积小，几乎没有二次污染，可回收有用物质和能量。湿式氧化发展的主要制约因素是设备要求高、一次性投资大等问题，到目前为止主要有以下三点。

9.7.1 设备腐蚀问题

在超临界/亚临界状态及高浓度的溶解氧条件下，反应产生的活性自由基以及强酸或某些盐类物质，都加快了对反应器的腐蚀，这对湿式催化氧化和超临界催化氧化相关反应设备的材质提出了相当高的要求，对世界上已有的主要耐蚀合金的试验表明，不锈钢、镍基合金、钛等高级耐蚀材料在湿式氧化系统中均遭到不同程度的腐蚀。腐蚀问题不仅严重影响了反应器系统的正常工作，导致寿命的下降，而且溶出的金属离子也影响了处理的质量。在亚临界温度下，腐蚀更加严重，这是由于酸和碱被溶解后导致了极端的 pH 值。而在超临界温度下，因为溶液的密度低，酸和碱不易溶解，所以较亚临界状态腐蚀情况要轻。

9.7.2 盐堵塞问题

室温水对于绝大多数盐是一个极好的溶剂，典型溶解度是 $100g/L$。而在低密度的超临界水中，绝大多数的盐溶解度都很低，典型的溶解度是 $1 \sim 100mg/L$。当一种亚临界状态下的含盐溶液迅速加热到超临界温度时，将会导致细小晶粒的盐析出与沉积。即使在高流速下，盐的沉积仍能导致反应器的堵塞。

9.7.3 热量传递问题

因为水的性质在临界点附近变化很大，在湿式氧化过程中也必须考虑临界点附近的热量传递问题。从亚临界向临界点附近靠近时，水的运动黏度很低，温度升高时自然对流增加，热导率增加很快。但当温度超过临界点不多时，传热系数急剧下降，这可能是由于流体密度下降以及主体流体和管壁处流体的物理性质的差异所导致。

由于湿式催化氧化的种种优势，使得其能处理一些常规方法难以处理的污染物，具有广阔的应用前景。然而，湿式氧化过程工业化面临的技术难题同样很多，例如如何解决盐堵塞问题，如何抑制结垢，如何最大效率回收热能，只有解决上述问题，湿式氧化技术才能凭借其在废水处理方面的独特优势得到更大规模的推广。

9.8 湿式氧化技术的工程化应用

湿式氧化法主要用于处理废水浓度于燃烧处理而言太低、于生物降解处理而言浓度又太高，或具有较大毒性的废水。因此，目前湿式氧化法的应用主要为两大方面：

① 用于高浓度难降解有机废水生化处理的预处理，提高可生化性。

② 用于处理有毒有害的工业废水。

9.8.1 湿式氧化处理染料废水

我国的染料工业发展蓬勃，产量占世界总产量的 1/5，仅就上海而言，13 个染料厂生产的染料就有包括分散染料、阳离子染料、活性染料等在内的 10 大类、500 多个品种，年产量达 13000t，年排放废水量 1560 万吨。废水中所含的污染物有以苯、酚、萘、蒽等为母体的氨基物、硝基物、胺类、磺化物、卤化物等，这些物质多是极性物质，易溶于水，成分复杂、浓度高、毒性大，COD 一般均在 5000mg/L 以上，甚至高达 7.5×10^4 mg/L；而近年来的新型染料均为抗氧化、抗生物降解型，处理难度日益增加，一般的物化和生化方法均难以胜任，出水无法满足排放要求。湿式氧化技术能有效破除染料废水中的有毒成分，分解有机物，提高废水的可生化性。

经研究发现，活性染料和酸性染料适合湿式氧化，而直接染料稍难以空气氧化。而多数染料是酸性类型的，故采用湿式氧化法处理染料废水具有较大潜力。在 200℃，总压 6.0～6.3MPa，进水 COD 为 3280～4880mg/L 的条件下，活性染料、酸性染料和直接耐晒黑染料废水的 COD 去除率分别为 83.6%、65%、50%。

Cu-Fe 和 Cu-Ce/FSC 是优化制备的均相和非均相催化剂，将其应用于实际印染废水的 CWAO 处理研究，考察催化剂的实用性能以及 CWAO 法对实际印染废水的处理效果。研究结果表明，CWAO 法处理印染废水，出水 COD、BOD 均达到三级标准，色度和 pH 均达到一级标准，非均相的 Cu 溶出浓度达到三级标准；而处理出水 BOD_5/COD 由 0.021（处理前）提高到 0.423（均相）和 0.307（非均相），出水可生化性良好。

反应温度、氧分压、废水 pH、催化剂投加量等都是对催化湿式氧化（CWAO）效果产生影响的因素。例如以 Fe/AC 为催化剂、O_2 为氧化剂的非均相催化氧化体系处理偶氮染料活性红 2BF 的研究，当染料初始质量浓度为 400mg/L 时，在温度 150℃、氧分压 0.5MPa、pH＝3、反应时间 60min、催化剂投加量为 4g/L 的最佳条件下，活性红 2BF 色度几乎完全去除，TOC 去除率 94.21%。水样脱色率随催化剂用量、氧分压、反应温度的提高以及反应时间的延长而提高。进水 pH 存在极值点，水样脱色率在酸性条件下随进水 pH 的降低而提高，而碱性条件下随进水 pH 的升高而提高。在优化的工艺条件下，反应 60min 时水样脱色率达到 99.99%。

9.8.2 湿式氧化处理农药废水

我国是一个农业大国，农药耗量相当大，据不完全统计，我国生产的农药包括杀虫剂、除草剂等 100 多种，年产量逾 20 万吨，其中主要是有机磷农药。农药废水具有的特点是：

① 水量少。

② 浓度高（COD 在 5000mg/L 以上）。

③ 水质变化大。

④ 成分复杂，毒性大。

国内的处理方法大都是预处理之后进行生化处理。常用的预处理方法有碱解法、酸碱法、沉淀萃取法和溶剂萃取法等，这些技术理论上可以将农药中的有毒成分分解为无毒产物或分离出来，但实际应用中，目前的处理技术并不能完全分解或分离废水中的有毒成分，进入生化处理前还需要高倍稀释降低毒性，因而预处理的意义不大，并且还使生化法的负荷增加，药剂投加量及运行费用也均上升。而采用湿式氧化，则可达到较好的处理效果。文献报道国外研究者采用湿式氧化技术对多种农药废水进行了试验，当温度在 204～316℃，废水中烃类有机物及其卤化物的分解率达到或超过 99%，甚至连一般化学氧化难以处理的氯代物如多氯联苯（PCB）、DDT 等通过湿式氧化，毒性也降低了 99%，大大提高了处理出水的可生化性，使得后续的生化处理能得以顺利进行。国内在此领域也有多人做过研究，例如应用湿式氧化对乐果废水做预处理，在温度为 225～240℃、压力为 6.5～7.5MPa、停留时间为 1～1.2h 的条件下，有机磷去除率为 93%～95%，有机硫去除率为 80%～88%，未经回收甲醇，COD 去除率为 40%～45%；应用湿式氧化技术处理高盐度、难降解农药废水，结果表明，该生产废水的湿式氧化效率受反应温度、氧分压、反应时间、反应体系酸度的影响较大。当反应温度 280℃、氧分压 4.2MPa、反应液初始 pH 为 2.0，反应 150min 后，废水中的 COD 去除率高达 98.0%，色度的去除率达 99.0% 以上，此研究结果可为在高含盐环境下处理难降解农药废水提供依据。

9.8.3 湿式氧化处理含酚废水

含酚废水具有广泛的来源，如焦化废水、煤气化废水、石油化工废水、高分子材料生产废水。制药农药生产等行业也产生大量的高浓度含酚废水。一般的国家标准规定的水体中含酚的最高允许浓度极低（我国饮用水水体 ≤0.002mg/L，美国 ≤0.001mg/L），因此含酚废水的治理是一项具有普遍重要性的课题。目前传统的处理技术均存在各种各样的问题：萃取法达标困难，溶剂消耗量大；吸附法要求程度较高的预处理，吸附剂价格昂贵；化学氧化法处理效果好，但氧化剂费用很高。相比之下，采用湿式氧化处理含酚废水具有较好的应用前景：出水处理效果稳定，可生化性好，不太高的进水浓度可以处理后直接排放；当进水浓度极高可以辅以生化法。国内张秋波、唐受印等做了大量研究，结果如表 9-8-1 所示。

表 9-8-1 湿式氧化处理含酚废水

温度/℃	氧分压/MPa	进水酚浓度/(g/L)	氧化时间/h	去除率/%
180～250	0.98～3.43	9.3	0.58	88
150～250	0.7～5.0	7.8～8.7	0.50	52.9～90

国内学者采用湿式成型法制备了 Ru/ZrO_2-CeO_2 颗粒催化剂，对乙酸和苯酚进行湿式氧化，研究反应条件对苯酚氧化过程中 COD 去除的影响，并对催化剂的稳定性进行评价。

结果表明，向 CeO_2 中添加 Zr 能提高催化剂抗热性能，使用湿式成型法能降低焙烧温度，两者都可以提高比表面积和催化剂活性。Ru/ZrO_2-CeO_2 催化湿式氧化苯酚的 COD 去除率随着反应温度的升高、压力的增大和催化剂使用量的增加而升高，最优反应条件为温度150℃、压力 3MPa、催化剂用量 35g/L。在 110h 的动态试验中，COD 和苯酚的去除率高于90%，催化剂具有较高活性和良好的稳定性。

还有研究表明，以多壁碳纳米管（MWCNTs）作为催化剂，在间歇反应装置中开展了催化湿式氧化苯酚和苯胺的活性和稳定性研究，并采用 SEM 和 TEM 对 MWCNTs 的结构进行表征。结果表明，MWCNTs-B 在湿式氧化反应中是高活性、稳定性的催化剂。

在 160℃、215MPa、苯酚和苯胺的浓度分别为 1000mg/L 和 2000mg/L、催化剂投加量为 1.6g/L 条件下，MWCNTs-B 催化湿式氧化苯酚试验中，反应 120min，苯酚和 COD 去除率分别为 100% 和 86%；相同条件下，湿式氧化苯胺试验中，反应 120min，苯胺和 COD的去除率分别为 83% 和 68%。MWCNTs 表面的官能团是 MWCNTs 具有高催化活性的重要原因。

9.8.4 湿式氧化处理剩余污泥

随着现代化城市的日益发展，各种废水的排放量迅速递增，使城市污水处理厂的污水处理趋向中型和大型化的集中处理，而如何使伴随污水处理而产生的大量活性污泥得到合理有效的处理，对于水处理工作者而言，具有重要的现实意义。

湿式氧化法在处理高浓度有机废水方面已受到了广泛重视并有了长足的发展，考虑到活性污泥从物质结构方面与高浓度有机废水十分相似，因此，若将该技术成功运用于城市污水处理厂活性污泥的处理，将会具有广泛的应用前景。经试验研究发现，活性污泥经湿式氧化后，可生化性能得到显著提高，例如在温度 180℃、混合压力 5.0MPa、反应 20min 时，流出液的 B/C 可从反应前的 26% 增大到 40% 以上。

目前已经开展了很多催化湿式氧化城市污泥的试验研究，例如制备催化剂 Cu-Fe-Co-Ni-Ce/γ-Al$_2$O$_3$，在温度 180℃、搅拌转速 600r/min、常温当量氧分压 110MPa、催化剂添加量810g/L 的最佳工艺条件下，反应 90min 的污泥 COD 去除率可达 72.6%，Cu^{2+} 溶出量为19.2mg/L；反应 30min，污泥固相中 95.5% 的有机物消解，30min 沉降比从 94.4% 降至81.4%，抽滤后含水率可下降至 59.2%，体积减量 94.4%。此外，污泥的催化湿式氧化处理工艺具有一定的"资源化"前景。催化湿式氧化技术在处理焦化废水、造纸废水、厨余垃圾的应用中也显示了其优越性。

9.8.5 湿式氧化处理垃圾渗滤液

随着世界经济和人口的发展，城市垃圾的产生量持续增加。由于价格低廉，卫生填埋成为城市垃圾处理的通常做法。填埋的垃圾在雨水渗入及内在生物作用下，会产生大量的渗滤液。渗滤液中含有大量的污染物质，包括可吸附有机卤素、重金属、有机氯、苯酚、氨氮等物质。渗滤液中的污染物质不加以处理就排入自然水体，将对自然水体产生严重污染。但是由于垃圾渗滤液的水质复杂，污染物浓度高，处理难度很大，采用湿式氧化处理垃圾渗滤液COD 去除率可达 80%～99%。

文献报道国内采用 Ru/AC 做催化剂，垃圾渗滤液 COD 8000mg/L，NH$_3$-N1000mg/L，酚类 1000mg/L，对 COD 的去除效率可达 89%，对 NH$_3$-N 的去除效率可达 62%，对酚类的去除效率可达 99.6%；利用催化湿式氧化的成套技术及装置处理 COD 和氨氮浓度较高的垃圾渗滤液，在 270℃、9MPa 的条件下，反应 40～60min 后，COD 和氨氮的去除率达

99％以上，处理水中 COD_{Cr} 低于 150mg/L，氨氮低于 0.5mg/L，且脱色除臭效果良好；采用催化湿式氧化（CWAO）技术，以 Co/Bi 为催化剂，随着反应温度的升高对垃圾渗滤液中氨氮的降解能力逐渐增强。

根据催化湿式氧化处理垃圾渗滤液的小试工艺条件以及试验参数，可初步估算该工艺的投资费用和运行费用。与其他处理工艺进行比较，催化湿式氧化工艺处理垃圾渗滤液具有良好的应用价值。利用催化湿式氧化工艺降解垃圾渗滤液，能将垃圾渗滤液中高浓度的有机质和氨氮迅速氧化降解，使各项污染指标达到排放标准，且该技术占地面积小，不产生二次污染，具有很好的环境效益和社会效益。

参考文献

[1] 赵国峥，颜延广，戚益，等.微波辅助湿式催化氧化处理腈纶废水的研究 [J].工业水处理，2015，10（11）：22-25.

[2] 王锐，尹华强，李建军，等.湿式催化氧化催化剂及其活性组分流失控制的研究 [J].四川化工，2011，2（6）：44-47.

[3] 袁芳，董俊明，胡献舟.过氧化氢湿式催化氧化技术处理高浓度染料废水的研究 [J].中外医疗，2006，19（8）：22-24.

[4] 罗平，范益群.CuO/γ-Al₂O₃ 的制备及其湿式催化氧化性能研究 [J].环境工程学报，2009，21（5）：221-224.

[5] 严莲荷，董岳刚，周申范，等.湿式催化氧化法在处理分散染料废水中催化剂的选择和实验条件的优化 [J].工业水处理，2000，20（11）：22-24.

[6] 林佩斌.湿式催化氧化技术在工业废水处理中的运用 [J].有色冶金设计与研究，2002，23（4）：33-35.

[7] 宋敬伏，于超英，赵培庆，等.湿式催化氧化技术研究进展 [J].分子催化，2010，10（5）：95-98.

[8] 董岳刚，严莲荷，赵晓蕾，等.湿式催化氧化法废水处理中催化剂和实验条件的优选 [J].精细化工，2002，19（3）：44-47.

[9] 张俊丰，童志权.筛板塔 Fe/Cu 湿式催化氧化脱除 H₂S 气体制硫磺的实验 [J].化工进展，2006，25（6）：44-47.

[10] 董岳刚，严莲荷，周进，等.湿式催化氧化法中催化剂的选择和实验条件的优化 [J].水处理技术，2001，27（6）：33-35.

[11] 董岳刚，严莲荷，周申范，等.湿式催化氧化法的动力学研究 [J].淮海工学院学报（自然科学版），2000，9（4）：36-39.

[12] 关自斌.湿式催化氧化法处理高浓度有机废水技术的研究与应用 [J].铀矿冶，2004，23（2）：65-68.

[13] 谢磊，杨润昌，周书天.高浓度甲基橙溶液的低压湿式催化氧化处理 [J].环境工程，1999，17（6）：69-71.

[14] 李桂菊，朱丽香，何迎春.湿式催化氧化法处理含酚清洗废水的研究 [J].工业水处理，2010，30（5）：38-41.

[15] 孙珮石，都玉昆，杨英，等.湿式催化氧化技术处理高浓度工业废水研究 [J].环境污染与防治，2004，26（3）：33-35.

[16] 孙珮石，杨英，陈嵩，等.湿式催化氧化处理炼油碱渣废水试验研究 [J].水处理技术，2005，31（1）：43-47.

[17] 王永仪，杨志华，蒋展鹏，等.废水湿式催化氧化处理研究进展 [J].环境科学进展，1995，12（2）：35-41.

［18］ 孙广路.湿式催化氧化法与生化法处理合成革生产过程中 DMF 废水的研究［J］.中国科学院大连化学物理研究所，2010，31（1）：43-47.

［19］ 袁芳，董俊明，胡献舟.过氧化氢湿式催化氧化技术处理高浓度染料废水的研究［J］.化工之友，2006，10（8）：8-9.

［20］ 张俊丰，童志权.Fe/Cu 体系湿式催化氧化一步高效脱除 H_2S 新方法研究［J］.环境科学学报，2005，10（8）：808-810.

［21］ 刘婷.α-Fe_2O_3 复合材料的制备及光助湿式催化氧化降解染料废水的研究［D］.南昌：南昌大学，2015：21-24.

［22］ 杨琦，单立志，钱易.国外对污水湿式催化氧化处理的研究进展［J］.环境科学研究，1998，11（4）：62-64.

［23］ 杨润昌，周书天.高浓度难降解有机废水低压湿式催化氧化处理［J］.环境科学，1997，18（5）：71-74.

［24］ 王永仪，杨志华.废水湿式催化氧化处理研究进展［J］.环境科学进展，1995，11（4）：62-64.

［25］ 杨润昌，周书天，谢磊.低压湿式催化氧化法处理偶氮染料废水［J］.云南环境科学，2000，11（4）：62-64.

［26］ 罗平，范益群.CuO/γ-Al_2O_3 的制备及其湿式催化氧化性能研究［J］.环境工程学报，2009，3（5）：52-55.

［27］ 韦朝海，王刚，谢波.含氰（腈）类废水湿式催化氧化处理理论分析［J］.水处理技术，2001，27（3）：46-48.

［28］ 杨少霞，冯玉杰，万家峰，等.湿式催化氧化技术的研究与发展概况［J］.哈尔滨工业大学学报，2002，34（4）：540-544.

10 超临界催化氧化工艺概述

10.1 超临界催化氧化工艺原理

超临界水氧化实际上也是湿式氧化技术的一种，水的临界温度和临界压力分别是 374.2℃和 22.1MPa，在此温度及压力之上水处于超临界状态，低于该温度和压力则是亚临界状态。超临界水氧化和亚临界水氧化技术的原理基本一致，区别只是反应条件不同，在超临界氧化中，水温超过 374.2℃且压力超过 22.1MPa，达到超临界状态，次临界（亚临界）状态的上限是水的临界状态。图 10-1-1 即为水的相图。

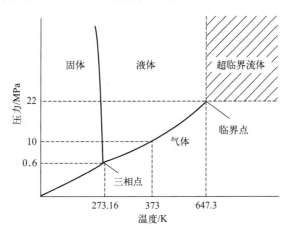

图 10-1-1　水的相图

超临界水氧化（supercritical water oxidation，SCWO）技术同样是一种可实现对多种有机废物进行深度氧化处理的技术。超临界水氧化是通过氧化作用将有机物完全氧化为清洁的 H_2O、CO_2 和 N_2 等物质，S、P 等转化为最高价盐类稳定化，重金属氧化稳定固相存在于灰分中。

技术的原理与湿式催化氧化类似，不同之处就是以超临界水为反应介质，经过均相的氧化反应，将有机物快速转化为 CO_2、H_2O、N_2 和其他无害小分子。

超临界是流体物质的一种特殊状态，当把处于汽液平衡的流体升温升压时，热膨胀引起液体密度减小，而压力的升高又使汽液两相的相界面消失，成为均相体系，超临界流体具有类似气体的良好流动性，但密度又远大于气体，因此具有许多独特的理化性质。

水的临界点是温度374.2℃、压力22.1MPa，如果将水的温度、压力升高到临界点以上，即为超临界水，其密度、黏度、电导率、介电常数等基本性能均与普通水有很大差异，表现出类似于非极性有机化合物的性质。因此，超临界水能与非极性物质（如烃类）和其他有机物完全互溶，而无机物特别是盐类，在超临界水中的电离常数和溶解度却很低。同时超临界水可以与空气、氧气、氮气和二氧化碳等气体完全互溶。

由于超临界水对有机物和氧气均是极好的溶剂，因此有机物的氧化可以在富氧的均一相中进行，反应不存在因需要相位转移而产生的限制。同时400～600℃的高反应温度也使反应速率加快，可以在几秒的反应时间内，即达到99%以上的破坏率。

10.2 超临界催化氧化工艺特点

超临界水氧化技术与其他处理技术相比，具有其明显的优越性。

① 效率高，处理彻底，有机物在适当的温度、压力和一定的保留时间下，能完全被氧化成二氧化碳、水、氮气以及盐类等无毒的小分子化合物，有毒物质的清除率达99.99%以上，符合全封闭处理要求。

② 由于SCWO是在高温高压下进行的均相反应，反应速率快，停留时间短（可小于1min），所以反应器结构简洁，体积小。

③ 适用范围广，可以适用于各种有毒物质、废水废物的处理。

④ 不形成二次污染，产物清洁不需要进一步处理，且无机盐可从水中分离出来，处理后的废水可完全回收利用。

⑤ 当有机物含量超过2%时，就可以依靠反应过程中自身氧化放热来维持反应所需的温度。不需要额外供给热量，如果浓度更高，则放出更多的氧化热，这部分热能可以回收。

尽管超临界水热反应具有诸多优势，但其实际应用却存在很多困难，当前还没有成为一种普遍的废物处理技术。究其原因主要有以下几方面。

（1）材料腐蚀

在超临界水氧化技术未被开发应用之前，几乎没有化学氧化试验是在像超临界反应那么严峻的条件下进行的。特别是在有酸存在的时候，在高氧化、高温度的情况下，更会导致非常严重的腐蚀问题，很难找到一种反应材料能够承受各类酸溶液的腐蚀。经过前人一系列努力试验发现有部分材料对部分酸溶液能够取得令人满意的抗腐蚀效果，但是令人非常沮丧的是当置于另一类酸反应条件下，材料腐蚀程度又很严重。例如含钛材料在任何高温高压下几乎不会受HCl腐蚀，但是若溶液中含有H_2SO_4或者H_3PO_4，400℃以上，其腐蚀抵抗力又会变得很差。图10-2-1即为废水处理设备长时间运行后的腐蚀。

超临界状态下金属类材料腐蚀破坏的形态有：

① 小孔腐蚀　也称点蚀，指在金属表面局部地区出现向深处发展的腐蚀小孔，而其余地区不被腐蚀或者只有很轻微的腐蚀，此时金属表面氧化膜有保护特性，然而当攻击性的氯溴离子存在时，能够穿透氧化膜。点蚀形成于金属表面边界凹点，随着金属组分氧化离解导

图 10-2-1 超临界废水处理设备长时间运行后的腐蚀情况

致溶液酸化，体相溶液向孔内扩散，会加剧腐蚀。

② 全面腐蚀 指腐蚀分布在整个金属表面，结果使金属构件截面尺寸减小，直至完全破坏。纯金属及成分组织均匀的合金在均匀的介质环境中表现出该类腐蚀形态。全面腐蚀的原因是氧化膜很不稳定，造成整个金属表面受攻击。全面腐蚀的开始点与点蚀相似。不同的合金和不锈钢在温度高于某一点时，开始由点蚀向全面腐蚀过渡，这一温度称为转化温度，典型的温度范围为 $200\sim250℃$。

③ 晶间腐蚀 指腐蚀沿着金属或合金的晶粒边界区域发展，而晶粒本体的腐蚀很轻微，称为晶间腐蚀。是一种由材料微观组织电化学性质不均匀引发的局部腐蚀。

④ 应力腐蚀开裂 材料在静应力和腐蚀介质共同作用下发生的脆性开裂破坏现象称为应力腐蚀开裂，简称应力腐蚀。应力腐蚀是危害最大的腐蚀形态之一。由于应力腐蚀开裂的发生是随机的，因此十分危险，人们对它的研究也最多。

（2）堵塞问题

室温下，水对于大多数盐来说是非常好的溶剂，许多盐甚至可达 $100g/L$。但是在低密度的超临界水中，盐的溶解度下降到非常低，其溶解度范围骤降到 $1\sim100mg/L$。而这直接导致盐类物质会在反应器中形成结晶类物质，沉积迅速形成。当流体中盐类固体颗粒范德华力和静电力超过水力流动剪应力时，固体颗粒就会倾向于附在反应器壁表面，以及反应器内构件如热电偶探头上。此外 SCWO 应用过程可能包含一些常温常压下溶解度就很低的固体颗粒，如 SiO_2、Al_2O_3 以及其他金属氧化物和硅酸盐。它们一般以砂石、黏土、铁锈的形式出现。这些固体颗粒相对于初生态的盐不会附着在反应器表面，不会形成结块、堵塞管线现象。盐沉积问题甚至被认为是 SCWO 应用中最主要的问题，因为盐堵塞反应器问题很难通过调节运行反应过程中各类参数来避免。另一方面，为解决此问题开发的许多新的反应器在长期应用中都基本以失败告终，所以现在尽量减少进水的含盐浓度最有可能解决此问题。图 10-2-2 即为水处理设备中常见的管道堵塞现象。

（3）高昂的费用问题

从经济上来考虑，有资料显示，与坑填法和焚烧法相比，超临界水氧化法处理固体废物操作维修费较低，也有部分人通过估算证明 SCWO 是可盈利的。但是由于现在真正长期工业化规模的 SCWO 工厂几乎不存在，所以那些粗略的估计并不准确而且彼此之间

图 10-2-2　水处理设备管道内水垢和污泥的阻塞

差距也很大。早期国外估计处理 1t 含量为 10% 的有机废物都在 300 美元以下。主要包含设备建设费、人工费以及氧气动力费。运行规模化的超临界的设备，其能耗是相当大的，而且若以氧气为氧化剂其开销巨大。特别的，为了避免前面提到的缺点，需要设计越来越复杂的反应设备，也会增加大量成本，并且现行超临界设备寿命都很难有保证，其投资风险性还较高。

（4）缺少大型化、集成化工业型超临界设备

近年来，美国、欧洲、日本已经研发出一些超临界技术应用于废水废物处理的设备，国内也存在一大批能够生产序批式小型超临界反应釜的生产厂家，但目前市场上超临界水氧化技术相关设备产业化和标准化几乎处于空白，能够稳定运行的大型化、集成化的工业型超临界水氧化设备几乎不存在。这主要是因为当设备热容量激增，热疲劳强度将增大，部件高温高压应力增大，设备制造难度更加大。

10.3　超临界催化氧化的工艺流程

超临界氧化处理难降解工业废水的工艺流程见图 10-3-1。

超临界氧化处理高难度工业废水工艺流程过程简述如下：首先用污水泵将污水压入反应器，在此与一般循环反应物直接混合而加热，提高温度。然后用压缩机将空气增压，通过循环用喷射泵把上述的循环反应物一并带入反应器。

有害有机物与氧在超临界水相中迅速反应，使有机物完全氧化，氧化释放出的热量足以将反应器内的所有物料加热至超临界状态，在均相条件下，使有机物进行反应。离开反应器的物料进入旋风分离器，在此将反应中生成的无机盐等固体物料从流体相中沉淀析出。

离开旋风分离器的物料一分为二，一部分循环进入反应器，另一部分作为高温高压流体先通过蒸汽发生器，产生高压蒸汽，再通过高压气液分离器，在此 N_2 及大部分 CO_2 以气

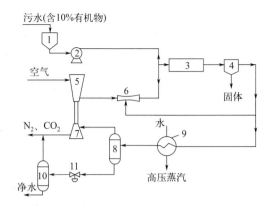

图 10-3-1　超临界氧化处理难降解工业废水工艺流程图

1—污水槽；2—污水泵；3—氧化反应器；4—固体分离器；5—空气压缩机；6—循环用喷射泵；

7—膨胀机透平；8—高压气液分离器；9—蒸汽发生器；10—低压气液分离器；11—减压器

体物料离开分离器，进入透平机，为空气压缩机提供动力。液体物料（主要是水和溶在水中的 CO_2）经排出阀减压，进入低压气液分离器，分离出的气体（主要是 CO_2）进行排放，液体则为洁净水，作为补充水进入水槽。

超临界氧化反应转化率 R 的定义如式（10-1）所示：

$$R = \frac{\text{已转化的有机物}}{\text{进料中的有机物}} \tag{10-1}$$

R 的大小取决于反应温度和反应时间。研究结果表明，若反应温度为 $550 \sim 600℃$，反应时间为 $5s$，R 可达 99.99%。延长转化时间可降低反应温度，但将增加反应器体积，增加设备投资，为获得 $550 \sim 600℃$ 的高反应温度，污水的热值应有 $4000kJ/kg$，相当于含 10%（质量分数）苯的水溶液。对于有机物浓度更高的污水，则要在进料中添加补充水。图 10-3-2 即为超临界水处理工艺模块组成示意图。

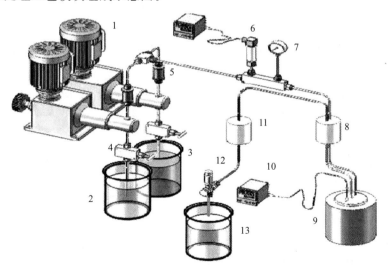

图 10-3-2　超临界水处理工艺模块组成示意图

1—高压柱塞泵；2—双氧水罐；3—废水罐；4—排空阀；5—止回阀；6—温度计；7—压力表；

8—热交换器；9—反应釜；10—温度控制仪；11—冷凝器；12—背压阀；13—废液罐

227

10.4 超临界催化氧化的催化材料

催化超临界水氧化（CSCWO）技术的关键是研制耐高温、高活性、高稳定性的催化剂。一般应用的催化剂主要有贵金属、过渡金属、稀土金属及其氧化物、复合氧化物和盐类。

研究发现，V、Cr、Mn、Co、Ni、Cu、Zn、Ti、Al 的氧化物和贵金属 Pt 在 CSCWO 反应中也表现出较好的催化活性。影响催化效果的因素很多，主要包括催化剂的活性、稳定性、制备方法和催化剂的失活等。催化超临界水氧化技术可分为两大类：

① 均相催化超临界水氧化。一般采用溶解在超临界水中的金属离子充当催化剂，例如过渡金属盐 $CuSO_4$、VSO_4、$CoSO_4$、$FeSO_4$、$NiSO_4$、$MnSO_4$ 等。

② 非均相催化超临界水氧化。目前非均相催化超临界水氧化所采用的催化剂主体主要有 MnO_2、V_2O_5、TiO_2、CuO、Cr_2O_3、CeO_2、Al_2O_3、Pt 等以及不同金属和金属氧化物的组合。

均相催化超临界反应体系中，催化剂与处理的废水是混合在一起的，为了避免催化剂的流失对环境造成的二次污染和因此产生的经济损失，需要进行从处理后的废水中回收催化剂的后续处理，这样进一步提高了废水处理的成本。所以，人们对非均相催化反应产生了更大的兴趣。非均相催化使用固态物质作催化剂，反应后催化剂和废水能够非常容易地分离开来，废水的处理流程也能得到大大简化。非均相催化超临界水氧化技术在超临界水氧化反应的研究领域中已经得到越来越广泛的关注和利用。

经过二十多年的研究，超临界水催化氧化已成功用于有毒废水、难降解印染废水的处理。目前已有报道印染废水中含有的苯胺、硝基苯、邻苯二甲酸类等含有苯环、偶氮等基团的有毒有机污染物的催化超临界水处理文献。

选取 $CuSO_4$、$FeSO_4$、$MnSO_4$ 等金属盐进行苯胺的均相超临界催化氧化研究，试验发现几种催化剂都有较好的催化效果，其中硫酸锰和硫酸亚铁最佳，以 $MnSO_4$ 作催化剂为例，在 450℃、28MPa、pH＝4.0 的条件下，当停留时间为 46s 时，总有机碳（TOC）去除率达到 100％。

以 CuO 为催化剂对苯酚进行的超临界水氧化机理研究表明，催化剂提高了苯酚的转化率和二氧化碳的产量，催化剂的添加增大了苯酚自由基的生成速率，从而提高了苯酚的转化率；在 SCWO 中采用在 Al_2O_3 上负载 MnO_2 和 CuO 催化剂氧化苯酚时发现，在 388℃、250atm（1atm＝101325Pa）、停留时间 1.81s 左右的条件下，转化率达到 100％，CO_2 的收率、选择性均为 100％。

以 $CuO/\gamma\text{-}Al_2O_3$ 和 MnO_2/Al_2O_3 为催化剂、H_2O_2 为氧化剂，在一个连续流固定床反应器中进行超临界水氧化对氨基苯酚的试验结果表明，CuO 和 MnO_2 催化剂对于对氨基苯酚的氧化降解具有显著的促进作用，对氨基苯酚的去除率随反应温度和压力的升高、停留时间的延长而提高，在 24～26MPa 和 400～450℃条件下，数秒钟内 COD 去除率可达到 99％以上，催化剂 $CuO/\gamma\text{-}Al_2O_3$ 的催化效果优于 MnO_2/Al_2O_3，证明了催化超临界水氧化技术的高效性。

含氮有机物在 SCWO 中往往形成中间产物氨，氨的继续氧化非常困难。研究发现，非催化条件下，680℃、24.6MPa、停留时间 10s 的条件下，氨的转化率只有 30%～40%；采用 MnO_2/CeO_2 催化剂在 410～470℃、27.6MPa 和不到 1s 的停留时间下，氨的转化率可达 96%。

CSCWO 技术能彻底矿化有机物，但它的处理过程还是存在一些技术难题，如高温、高压的苛刻反应条件，反应过程中对反应器的强腐蚀性、无机盐的堵塞问题及运行费用等问题，都是阻碍超临界水氧化技术工业化的挑战性问题。目前对 CSCWO 处理废水的研究正日益兴起，成为 SCWO 技术的主要发展方向之一。

10.5 超临界氧化的研究现状

美国国家关键技术所列的六大领域之一——"能源与环境"中还着重指出，最有前途的处理技术是超临界水氧化技术。目前国外超临界水氧化技术已应用到生产阶段，在欧洲及美国、日本等发达国家和地区，超临界水氧化技术得到了很大进展，出现了不少中试工厂以及商业性的超临界水氧化装置。

20 世纪 80 年代中期，美国的 Modar 公司建成了第一个处理能力为 950L/d 的超临界水氧化中试装置。该装置每天能处理含 10%有机物的废水和含多氯联苯的废变压油，各种有害物质的去除率均大于 99.99%。

1995 年，在美国建成一座商业性的超临界水氧化装置，处理几种长链有机物和胺。处理后的有机碳浓度低于 5mg/L，氨的浓度低于 1mg/L，其去除率达 99.9999%。

同时，在奥斯汀还在筹建一座日处理量为 5t 市政污泥的超临界水氧化工厂。这些污泥因其所含的物质种类太多而无法用常规方法处理。该装置也将被用于处理造纸废水和石油炼制的底渣。

截至 1995 年美国建成了三座 SCWO 污水处理装置。1999 年瑞典也建成一套处理能力为 4L/min 的水处理装置。在日本已建成一座日处理污水 $20000m^3$ 试验性的中试工厂，主要用于研究。而在德国，由美国 MODEC 公司包括拜耳公司在内的德国医药联合体设计的超临界水氧化工厂已自 1994 年开始运行，处理能力为 5～30t/d。发达国家应用超临界水氧化技术进行高浓度难降解有机物的治理，见表 10-5-1。

表 10-5-1　SCWO 工业应用情况

公司名称	反应器类型	运行时间	处理物质
Nittetsu Semiconductor 公司（日本）	Modar 逆流反应器	1998 年	半导体加工废料（63kg/h）
Huntsman Petrochemical（美国得克萨斯州奥斯汀）	Eco Waster 技术	1994 年	胺、乙醇胺和长链醇（1.5t/h）
美国国防部	GA	2001 年	军工废料（949kg/h）
Aqua Critox Process Karlskoga（瑞典）	Chematur	1998 年	含氮物质（250kg/h）
Aqua Cat Process Johnson Matthey Premises（英国）	管式反应器	2004 年	回收铂族金属催化剂（3t/h）
三菱重工（日本）	SRI International（AHO 工艺）	2005 年	印刷电路板和含氯物质

总的看来，发达国家尤其是美国对超临界水氧化技术非常重视，对这项技术也非常有信心。国内在这方面的研究尚属起步阶段，至今尚未见有工业化装置建立的报道。

2009年，辽宁省沈阳市浑南新区新加坡工业园区研发中心某企业与西安交通大学联合研发设计了用于处理污泥等有机废物的连续式超临界水氧化和超临界水气化处理试验装置，已获得国家发明专利，目前该技术正在实现产业化。从长远角度看，超临界水氧化技术作为一种新型的环境污染防治技术，必将由于其所具有的反应速率快、分解效率高等突出优势，而在不久的将来得到广泛应用。

10.6 超临界氧化催化剂的工程化应用

10.6.1 超临界氧化处理聚苯乙烯废水

聚苯乙烯泡沫具有质轻、无毒、隔热、减震等优点，故得到广泛应用，但聚苯乙烯泡沫用过即扔，成为垃圾，且不易被微生物分解，日积月累，以致对环境造成危害，即通常所说的"白色污染"。迄今为止，处理和回收废弃聚苯乙烯泡沫的主要方法有：

① 掩埋。
② 焚烧，利用其热能。
③ 挤出造粒。
④ 热分解为气体和液体。
⑤ 溶剂溶解，制成涂料或胶黏剂。

掩埋法需要占用土地；焚烧法会产生大量黑烟和一些有毒气体；其他几种方法已取得了一定的效果，但在处理之前都必须对聚苯乙烯泡沫进行分拣和清洗，工作量较大。另外，热分解法需要高温，会发生炭化，堵塞管道。

SCWO降解废旧塑料（主要成分是聚苯乙烯）的研究始于20世纪90年代，其目的主要为了克服热降解的一些不足（易结炭、苯乙烯收率低）。该方法效率极高，在温度400～500℃、压力25～30MPa下只需几分钟，80%以上的废塑料都可以回收，产品主要是轻油，几乎不产生焦炭及其他副产物。

国内学者开展了超临界水氧化技术降解塑料实验，在温度400～450℃、压力23～35MPa及反应时间60～120min的条件下，超临界水能有效地降解聚丙烯；在380℃、1h内将聚苯乙烯完全降解，在390℃、1h内可将聚苯乙烯与聚丙烯的混合塑料完全降解；在温度为400℃、压力为34MPa条件下，反应30min后，超临界水中聚乙烯泡沫的分子量可降低98%左右。国外学者对聚乙烯在425℃、120min，水/聚乙烯比率为5的条件下进行超临界水氧化试验，聚乙烯分解成油。

10.6.2 超临界氧化处理含酚废水

酚大量存在于各类废水中，是美国EPA最初公布的114种优先控制污染物之一。有关酚的超临界水氧化的研究报道得较多。表10-6-1总结了酚在不同条件的超临界水氧化过程中的处理效果。可以看出，在不同温度和压力下，酚的处理效果是不一样的，但在长至十几分钟的反应中，对酚均有较高的去除率。

表 10-6-1 酚在不同条件的超临界水氧化过程中的处理效果

温度/℃	压力/MPa	浓度/(mg/L)	氧化剂	反应时间/min	去除率/%
340	28.3	6.99×10^{-6}	$O_2+H_2O_2$	1.7	95.7
380	28.2	5.39×10^{-6}	$O_2+H_2O_2$	1.6	97.3
380	22.1	590	O_2	15	100
381	28.2	225	O_2	1.2	99.4
420	22.1	750	O_2	30	100
420	28.2	750	O_2	10	100
490	39.3	1650	O_3	1	92
490	42.1	1100	$O_2+H_2O_2$	1.5	95
530	42.1	1500	O_2	10	99

文献中报道较多的是有关酚的消失动力学的研究。但是，应用超临界水氧化技术的目的不是简单地将一种有机物转化成大量的其他小分子有机产物，而是要将全部的有机物转化成二氧化碳和水。因此，重要的是研究超临界水氧化过程中二氧化碳的生成动力学。

有学者研究得出了在酚的超临界水氧化过程中二氧化碳的生成速率方程式。发现由酚生成二氧化碳的产率总是小于酚的转化率，这证明反应中生成了一些不完全氧化产物。研究得出的由酚氧化生成二氧化碳的活化能是（25.9±10.9）kJ/mol，明显低于一氧化碳和乙酸在超临界水氧化中生成二氧化碳的活化能。利用文献中动力学数据计算的结果也证实，一氧化碳和乙酸在400℃时的氧化比酚的氧化慢得多。因此推测一氧化碳、乙酸等化合物可能是反应过程中生成的较难降解中间体，这些中间体进一步氧化可能是有机碳完全转化成二氧化碳的速率决定步骤。

为了阐明酚的超临界水氧化机理，有学者在较低温度下进行酚的超临界水氧化试验，发现经过较短时间的反应，大部分酚转化成高分子量产物，利用GC/MS分析鉴定出 2-苯氧基酚、4-苯氧基酚、2,2'-联苯酚、二苯并-p-二噁英等产物。这些中间产物的生成，应该加以重视，因为它们比初始物（酚）具有更大的危害性。在较高温度下经过较长时间反应，不仅能使酚100%转化，而且上述中间产物也全部被氧化。因此在超临界水氧化过程中，低温下可能形成一些有毒的中间产物，但在高温下又会被破坏。所以，在设计超临界水氧化工艺时，应该选择合适的工艺参数来最大限度地破坏初始物及中间反应产物。

10.6.3 超临界氧化处理含硫废水

石油炼制、石油化工、炼焦、染料、印染、制革、造纸等工厂均产生含硫废水，对环境造成了严重的污染。对于不同来源的含硫废水需用不同的处理方法，现行的处理方法有气提法、液相催化氧化法、多相催化氧化法、燃烧法等，但均具有适用局限性，某些方法的处理效率不高，燃烧法等还可能因生成 SO_2、SO_3 造成二次污染。

另外，许多含硫废水成分复杂，除 S 外还含有酚、氰、氨等其他污染物，需要分别处理，流程复杂。而超临界水氧化法由于其具有反应快速、处理效率高和过程封闭性好、处理复杂体系更具优势等优点，在含硫废水的处理中得到了应用，且取得了较好的效果。

国内研究者利用超临界水氧化法处理含硫废水，在温度为 723.2K、压力为 26MPa、氧硫比为 3.47、反应时间 17s 的条件下，S^{2-} 可被完全氧化为 SO_4^{2-} 而除去。

10.6.4　超临界氧化处理多氯联苯废水

国外研究者利用超临界水氧化处理多氯联苯（PCB）废水，发现其去除率受温度影响较大，处理条件在 550℃ 以上时，多氯联苯（PCB）的破坏率可达 99.99% 以上；用 H_2O_2 作为反应的氧化剂，对两种多氯联苯化合物进行研究，在序批式反应器中 3-氯联苯最高去除率可达 99.999%，优于用 O_2 作氧化剂的反应体系。在流动式反应器中温度 400℃、气压 30MPa 的条件下，在 10.1~101.7s 的时间内，99% 以上的 3-氯联苯化合物可以被降解；而 KC-300（含三个氯原子的多氯联苯），在 11.8~12.2s 内，99% 以上也可被降解。

有学者用连续流系统研究了一种有机碳含量在 27000~33000mg/L 的有机废水的超临界水氧化。废水中含有 1,1,1-三氯乙烷、六氯环己烷、甲基乙基酮、苯、邻二甲苯、2,2′-二硝基甲苯、DDT、PCB1234、PCB1254 等有毒有害污染物。结果发现在温度高于 550℃ 时，有机碳的破坏率超过 99.97%，并且所有有机物都转化成二氧化碳和无机物。

还有学者在 600~630℃、25.6MPa 的条件下，用一个连续流反应器研究氯代二苯并-p-二噁英及其前驱物的超临界水氧化，废水中含有 0.4~3mg/L 的四氯代二苯并-p-二噁英（TCDBD）和八氯代二苯并-p-二噁英（OCDBD）以及 1~50g/L 的几种可能的前驱分子（如氯代苯、酚和苯甲醚），结果 99.9% 的 OCDBD、TCDBD 被破坏。

表 10-6-2 总结了酚以外的有机物的超临界水氧化处理结果。

表 10-6-2　部分有机物的超临界水氧化效果

化合物	温度/℃	压力/MPa	氧化剂	反应时间/min	去除率/%
2-硝基苯	515	44.8	O_2	10	90
	530	43	$O_2+H_2O_2$	15	99
2,4-二甲基酚	580	44.8	$O_2+H_2O_2$	10	99
2,4-二硝基甲苯	460	31.1	O_2	10	98
	528	29.0	O_2	3	99
TCDBE[①]	600~630	25.6	O_2	0.1	99.99
2,3,7,8-TCDBD[②]	600~630	25.6	O_2	0.1	99.99
OCDBF[③]	600~630	25.6	O_2	0.1	99.99
OCDBD[④]	600~630	25.6	O_2	0.1	99.99

① 四氯二苯并呋喃。

② 2,3,7,8-四氯二苯并-p-二噁英。

③ 八氯二苯并呋喃。

④ 八氯二苯并-p-二噁英。

10.6.5　超临界氧化处理剩余污泥

在超临界水环境下的污泥处理，主要是将其中的有机物彻底氧化成 CO_2 及水。美国得克萨斯州哈灵根启动了采用 SCWO 处理城市污泥的处理场的首要作业线。Shanableh 等研究了废水处理厂的污泥在接近超临界和超临界条件下（300~400℃）的破坏情况。

该厂污泥总固体含量（TS）为 5%，液固两相总的 COD_{Cr} 为 46500mg/L。污泥先被匀浆，然后用高压泵输送到超临界水氧化系统。在 $300\sim400℃$ 时，COD_{Cr} 去除率随反应时间显著增大，在 20min 内，去除率从 300℃下的 84％增大到 425℃下的 99.8％。在温度达到超临界水氧化条件时，有机物被完全破坏，不仅是最初的 COD_{Cr}，而且中间转化产物（如挥发性酸等）也完全被破坏，取得了令人满意的结果。

而以前湿式氧化处理污泥研究表明，污泥转化成低级脂肪酸后，很难再被处理掉。垃圾焚烧过程中往往会有二噁英生成，日本研究人员用超临界水法分解焚烧飞灰中的二噁英（1t飞灰中含 184mg 二噁英），分解率几乎达到 100％。国内研究人员在 SCWO 处理造纸废水、有机磷氧乐果农药、含硫废水等方面同样取得了较好的结果。

为确定 SCWO 工艺处理城市污泥的主要控制参数，西安交通大学动力工程多相流国家重点实验室用自建的间歇式 SCWO 装置进行研究探讨。研究结果显示：温度对 SCWO 污泥有显著影响，而压力影响不明显，停留时间对污泥氧化有很大影响。氧化反应存在快速反应和慢速反应两个时段，氧化剂的过氧化对 SCWO 有显著影响。

10.6.6　超临界氧化处理生活垃圾

利用超临界水氧化法，可分解或降解高分子废物，得到气体、液体和固体产物。气体和液体可用作燃料或化工原料，黏稠糊状产物可用作防水涂料或胶黏剂，剩下的残渣部分可用作铺路或其他建筑材料。反应在密闭系统中进行，产物和能量都易于收集，水循环使用，不排污，可彻底实现生活垃圾的无害化和资源化。

文献报道利用超临界水氧化高压间歇反应釜进行生活垃圾处理的试验研究，并与焚烧法进行比较，结果表明：生活垃圾经超临界水氧化处理后，尾气中的酸性气体含量明显低于焚烧法处理；垃圾焚烧过程会产生二噁英，而在超临界水氧化反应中，二噁英不产生或被分解；超临界水氧化法能够更好地回收生活垃圾中的重金属。总体而言，超临界水氧化处理生活垃圾更安全、更清洁。

目前在欧美许多国家，已有许多中试和工业规模的 SCWO 装置投入了运行。1994 年，ECO 公司在美国的得克萨斯州设计和建造了第一个用于处理民用废物的工业装置。该装置处理酒精和胶的混合废液，100kg/h，TOC 的去除率达到了 99.9％。德国和日本也采用了SCWO 处理土壤中含有的多氯联苯，这些都取得了满意的效果。

参考文献

[1]　王晓东，杨秋华，刘宇.超临界水氧化法处理有机废水的研究进展 [J].工业水处理，2001，21（7）：33-36.

[2]　王亮，王树众，张钦明，等.超临界水氧化处理含油废水的实验研究 [J].环境污染与防治，2005，27（7）：44-47.

[3]　褚旅云，廖传华，方向.超临界水氧化法处理高含量印染废水研究 [J].水处理技术，2009，10（8）：35-39.

[4]　林春绵，方建平，袁细宁，等.超临界水氧化法降解氧乐果的研究 [J].中国环境科学，2000，12（4）：305-308.

[5]　李锋，赵建夫，李光明.超临界水氧化技术的研究与应用进展 [J].工业用水与废水，2001，32（6）：301-303.

[6]　王亮，王树众，张钦明，等.含油废水的超临界水氧化反应机理及动力学特性 [J].西安交通大学学报，2006，40（1）：55-58.

［7］ 王涛，沈忠耀.环保新技术——超临界水氧化法［J］.环境保护，1995，21（3）：6-7.

［8］ 丁军委，陈丰秋，吴素芳，等.苯胺在超临界水中氧化反应动力学的研究［J］.高校化学工程学报，2001，15（1）：66-70.

［9］ 丁军委，陈丰秋，吴素芳，等.超临界水氧化方法处理含酚废水［J］.环境污染与防治，2000，22（1）：44-47.

［10］ 葛红光，陈开勋，张志杰，等.双氧水超临界氧化对氨基苯酚模拟废水［J］.过程工程学报，2003，3（4）：45-48.

［11］ 毕继诚，陈瑞勇，张荣，等.一种使用超临界水氧化处理废水的方法［P］.CN1730414A.2006.

［12］ 宋代彬.超临界水氧化技术在废水处理中的应用［J］.工业水处理，2011，3（4）：45-48.

［13］ 苏东辉，郑正，王勇，等.超临界水氧化技术［J］.工业水处理，2003，30（5）：47-50.

［14］ 张言言.浅谈超临界氧化处理污泥新技术［J］.宁波化工，2018，12（2）：31-34.

［15］ 李曦，王黎，胡宁，等.V-W-Ti-Yb/ZSM-5催化剂超临界氧化处理焦化废水［J］.化工环保，2021，41（5）：72-74.

［16］ 孙春宝，张嫔婕，李晨，等.超临界氧化技术处理吐氏酸生产废水［J］.北京科技大学学报，2012，34（10）：55-57.

［17］ 陈杭，冯银花，蒋春跃，等.超临界氧化废水装置技术的现状［J］.水处理技术，2007，33（5）：52-54.

［18］ 林春绵，潘志彦.超临界氧化技术在有机废水处理中的应用［J］.浙江化工，1996，27（2）：58-61.